Elektricität und Optik.

Vorlesungen,

gehalten von

H. Poincaré

Professor und Mitglied der Akademie.

Redigirt von Bernard Brunhes, Privatdocent an der Universität zu Paris.

Autorisirte deutsche Ausgabe

von

Dr. W. Jaeger und **Dr. E. Gumlich**

Assistenten an der Phys.-Techn. Reichsanstalt.

ZWEITER BAND.

Die Theorien von Ampère und Weber — Die Theorie von Helmholtz
und
Die Versuche von Hertz.

Mit 15 in den Text gedruckten Figuren.

Springer-Verlag Berlin Heidelberg GmbH
1892

ISBN 978-3-642-51308-4 ISBN 978-3-642-51427-2 (eBook)
DOI 10.1007/978-3-642-51427-2

Softcover reprint of the hardcover 1st edition

Vorwort.

Dieser zweite Band enthält die Vorlesungen, welche ich vom März bis zum Juni 1890 an der Sorbonne gehalten habe. Gesammelt und redigirt wurden dieselben von Herrn Brunhes, dem ich hiermit meinen besten Dank ausspreche.

Der erste Theil ist den Theorien von Ampère und von Weber gewidmet, der zweite derjenigen von Helmholtz, welche die Theorien von Neumann, Weber und Maxwell als Specialfälle einbegreift. Ich musste ziemlich weitgehende Aenderungen in der Darstellungsweise von Helmholtz eintreten lassen, da dieser Gelehrte neue Bezeichnungen gebraucht, welche von denjenigen Maxwell's vollständig abweichen. Dadurch wird die Identität der in beiden Theorien übereinstimmenden Schlussgleichungen unnöthig verdunkelt und das Verständniss des Zusammenhanges erschwert. Ferner wendet Helmholtz elektrostatische Einheiten an, welche dadurch definirt sind, dass die Anziehung zweier Elektricitätseinheiten in der Einheit des Abstandes gleich der Krafteinheit ist. Diese Anziehung hängt aber von dem Induktionsvermögen K des Dielektrikum ab, in dem sich die beiden elektrischen Massen befinden, die elektrostatische Einheit hat also verschiedene Werthe, ob man sie, wie gewöhnlich, für Luft definirt oder für ein anderes Medium. Die Helmholtz'sche Einheit gilt nun nicht für Luft, sondern für ein ideales, nicht polarisirbares Medium, dessen Beschaffenheit von der Annahme abhängt, welche man in Betreff des einen der beiden numerischen, die Theorie charakterisirenden Koëfficienten macht. Diese Einheit variirt also mit jenem Koefficienten, und dieser ist in dem besonderen Fall, dass die Helmholtz'sche Theorie mit der Maxwell'schen übereinstimmt, Null. Aus diesen Umständen entstehen leicht Unklarheiten, die den Leser verwirren; doch sind diese Schwierigkeiten rein künstliche. Ich habe dieselben zu vermeiden gesucht, indem ich mit Maxwell die elektromagnetischen Einheiten wählte.

Der dritte Theil des Bandes beschäftigt sich mit der Theorie der Hertz'schen Experimente. Viele werden diesen Versuch für sehr verfrüht halten und haben damit nicht Unrecht; ich konnte in der That noch zu keinem definitiven Schlusse gelangen, die experimentellen Resultate gestatten es noch nicht. Dieser Theil des Werks wird deshalb rasch veralten und muss in einigen Jahren neu bearbeitet werden, aber bei der Wichtigkeit der Frage ist es immerhin der Mühe werth, eine solche Arbeit mehrmals vorzunehmen. Gleichwohl dürften vielleicht einige meiner theoretischen Untersuchungen, sowie auch die Zweifel, die ich ausdrücken musste, nicht ohne Nutzen für diejenigen sein, welche das endgültige Gebäude errichten werden.

Ich glaubte, den von Herrn Brunhes redigirten Vorlesungen zwei Ergänzungskapitel hinzufügen zu sollen. Das erste, welches eine gedrängte Beschreibung der Hertz'schen Versuche enthält, ist das specielle Werk von Herrn Blondin. Er hatte dasselbe zuerst ausgearbeitet, um es mit dem ersten Bande zu vereinigen, der die Vorlesungen vom März bis zum Juni 1888 enthält (*nicht 1889, wie auf dem* (französischen) *Titelblatte des ersten Bandes irrthümlicher Weise angegeben ist*). Dies Kapitel findet aber besser seinen Platz bei der ausführlichen Besprechung der Theorie dieser Experimente.

Andererseits habe ich am Ende noch ein Ergänzungskapitel angefügt, das durch die raschen Fortschritte in diesem Zweige der Wissenschaft nöthig wurde. Zwischen dem Schlusse der Vorlesungen und der Uebergabe des Manuskriptes zum Druck, d. h. also zwischen Juni und November 1890, sind nämlich meine Ansichten durch verschiedene Veröffentlichungen, besonders durch die neuen Experimente von Sarasin und de la Rive in einigen Punkten geändert worden.

Inhaltsverzeichniss.

Kapitel XII.

Zusätze und Ergänzungen.

Neuere Versuche (Zusatz der Herausgeber).

Einleitung.

Zunächst möchte ich einige Worte über die in diesem Werke angewandten Bezeichnungen sagen. Ich habe gewöhnlich die Koordinaten des angezogenen Punktes mit x, y, z, die des anziehenden mit x', y', z', und den Abstand beider Punkte mit r bezeichnet. Ein Volumelement nenne ich $d\tau$ oder $d\tau'$, je nachdem der Schwerpunkt dieses Elements mit x, y, z oder mit x', y', z' zusammenfällt; ebenso ein Oberflächenelement $d\omega$ und seine Richtungskosinus l, m, n, wenn es zu x, y, z gehört; $d\omega'$ und l', m', n' dagegen im anderen Falle. Dieselbe Bezeichnungsweise werde ich für jede beliebige Funktion befolgen; wenn z. B. ϱ die elektrische Dichte im Punkt x, y, z genannt wird, so soll sie ϱ' im Punkte x', y', z' heissen.

Ich werde häufig die Maxwell'sche Formel anwenden, welche die Umformung eines Linienintegrals in ein Kurvenintegral und umgekehrt gestattet (siehe I. Band dieses Werkes § 117 S. 109).

Auch die Methode der partiellen Integration, auf mehrfache Integrale angewandt, werde ich öfters benutzen.

So erhält man z. B.:

$$\int u \frac{\partial v}{\partial x} d\tau = \int l u v \, d\omega - \int v \frac{\partial u}{\partial x} d\tau .$$

Die Raumintegrale sind über ein beliebiges Volumen zu erstrecken, und das erste Integral rechter Seite über alle Elemente $d\omega$ der Oberfläche, welche dies Volumen begrenzt und die Richtungskosinus l, m, n besitzt.

Häufig wird der Fall eintreten, dass die betrachteten Funktionen u, v im Unendlichen Null werden. Dann kann man schreiben

$$\int u \frac{\partial v}{\partial x} d\tau = - \int v \frac{\partial u}{\partial x} d\tau ,$$

wobei die Integration über den ganzen unendlichen Raum ausgedehnt ist.

Dies werde ich „*Partielle Integration über den ganzen Raum*“ nennen.

Solche Umformungen setzen indessen kontinuirliche Funktionen voraus, was nicht immer der Fall ist. Es wird vielmehr häufig vorkommen, dass an der Trennungsfläche zweier Medien, z. B. eines Leiters und eines Dielektrikum, gewisse betrachtete Funktionen einen Sprung erleiden. Man könnte die Rechnung dann vollständig unter Berücksichtigung dieser Diskontinuitäten durchführen, und würde sehen, dass die Resultate keine Aenderung erfahren.

Aber es ist einfacher, die Schwierigkeit zu umgehen. Es genügt hierzu die Annahme, dass die Medien nicht durch eine geometrische Fläche getrennt sind, sondern durch eine sehr dünne Uebergangsschicht, in welcher sich die Eigenschaften der Materie ungemein rasch, aber stetig ändern. Wahrscheinlich wird es sich auch in Wirklichkeit so verhalten; aber wie dem auch sei, so viel ist klar, dass man die Hypothese der Uebergangsschicht ohne Aenderung des Resultats an die Stelle derjenigen einer plötzlichen Trennung setzen kann, da die Dicke dieser Schicht immer als äusserst gering anzunehmen ist.

Kapitel I.

Formel von Ampère.

1. Wirkung zweier Stromelemente auf einander. Ampère hatte das Bestreben, Alles aus dem Experiment abzuleiten[1]); doch ist diese Absicht nicht vollständig gerechtfertigt, da das Experiment sich nicht auf zwei Strom e l e m e n t e beziehen kann. Es lässt sich zwar die Wirkung eines geschlossenen Stromes auf einen bestimmten Theil eines zweiten Stromes beobachten, nicht aber diejenige eines Stromelements auf ein anderes.

Wenn z. B. die Entladung eines Kondensators einen Strom zu Stande bringt, der nach der Ansicht von Maxwell's Vorgängern nicht geschlossen ist, so besitzt derselbe doch eine zu kurze Dauer, als dass er sich für den Versuch verwenden liesse. Man kann also nur mit geschlossenen Strömen operiren. Durch verschiedene Kunstgriffe ist es allerdings möglich, einen Theil eines der Ströme beweglich zu machen, so dass man die Wirkung eines geschlossenen Stromes auf einen Stromtheil zu untersuchen vermag (vgl. später § 19); aber dieser bewegliche Theil bleibt immer der gleichzeitigen Wirkung aller Elemente des zweiten geschlossenen Stromkreises unterworfen.

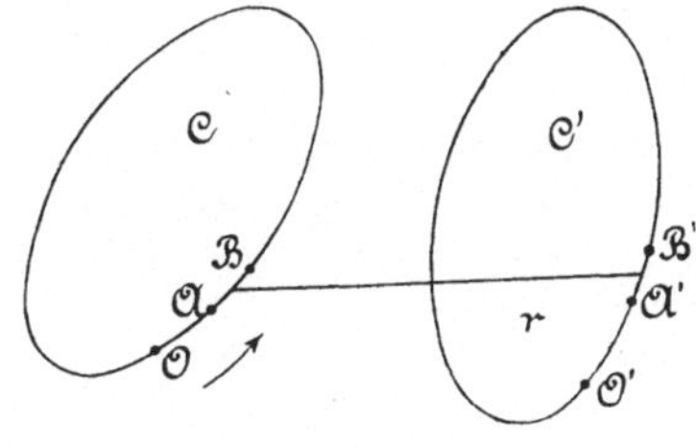

Fig. 1.

Um also ein auf zwei Stromelemente anwendbares Gesetz aussprechen zu können, musste Ampère Hypothesen aufstellen. Dieselben lauten:

1. Um die Wirkung eines geschlossenen Stromkreises auf ein Stromelement zu erhalten, muss man die Wirkungen der einzelnen

---

[1]) Der Titel seines Werkes lautet: Théorie mathématique des phénomènes électro-dynamiques uniquement déduite de l'expérience, 1826.

Elemente des geschlossenen Stromkreises auf das betreffende Element summiren.

2. Die Wirkung zweier Stromelemente auf einander ist eine nach der Verbindungslinie derselben gerichtete Kraft.

C und C′ seien zwei Ströme, und A ein Punkt auf C, dessen Lage durch die Länge s des von einem festen Ausgangspunkt O aus gerechneten Bogens O A definirt ist.

Ebenso bezeichnen wir mit O′ den Ausgangspunkt für C′, und ferner mit A B und A′B′ zwei Elemente, die auf C resp. C′ liegen.

Wir setzen

$$OA = s; \qquad OB = s + ds;$$
$$O'A' = s'; \qquad O'B' = s' + ds'.$$

Hieraus folgt

$$AB = ds \text{ und } A'B' = ds'.$$

Sind ferner

$$x, y, z \text{ die Koordinaten von A},$$
$$x + dx, y + dy, z + dz \text{ die von B},$$
$$x', y', z' \text{ von A}',$$
$$x' + dx', y' + dy', z' + dz' \text{ von B}',$$

so ist der Abstand der beiden Elemente A B und A′B′ gegeben durch

$$(1) \qquad r^2 = (x - x')^2 + (y - y')^2 + (z - z')^2,$$

r ist also eine Funktion von s und s'.

Die Richtungskosinus von A B haben den Werth

$$\frac{\partial x}{\partial s}, \frac{\partial y}{\partial s}, \frac{\partial z}{\partial s},$$

die von A′B′

$$\frac{\partial x'}{\partial s'}, \frac{\partial y'}{\partial s'}, \frac{\partial z'}{\partial s'},$$

und diejenigen von A A′

$$\frac{x' - x}{r}, \frac{y' - y}{r}, \frac{z' - z}{r}.$$

Bedeutet nun θ den Winkel zwischen A B und A A′,
θ' den zwischen A′B′ und A A′,
und ε den der beiden Elemente A B und A′ B′,

so gilt

$$(2)\quad \begin{cases} \cos\theta = \frac{\partial x}{\partial s}\cdot\frac{x'-x}{r} + \frac{\partial y}{\partial s}\cdot\frac{y'-y}{r} + \frac{\partial z}{\partial s}\cdot\frac{z'-z}{r}, \\ \cos\theta' = \frac{\partial x'}{\partial s'}\cdot\frac{x'-x}{r} + \frac{\partial y'}{\partial s'}\cdot\frac{y'-y}{r} + \frac{\partial z'}{\partial s'}\cdot\frac{z'-z}{r}, \\ \cos\varepsilon = \frac{\partial x}{\partial s}\cdot\frac{\partial x'}{\partial s'} + \frac{\partial y}{\partial s}\cdot\frac{\partial y'}{\partial s'} + \frac{\partial z}{\partial s}\cdot\frac{\partial z'}{\partial s'}. \end{cases}$$

Zwischen diesen drei Gleichungen und den Differentialquotienten der Funktion r bestehen gewisse Beziehungen.

Man findet nämlich durch Differentiation aus (1):

$$(3)\quad r\,\frac{\partial r}{\partial s} = \sum (x - x')\,\frac{\partial x}{\partial s},$$

$$(4)\quad \begin{cases} \frac{\partial r}{\partial s} = \sum \frac{x - x'}{r}\cdot\frac{\partial x}{\partial s} = -\cos\theta, \\ \frac{\partial r}{\partial s'} = \sum \frac{x' - x}{r}\cdot\frac{\partial x'}{\partial s'} = \cos\theta'. \end{cases}$$

Differentiiren wir ferner (3) nach s', so folgt

$$(5)\quad \frac{\partial r}{\partial s}\cdot\frac{\partial r}{\partial s'} + r\,\frac{\partial^2 r}{\partial s\partial s'} = -\sum \frac{\partial x'}{\partial s'}\cdot\frac{\partial x}{\partial s} = -\cos\varepsilon,$$

und hieraus:

$$r\,\frac{\partial^2 r}{\partial s\,\partial s'} = \cos\theta\cos\theta' - \cos\varepsilon.$$

Die Wirkung von ds auf ds' ist offenbar proportional den Längen ds und ds' der beiden Elemente und den Intensitäten i und i' der beiden Ströme; sie hängt ausserdem von dem Abstande r der beiden Elemente und von den Winkeln θ, θ' und ε ab; mit irgend einer anderen Grösse kann sie augenscheinlich nicht mehr zusammenhängen. Diese Wirkung lässt sich demnach darstellen durch die Formel:

$$i i' \, ds ds' \, f(r, \theta, \theta', \varepsilon),$$

und wir haben nur noch die Funktion f zu bestimmen.

Um die Formeln abzukürzen, nehmen wir vorläufig an

$$i = i' = 1,$$

und setzen den Faktor ii' am Schluss der Rechnung wieder ein.

Ampère leitet aus den Versuchen folgende drei Principien ab, welche als Ausgangspunkt der nachher angegebenen Analyse dienen:

1. Das Princip der krummlinigen Ströme.

2. Die Wirkung eines geschlossenen Stromes auf irgend ein Element steht senkrecht zu dem letzteren.

3. Die Wirkung eines geschlossenen Solenoids auf ein Element ist Null.

Es sei $\mathrm{A}\, dx ds'$ die Wirkung, welche auf ds' durch die Projektion dx eines Stromelements ds ausgeübt wird, und analog $\mathrm{B}\, dy\, ds'$ und $\mathrm{C}\, dz\, ds'$. Das experimentelle Princip der krummlinigen Ströme, welches als erstes von Ampère aus den Versuchen gefolgert wurde, lehrt uns dann, dass die Wirkung von ds die Resultante aus den Wirkungen seiner Projektionen darstellt, und da alle Kräfte nach derselben Geraden AA' gerichtet sind, erhält man

$$f(r, \theta, \theta', \varepsilon)\, ds\, ds' = \mathrm{A}\, dx\, ds' + \mathrm{B}\, dy\, ds' + \mathrm{C}\, dz\, ds',$$

$$f = \mathrm{A} \frac{\partial x}{\partial s} + \mathrm{B} \frac{\partial y}{\partial s} + \mathrm{C} \frac{\partial z}{\partial s}.$$

Die Funktion f ist also linear in Bezug auf die Richtungskosinus von AB.

Nun hängt f von den Grössen r, θ, θ' und ε ab; r und θ' sind aber unabhängig von den Richtungskosinus $\frac{\partial x}{\partial s}$, $\frac{\partial y}{\partial s}$, $\frac{\partial z}{\partial s}$, $\cos \theta$ und $\cos \varepsilon$ dagegen sind linear und homogen in Bezug auf diese Kosinus. Somit kann f nur dann linear und homogen in Bezug auf diese betreffenden Richtungskosinus sein, wenn es linear und homogen in Bezug auf $\cos \theta$ und $\cos \varepsilon$ ist, oder, was auf dasselbe hinauskommt, in Bezug auf $\frac{\partial r}{\partial s}$ und $\frac{\partial^2 r}{\partial s \partial s'}$; dasselbe gilt für

$$\frac{\partial r}{\partial s'} \text{ und } \frac{\partial^2 r}{\partial s\, \partial s'}.$$

Es muss also f linear und homogen sein in Bezug auf $\frac{\partial r}{\partial s} \cdot \frac{\partial r}{\partial s'}$ einerseits und auf $\frac{\partial^2 r}{\partial s\, \partial s'}$ andererseits.

Demnach finden wir

$$(6) \quad \begin{aligned} f\, ds\, ds' &= \left(A_1 \frac{\partial r}{\partial s} \cdot \frac{\partial r}{\partial s'} + B_1 \frac{\partial^2 r}{\partial s\, \partial s'}\right) ds\, ds' \\ &= \left[\psi(r) \frac{\partial r}{\partial s} \cdot \frac{\partial r}{\partial s'} + 2\varphi(r) \frac{\partial^2 r}{\partial s\, \partial s'}\right] ds\, ds'. \end{aligned}$$

A_1 und B_1 sind nämlich Funktionen von r allein und man kann setzen:

$$A_1 = \psi(r), \qquad B_1 = 2\varphi(r).$$

2. Zur Bestimmung dieser Funktionen sind zwei Versuche nöthig. Ampère zeigte, dass ein beliebiger, um seinen Mittelpunkt beweglicher Kreisbogen sich nicht verschiebt; die auf ein beliebiges Element dieses Kreisbogens tangentiell wirkende Kraft ist also Null. Demnach steht die Wirkung eines geschlossenen Stromes auf ein Element senkrecht zu diesem letzteren; dies ist das zweite oben angeführte Princip von Ampère.

Wir erhalten also:

$$ds' \int \left[\psi(r) \frac{\partial r}{\partial s} \cdot \frac{\partial r}{\partial s'} + 2\varphi(r) \frac{\partial^2 r}{\partial s\, \partial s'}\right] \frac{\partial r}{\partial s'}\, ds = 0,$$

wobei das Integral über den beliebigen Stromkreis C zu erstrecken ist.

Setzen wir:

$$\varrho = \frac{\partial r}{\partial s'},$$

so folgt

$$\int [\psi(r)\, \varrho^2\, dr + 2\varphi(r)\, \varrho\, d\varrho] = 0;$$

die unter dem Integral stehende Grösse ist demnach das vollständige

Differential einer Funktion von zwei unabhängigen Variablen r und ϱ; d. h. es gilt daher

$$2\,\varrho\,\psi(r) = 2\,\varrho\,\varphi'(r)$$

oder

$$\psi(r) = \varphi'(r)\,.$$

Wir müssen nun noch die Funktion φ bestimmen, was uns durch das dritte experimentelle Princip von Ampère ermöglicht wird; zunächst wollen wir aber alle Folgerungen aus den beiden ersten Principien ziehen und zeigen, dass die Elementarwirkung

$$f\,ds\,ds' = \left[\varphi'(r)\frac{\partial r}{\partial s}\cdot\frac{\partial r}{\partial s'} + 2\,\varphi(r)\frac{\partial^2 r}{\partial s\,\partial s'}\right] ds\,ds'$$

in die Form $V\dfrac{\partial^2 U}{\partial s\,\partial s'}$ gebracht werden kann, worin V und U nur Funktionen von r darstellen.

Es ist $\dfrac{\partial U}{\partial s} = U'\dfrac{\partial r}{\partial s}$, wenn wir U' schreiben für $\dfrac{\partial U}{\partial r}$, ferner

$$\frac{\partial^2 U}{\partial s\,\partial s'} = U'\frac{\partial^2 r}{\partial s\,\partial s'} + U''\frac{\partial r}{\partial s}\cdot\frac{\partial r}{\partial s'}\,.$$

Wir setzen weiter fest

$$VU'' = \varphi'\,,$$

$$VU' = 2\,\varphi\,,$$

also

$$\frac{U''}{U'} = \frac{1}{2}\cdot\frac{\varphi'}{\varphi}\,,$$

ferner

$$\log U' = \frac{1}{2}\log\varphi\,,$$

oder

$$U' = \sqrt{\varphi}\,,$$

somit

$$V = 2\sqrt{\varphi} = 2\,U'.$$

Durch Einführung dieser Grössen in $f\,ds\,ds'$ erhält man dann in der That die Form

$$f\,ds\,ds' = 2\,ds\,ds'\,U'\,\frac{\partial^2 U}{\partial s\,\partial s'}\,.$$

3. Arbeit bei der relativen Verrückung zweier Stromkreise. Wenn wir r einen gewissen Zuwachs δr ertheilen, so wird die Wirkung des Elements AB auf A′B′ eine gewisse Arbeit hervorbringen. Wir wählen nach dem gewöhnlichen Uebereinkommen in der Elektrodynamik die Zeichen derart, dass die anziehende Kraft positiv wird; dann ist die einer Veränderung δr zukommende Elementararbeit:

$$-2\,ds\,ds'\,U'\,\delta r\,\frac{\partial^2 U}{\partial s\,\partial s'} = -2\,ds\,ds'\,\delta U\,\frac{\partial^2 U}{\partial s\,\partial s'}\,,$$

und die Arbeit der Gesammtwirkung eines Stromkreises auf einen anderen wird

$$\delta T = -2\int \delta U\,\frac{\partial^2 U}{\partial s\,\partial s'}\,ds\,ds'\,.$$

Durch partielle Integration erhalten wir

$$\int u\,\frac{\partial v}{\partial s}\,ds = [uv] - \int v\,\frac{\partial u}{\partial s}\,ds = -\int v\,\frac{\partial u}{\partial s}\,ds\,,$$

da der Integrationsweg durch den geschlossenen Stromkreis gebildet wird und daher uv für beide Integrationsgrenzen denselben Werth besitzt. Es ist also

$$-\int \delta U\,\frac{\partial^2 U}{\partial s\,\partial s'}\,ds = \int \frac{\partial U}{\partial s'}\cdot\frac{\partial\,\delta U}{\partial s}\,ds = \int \frac{\partial U}{\partial s'}\,\delta\,\frac{\partial U}{\partial s}\,ds\,,$$

und folglich

$$\delta T = 2\int \frac{\partial U}{\partial s'}\,\delta\,\frac{\partial U}{\partial s}\,ds\,ds'\,;$$

ebenso, da zwischen C und C′ kein Unterschied besteht,

$$\delta T = 2\int \frac{\partial U}{\partial s}\,\delta\,\frac{\partial U}{\partial s'}\,ds\,ds'\,.$$

Hieraus folgt

$$\delta T = \int \left[\frac{\partial U}{\partial s} \delta \frac{\partial U}{\partial s'} + \frac{\partial U}{\partial s'} \delta \frac{\partial U}{\partial s} \right] ds\, ds'$$

$$= \delta \int \frac{\partial U}{\partial s} \cdot \frac{\partial U}{\partial s'} ds\, ds'.$$

Es ist also ∂T der Zuwachs der Funktion

(7) $$T = \int \frac{\partial U}{\partial s} \cdot \frac{\partial U}{\partial s'} ds\, ds'.$$

Die Elementararbeit stellt somit das Differential einer Funktion dar, die nur von der relativen Lage beider Stromkreise abhängt. Diese Funktion[1]) ist das (gegenseitige) elektrodynamische Potential der beiden Stromkreise. Diese elegante Form für den Ausdruck der Elementararbeit verdanken wir Bertrand[2]).

4. Wir haben nun die Existenz eines Potentials für die Wirkung zweier Stromkreise nachgewiesen, indem wir uns nur auf die Thatsache stützten, dass die Wirkung eines geschlossenen Stromes auf dem betrachteten Element senkrecht steht.

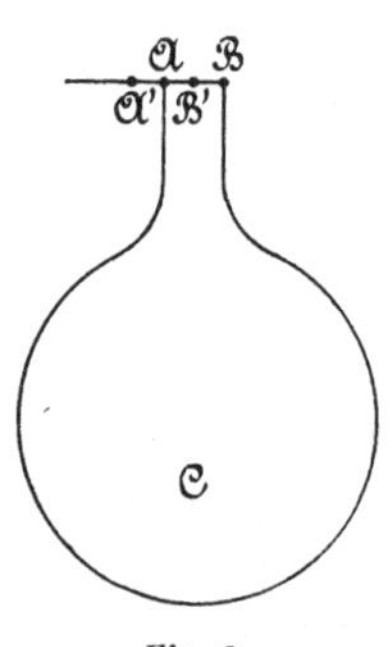

Fig. 2.

Es lässt sich aber auch umgekehrt zeigen, dass diese experimentelle Thatsache eine nothwendige Folge des Vorhandenseins eines Potentials ist.

Wenn ein in seiner eigenen Richtung verschiebbares Element AB nach A'B' gelangt, so behält der Strom dieselbe Lage im Raum bei, er beschreibt denselben Kreis. Das elektrodynamische Potential wird dann nicht geändert, es entsteht also keine Arbeit, was beweist, dass die Kraft senkrecht zum durchlaufenen Weg steht.

5. Bestimmung der Funktion U. Um weiter zu kommen, müssen wir wieder zu dem Experiment zurückkehren. Wir wollen die Thatsache benützen, dass die Wirkung eines geschlossenen Solenoids auf ein Stromelement immer Null ist.

---

[1]) Die Arbeit ist, nach Grösse und Zeichen, der Zuwachs des Potentials, wenn man, wie hier, eine anziehende Kraft als positiv betrachtet.

[2]) Théorie mathématique de l'électricité (1890) § 131 p. 175.

Wir hatten:

$$T = \int \frac{\partial U}{\partial s} \cdot \frac{\partial U}{\partial s'} ds\, ds' = \int U'^2 \frac{\partial r}{\partial s} \cdot \frac{\partial r}{\partial s'} ds\, ds',$$

oder unter Berücksichtigung der Gleichungen (4):

$$T = \int ds \left[\frac{\partial x}{\partial s} \int U'^2 \frac{\partial r}{\partial s'} \cdot \frac{x - x'}{r} ds' \right.$$

$$\left. + \frac{\partial y}{\partial s} \int U'^2 \frac{\partial r}{\partial s'} \cdot \frac{y - y'}{r} ds' + \frac{\partial z}{\partial s} \int U'^2 \frac{\partial r}{\partial s'} \cdot \frac{z - z'}{r} ds' \right].$$

Zur Abkürzung kann man schreiben:

$$T = \int (F\, dx + G\, dy + H\, dz),$$

indem man setzt:

$$(8) \quad \begin{cases} F = \int U'^2 \frac{\partial r}{\partial s'} \cdot \frac{x - x'}{r} ds', \\ G = \int U'^2 \frac{\partial r}{\partial s'} \cdot \frac{y - y'}{r} ds', \\ H = \int U'^2 \frac{\partial r}{\partial s'} \cdot \frac{z - z'}{r} ds'. \end{cases}$$

Bei der Integration längs C' erhält man:

$$F = \int (x - x') \frac{U'^2}{r} dr = \int (x - x') f'(r)\, dr,$$

wenn

$$f'(r) = \frac{U'^2}{r}$$

gesetzt wird.

Die partielle Integration liefert, da das bestimmte Integral Null ist,

$$F = -\int f(r) \frac{\partial (x-x')}{\partial s'} ds' = +\int f(r)\, dx',$$

denn man hat:

$$\frac{\partial (x-x')}{\partial s'} = -\frac{\partial x'}{\partial s'}.$$

Bei dieser Form erkennt man leicht, dass:

$$\frac{\partial F}{\partial x} + \frac{\partial G}{\partial y} + \frac{\partial H}{\partial z} = 0. \tag{9}$$

Es ist nämlich

$$\frac{\partial F}{\partial x} = \int \frac{\partial f(r)}{\partial x} dx' = -\int \frac{\partial f(r)}{\partial x'} dx',$$

weil

$$\frac{\partial r}{\partial x} = -\frac{\partial r}{\partial x'};$$

also

$$\frac{\partial F}{\partial x} + \frac{\partial G}{\partial y} + \frac{\partial H}{\partial z} = -\int \left(\frac{\partial f}{\partial x'} dx' + \frac{\partial f}{\partial y'} dy' + \frac{\partial f}{\partial z'} dz' \right) = -\int df = 0.$$

Die weiter oben definirten Grössen F, G, H sind das, was Maxwell die Komponenten des Vektor-Potentials nennt, welches einem von dem Strome mit der Intensität 1 durchlaufenen Stromkreis C′ entspricht. Um das Vektor-Potential desselben Stromkreises für die Intensität i zu erhalten, muss man die Integrale (8) noch mit i multipliciren.

6. Wir wollen nun das elektrodynamische Potential eines Solenoids auf einen Strom C′ berechnen und ausdrücken, dass dies Potential für ein geschlossenes Solenoid Null ist.

Wir fanden:

$$T = \int (F\, dx + G\, dy + H\, dz),$$

wo F, G, H die Komponenten des zu C′ gehörigen Vektorpotentials bedeuten und das Integral über C zu erstrecken ist.

Zunächst können wir T in ein Integral umformen, das über eine durch C gelegte und von C begrenzte Fläche auszudehnen ist, und erhalten dann[1]):

$$(10)\qquad T = \int \left[l \left(\frac{\partial H}{\partial y} - \frac{\partial G}{\partial z} \right) + m \left(\frac{\partial F}{\partial z} - \frac{\partial H}{\partial x} \right) + n \left(\frac{\partial G}{\partial x} - \frac{\partial F}{\partial y} \right) \right] d\omega ,$$

worin $d\omega$ das betrachtete Flächenelement bedeutet und l, m, n die Richtungskosinus der Normalen zu diesem Element.

Erinnern wir uns kurz an die Definition eines Solenoids. Ein Solenoid besteht aus einer unendlichen Aufeinanderfolge unendlich kleiner Stromkreise, die auf folgende Art angeordnet sind:

Ein beliebiger Kurvenbogen, den man die Axe des Solenoids nennt, sei in eine unendliche Anzahl von unter einander gleichen Elementen $d\sigma$ getheilt.

Jedem dieser Elemente entspricht ein Elementarstrom, der durch nachstehende Eigenschaften definirt ist:

1. die Intensität dieses Stromes ist i;

2. der Strom durchläuft einen unendlich kleinen Stromkreis, dessen Ebene normal zu dem Element $d\sigma$ steht;

3. der Stromkreis begrenzt eine unendlich kleine Ebene $d\omega$;

4. der Schwerpunkt dieser Fläche fällt mit der Mitte von $d\sigma$ zusammen;

5. die Werthe von i und $d\omega$ sind dieselben für alle Elementarströme.

Die Gesammtheit dieser Elementarströme bildet das Solenoid. Weiter oben hatten wir bereits zur Abkürzung der Formeln i vorläufig $= 1$ gesetzt.

Wir nehmen nun auf der Axe eines Solenoids ein Bogenelement $d\sigma$ mit den Richtungskosinus l, m, n an. In der zu diesem Bogenelement senkrechten Ebene fliesst ein Strom, welcher eine unendlich kleine Fläche $d\omega$ umfasst. Das der Wirkung dieser unendlich kleinen Fläche zukommende Potential T lässt sich leicht berechnen, da das Integral (10) sich auf ein einziges Element reducirt, das man schreiben kann:

$$d\omega \sum l \left(\frac{\partial H}{\partial y} - \frac{\partial G}{\partial z} \right) = \frac{\partial \omega}{\partial \sigma} \sum dx \left(\frac{\partial H}{\partial y} - \frac{\partial G}{\partial x} \right);$$

[1]) Siehe wegen dieser Umformung Bd. I §§ 117 und 130.

denn es ist

$$dx = l\, d\sigma\,,$$

$$dy = m\, d\sigma\,,$$

$$dz = n\, d\sigma\,.$$

$d\omega$ und $d\sigma$ sind Konstanten, wenn man von einem Elemente des Solenoids zu einem anderen übergeht. Um das Potential für das ganze Solenoid zu erhalten, muss man in Bezug auf dx, dy, dz längs der Axe integriren und erhält:

$$\mathrm{T} = \frac{\partial \omega}{\partial \sigma} \int_e \left[dx \left(\frac{\partial \mathrm{H}}{\partial y} - \frac{\partial \mathrm{G}}{\partial z} \right) + dy \left(\frac{\partial \mathrm{F}}{\partial z} - \frac{\partial \mathrm{H}}{\partial x} \right) + dz \left(\frac{\partial \mathrm{G}}{\partial x} - \frac{\mathrm{F}}{\partial y} \right) \right].$$

7. Die Wirkung eines geschlossenen Solenoids ist Null, die unter dem Integralzeichen stehende Grösse demnach ein vollständiges Differential. Es besteht also die Beziehung:

$$\frac{\partial}{\partial z} \left(\frac{\partial \mathrm{F}}{\partial z} - \frac{\partial \mathrm{H}}{\partial x} \right) = \frac{\partial}{\partial y} \left(\frac{\partial \mathrm{G}}{\partial x} - \frac{\partial \mathrm{F}}{\partial y} \right),$$

oder, was auf dasselbe hinauskommt:

$$\Delta \mathrm{F} - \frac{\partial}{\partial x} \left(\frac{\partial \mathrm{F}}{\partial x} + \frac{\partial \mathrm{G}}{\partial y} + \frac{\partial \mathrm{H}}{\partial z} \right) = 0\,, \quad \text{u. s. f.}$$

Nun ist nach Gleichung (9)

$$\frac{\partial \mathrm{F}}{\partial x} + \frac{\partial \mathrm{G}}{\partial y} + \frac{\partial \mathrm{H}}{\partial z} = 0\,,$$

also

$$\Delta \mathrm{F} = 0\,.$$

Da aber (§ 5) $\Delta \mathrm{F} = \int \Delta f(r)\, dx'$ ist, so muss $\Delta f(r)$ eine Konstante sein, damit das vorhergehende Integral, über eine geschlossene Kurve erstreckt, Null wird. Dies Integral kann nämlich nur dann verschwinden, wenn $\Delta f(r)$ nur eine Funktion von x' darstellt, thatsächlich ist es dagegen eine Funktion von r allein; es kann also nur eine Konstante sein. Wir setzen demnach

$$\Delta f(r) = h\,.$$

Hieraus folgt

$$f(r) = \frac{hr^2}{6} + k + \frac{k'}{r}.$$

Da die Funktion $f(r)$ im Unendlichen verschwinden muss, so sind h und k nothwendiger Weise Null, so dass wir erhalten

$$f(r) = \frac{k'}{r}.$$

Aus dem Experiment, auf welches man hier zurückgehen muss, folgt $k' = 1$ in absolutem Maass.

Wir konnten nämlich, nach einer willkürlichen Uebereinkunft, die Einheit des Magnetismus, und dann die der Intensität derart wählen, dass der in den Ausdruck für die gegenseitige Wirkung zweier Magnete eintretende Koefficient $= 1$ ist, ebenso wie der bei der Wirkung eines Stromes auf einen Magneten auftretende Koefficient. Hier ist dem nicht mehr so; wir verfügen nicht mehr über die Wahl der Einheit, die durch die frühere Uebereinkunft bereits völlig festgelegt ist; demnach können wir einzig aus dem Experiment folgern, dass k' gleich 1 ist.

Ferner müssen wir das positive Zeichen wählen,

$$f(r) = + \frac{1}{r};$$

auch dies folgt aus dem Experiment, wenn die Uebereinkunft in Betreff des Zeichens, wie früher angegeben, bereits getroffen ist. Bis jetzt hatten wir nur Versuche, bei denen die Wirkung Null war, betrachtet; ein neuer Versuch konnte allein entscheiden, ob zwischen zwei parallelen Elementen bei der gleichen Stromrichtung eine Anziehung oder Abstossung stattfindet.

Es ist also (§ 5)

$$f'(r) = -\frac{1}{r^2} = \frac{U'^2}{r},$$

woraus folgt

$$U' = \pm \frac{\sqrt{-1}}{\sqrt{r}}.$$

Wir haben nun

$$U'\frac{\partial^2 U}{\partial s \partial s'} = U'\frac{\partial}{\partial s}\left(U'\frac{\partial r}{\partial s'}\right) = U' U''\frac{\partial r}{\partial s}\cdot\frac{\partial r}{\partial s'}$$

$$+ U'^2\frac{\partial^2 r}{\partial s\,\partial s'} = \frac{1}{2r^2}\cdot\frac{\partial r}{\partial s}\cdot\frac{\partial r}{\partial s'} - \frac{1}{r}\frac{\partial^2 r}{\partial s\,\partial s'},$$

und für die zwischen zwei Elementen ausgeübte Anziehungskraft finden wir

$$2\,i\,i'\,ds\,ds'\,U'\frac{\partial^2 U}{\partial s\,\partial s'} = \frac{i\,i'\,ds\,ds'}{r^2}\left(\frac{\partial r}{\partial s}\cdot\frac{\partial r}{\partial s'} - 2\,r\frac{\partial^2 r}{\partial s\,\partial s'}\right).$$

Man kann diesen Ausdruck noch in die Form bringen, cf. (4) und (5)

$$(11)\qquad \frac{2\,i\,i'\,ds\,ds'}{r^2}\left(\cos\varepsilon - \frac{3}{2}\cos\theta\cos\theta'\right).$$

8. Beziehung zwischen der elektromagnetischen Kraft und dem Vektorpotential. Wir sahen im ersten Band (§ 111 bis 113), dass die von C′ auf einen Magnetpol von dem Magnetismus = 1 [1]) ausgeübte Wirkung eine Kraft darstellt, welche das Differential eines Potentials ist und deren Komponenten gegeben sind durch

$$\alpha = -\frac{\partial \Omega}{\partial x},$$

$$\beta = -\frac{\partial \Omega}{\partial y},$$

$$\gamma = -\frac{\partial \Omega}{\partial z}.$$

Ω ist das magnetische Potential für ein durch den Stromkreis begrenztes Blatt von einer Stärke gleich der Stromintensität. Bezeichnen wir mit $d\omega'$ ein Element der durch C′ begrenzten Fläche

[1]) Man kann einen isolirten Magnetpol verwirklichen, indem man einen Magnet oder ein Solenoid von sehr grosser Länge anwendet, dessen einer Pol in endlicher Entfernung liegt.

und mit l', m', n' die Richtungskosinus der Normalen, so erhalten wir [1])

$$\Omega = \int \left(l' \frac{\partial \frac{1}{r}}{\partial x'} + m' \frac{\partial \frac{1}{r}}{\partial y'} + n' \frac{\partial \frac{1}{r}}{\partial z'} \right) d\omega'.$$

Da $\frac{1}{r}$ eine Funktion von $x-x'$, $y-y'$, $z-z'$ ist, so hat man zu setzen

$$\frac{\partial \frac{1}{r}}{\partial x} = - \frac{\partial \frac{1}{r}}{\partial x'}, \text{ etc.},$$

und

$$\Omega = - \int \left(l' \frac{\partial \frac{1}{r}}{\partial x} + m' \frac{\partial \frac{1}{r}}{\partial y} + n' \frac{\partial \frac{1}{r}}{\partial z} \right) d\omega',$$

$$\alpha = + \int \left(l' \frac{\partial^2 \frac{1}{r}}{\partial x^2} + m' \frac{\partial^2 \frac{1}{r}}{\partial x \partial y} + n' \frac{\partial^2 \frac{1}{r}}{\partial x \partial z} \right) d\omega'.$$

Wir wollen nun $F = \int f(r)\, dx' = \int \frac{1}{r}\, dx'$ in ein Integral umformen, das über die durch den Stromkreis C' begrenzte Fläche $\int d\omega'$ zu erstrecken ist.

Dann wird:

$$F = \int d\omega' \left(m' \frac{\partial \frac{1}{r}}{\partial z'} - n' \frac{\partial \frac{1}{r}}{\partial y'} \right) = \int d\omega' \left(n' \frac{\partial \frac{1}{r}}{\partial y} - m' \frac{\partial \frac{1}{r}}{\partial z} \right),$$

---

[1]) Vergl. Bd. I § 112 Gleichung (1), in welcher man cos ε durch die Richtungskosinus l', m', n' der Normalen und diejenigen der Verbindungslinie r auszudrücken hat. Durch Berücksichtigung von

$$\frac{\partial \frac{1}{r}}{\partial x'} = \frac{x - x'}{r^3} \text{ etc.}$$

folgt dann obige Gleichung.

ebenso

$$G = \int d\omega' \left(l' \frac{\partial \frac{1}{r}}{\partial z} - n' \frac{\partial \frac{1}{r}}{\partial x} \right),$$

$$H = \int d\omega' \left(m' \frac{\partial \frac{1}{r}}{\partial x} - l' \frac{\partial \frac{1}{r}}{\partial y} \right).$$

Hieraus berechnet sich

$$\frac{\partial H}{\partial y} - \frac{\partial G}{\partial z} = \int d\omega' \left(m' \frac{\partial^2 \frac{1}{r}}{\partial x \partial y} - l' \frac{\partial^2 \frac{1}{r}}{\partial y^2} \right)$$

$$+ \int d\omega' \left(n' \frac{\partial^2 \frac{1}{r}}{\partial x \partial z} - l' \frac{\partial^2 \frac{1}{r}}{\partial z^2} \right).$$

Durch Zufügen von

$$0 = \int d\omega' \left(l' \frac{\partial^2 \frac{1}{r}}{\partial x \partial x} - l' \frac{\partial^2 \frac{1}{r}}{\partial x^2} \right)$$

erhält man:

$$\frac{\partial H}{\partial y} - \frac{\partial G}{\partial z} = \alpha - \int d\omega' \cdot l' \, \Delta \frac{1}{r} = \alpha,$$

da $\Delta \frac{1}{r} = 0$ ist.

Es bestehen nun ganz allgemein zwischen der magnetischen Kraft und der magnetischen Induktion die Beziehungen (cf. Bd. I § 101)

$$(12) \qquad \begin{cases} a = \alpha + 4\pi A, \\ b = \beta + 4\pi B, \\ c = \gamma + 4\pi C. \end{cases}$$

In einem unmagnetischen Mittel sind A, B und C Null, und a, b, c fallen mit α, β, γ zusammen.

Die vorhergehenden Formeln können wir dann also schreiben:

$$(13)\quad \begin{cases} a = \dfrac{\partial H}{\partial y} - \dfrac{\partial G}{\partial z}, \\[2ex] b = \dfrac{\partial F}{\partial z} - \dfrac{\partial H}{\partial x}, \\[2ex] c = \dfrac{\partial G}{\partial x} - \dfrac{\partial F}{\partial y}. \end{cases}$$

9. Diese Formeln sind für ein unmagnetisches Medium bewiesen, denn man hat bei den Rechnungen immer vorausgesetzt, dass $\frac{1}{r}$ und seine Differentialquotienten endlich bleiben, was bedingt, dass der Punkt, an dem der Einheitspol sich befindet, ausserhalb der anziehenden Massen liegt; in unserem Falle sind auch keine solche Massen ausser dem Blatt C′ vorhanden.

Wir werden jedoch sehen, dass die Formeln (13) auch noch für ein magnetisches Medium gültig bleiben. Maxwell nimmt dies letztere ohne Beweis an; oder vielmehr, er definirt bei Betrachtung des Magnetismus die Grössen F, G, H durch die Gleichungen (13) und nennt sie die Komponenten des „*Vektorpotentials der magnetischen Induktion*“; zweihundert Seiten weiter führt er die Grössen F, G, H beim Elektromagnetismus ein, wie wir es vorhin thaten, und sagt: „Diese Funktionen F, G, H sind nichts anderes, als die Komponenten des Vektorpotentials, dem wir schon begegnet sind“. Endlich, etwas später, bemerkt er: „Wir haben gezeigt, dass die Komponenten der Induktion durch die Gleichungen (13) mit denen des Vektorpotentials verknüpft sind“. Wir werden später diesen Beweis liefern, den Maxwell nicht gegeben hat (§ 36 und 37).

Das elektrodynamische Potential T (vgl. § 6 (10)) lässt sich nach den Gleichungen (13) in die Form bringen:

$$T = \int (la + mb + nc)\, d\omega .$$

10. Elektrodynamisches Potential eines aus zwei Stromkreisen gebildeten Systems. Das (gegenseitige) Potential zweier Stromkreise kann einen sehr einfachen Ausdruck erhalten (§ 5)

$$T = \int_{(C)} (F\,dx + G\,dy + H\,dz),$$

wobei

$$F = \int_{(C)} \frac{dx'}{r} \text{ ist.}$$

Es folgt hieraus:

$$T = \int \frac{dx\,dx' + dy\,dy' + dz\,dz'}{r} = \int \frac{ds\,ds' \cos \varepsilon}{r}.$$

Wenn die bisher gleich 1 angenommenen Intensitäten die Werthe i und i' besitzen, so erhält man

(14) $$T = i\,i' \int \frac{ds\,ds' \cos \varepsilon}{r} = i\,i'\,M,$$

indem man setzt

$$M = \int \frac{ds\,ds' \cos \varepsilon}{r}.$$

M ist der *Induktionskoefficient der Stromkreise C und C' auf einander.*

11. Es sei $L = \int \frac{ds\,ds' \cos \varepsilon}{r}$ der Koefficient der Induktion des Stromkreises C auf einen anderen, mit ihm zusammenfallenden Stromkreis. Dann nennt man L den Koefficienten der Selbstinduktion des Stromkreises C.

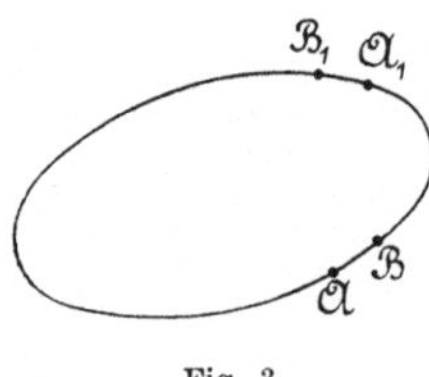

Fig. 3.

Die verschiedenen Elemente von C üben nämlich offenbar eine gewisse Wirkung auf einander aus; verändert der Stromkreis seine Gestalt, so wird diese Wirkung eine gewisse Arbeit δT hervorbringen, die wir jetzt berechnen wollen. Wir haben oben gesehen, welche Arbeit durch die Wirkung eines Stromes auf einen anderen geleistet wird. Wenn man daraus den Ausdruck für die Arbeit ableiten will, die der Wirkung eines Stromkreises auf sich selbst entspricht, so begegnet man einer kleinen Schwierigkeit, die durch folgenden Kunstgriff umgangen werden kann.

Nehmen wir an, dass zwei verschiedene Ströme C und C′ mit den Intensitäten i und i' denselben Stromkreis durchfliessen, so können wir auf diese beiden verschiedenen Ströme die Formel (14) anwenden und für die Arbeit δT_1 ihrer gegenseitigen Einwirkung schreiben:

$$\delta T_1 = \delta L\, i\, i'.$$

Wir müssen nun noch δT mit δT_1 vergleichen.

Es sei $d\sigma$ ein Element des Stromes C von der Intensität i; $d\sigma'$ ein Element des Stromes C′ von der Intensität i', das mit $d\sigma$ zusammenfällt; ferner sei $d\sigma_1$ ein anderes Element von C, und $d\sigma'_1$ das mit $d\sigma_1$ zusammenfallende Element von C′.

Bezeichnet nun μ die Arbeit der Wirkung von $d\sigma$ auf $d\sigma_1'$,
μ' von $d\sigma'$ auf $d\sigma_1$,
λ von $d\sigma$ auf $d\sigma_1$;

ausserdem δT_1 die gesammte Elementararbeit der Wirkung des Stromes C auf C′, und δT die Arbeit der Wirkung von C auf sich selbst, so gilt

$$\delta T_1 = \delta(L\, i\, i') = \int (\mu + \mu')$$

$$\delta T = \int \lambda.$$

Da nun die Beziehung besteht

$$\frac{\mu}{\lambda} = \frac{i'}{i} \quad \text{und} \quad \frac{\mu'}{\lambda} = \frac{i'}{i},$$

so ist

$$\mu = \mu' = \frac{i'}{i}\lambda, \quad \text{und}$$

$$\delta T_1 = \int 2\,\frac{i'}{i}\lambda = 2\,\frac{i'}{i}\,\delta T,$$

$$\delta T = \frac{1}{2}\,\delta(L\, i^2).$$

Das gesammte elektrodynamische Potential des aus den beiden Stromkreisen C und C′ gebildeten Systems auf sich selbst hat also den Ausdruck:

$$T = \frac{L i^2}{2} + M i i' + \frac{N i'^2}{2}, \tag{15}$$

wobei N den Koefficienten der Selbstinduktion von C′ bedeutet.

Die den elektrodynamischen Wirkungen zukommende Arbeit wird demnach dargestellt durch

$$\frac{i^2\,\delta L + 2\,i\,i'\,\delta M + i'^2\,\delta N}{2}.$$

Sie setzt sich nämlich zusammen:

1. Aus der Arbeit der Wirkung von C auf sich selbst:

$$\frac{i^2}{2}\,\delta L.$$

2. Aus der Arbeit der Wirkung von C auf C′:

$$i\,i'\,\delta M.$$

3. Aus der Arbeit der Wirkung von C′ auf sich selbst:

$$\frac{i'^2}{2}\,\delta N.$$

Kapitel II.

Theorie der Induktion.

12. Allgemein ist man der Ansicht, dass, wenn einmal die Gesetze der Elektrodynamik bekannt sind, die Anwendung des Princips von der Erhaltung der Energie ausreicht, um die Gesetze der Induktion zu finden. Bertrand suchte diese Meinung zu widerlegen[1]) und ich will hier seine Einwürfe im Einzelnen besprechen.

Es seien zwei Stromkreise vorhanden, deren jeder von einem Elemente gespeist wird, wobei sich die Leiter erwärmen. Wenn dieselben beweglich sind und sich nähern, so entsteht eine mechanische Arbeit, die von irgend etwas herstammen muss: man ist also genöthigt anzunehmen, dass eine bisher unbekannte Erscheinung ein neues Glied in die Gleichungen einführt. Ist nun das Gesetz $dQ = Ri^2\,dt$ noch anwendbar? Warum, sagt Bertrand, sollte die Elektricität nicht eine analoge Wirkung besitzen wie der Dampf, welcher das ihn enthaltende Gefäss abkühlt, wenn er Arbeit verrichtet? Man könnte glauben, dass die Leiter sich weniger erwärmen, wenn der Strom Arbeit leistet; würde dies nicht ebenso wahrscheinlich sein, als die Annahme, dass die Intensitäten sich ändern?

Man kann antworten: nein, diese Hypothese würde nicht a priori ebenso wahrscheinlich sein, wie diejenige, welche durch den Versuch bestätigt wird. Nehmen wir an, dass das Joule'sche Gesetz keine Anwendung mehr finde. Da sich dann die Leiter weniger erwärmen, so hat man $d\,\mathrm{Q} = \mathrm{R}\,i^2\,dt - \mathrm{H}\,dt$, wo H eine positive, von der Geschwindigkeit der Leiter abhängige Grösse bedeutet. H wird man sehr gross machen können, indem man die Geschwindigkeit bedeutend steigert, und es wäre dann sogar möglich,

[1]) Théorie mathématique de l'électricité, Kap. XI p. 208.

dass dQ negativ würde. Man könnte also dem Stromkreis Wärme entziehen, wobei er sich abkühlt; diese würde sich in mechanische Arbeit verwandeln lassen, die man ihrerseits wieder durch Reibung in Wärme von einer beliebig hohen Temperatur umzusetzen vermöchte; dieser Vorgang würde jedoch dem Satz von Clausius widersprechen.

Auch eine andere Hypothese ist möglich: das Gesetz von Joule könnte anwendbar sein, aber das Element würde mehr beansprucht werden, um denselben Strom zu liefern. Mit anderen Worten, das Gesetz von Faraday würde sich nicht auf Stromkreise anwenden lassen, die eine mechanische Arbeit verrichten. Diese Hypothese ist ebenfalls sehr unwahrscheinlich; wenn ich ein Element in Paris durch Drähte mit einer in Creil befindlichen Maschine verbinde, so wäre es sonderbar, wenn das Gesetz von Faraday bei immer gleichbleibender Intensität seine Anwendung in Paris verlöre, weil der Strom in Creil Arbeit verrichtet.

Trotz der Unwahrscheinlichkeit dieser beiden Hypothesen war es vielleicht unberechtigt, ihre Unrichtigkeit von vornherein als erwiesen zu betrachten; indessen möchte ich hauptsächlich die Aufmerksamkeit auf zwei Einwürfe von Bertrand lenken, die mir viel schwerwiegender zu sein scheinen. Es handelt sich nämlich nicht mehr um Hypothesen, die der Versuch als falsch erweist und die man dennoch nicht von vornherein verwerfen dürfte, sondern um thatsächliche Verhältnisse, denen man oft Rechnung zu tragen vergass, so dass man sich grossen Irrthümern aussetzte.

Wenn zwei Ströme sich anziehen, so bilden sie ein zusammengehöriges System, und man hat kein Recht, obgleich dies beständig geschieht, das Princip von der Erhaltung der Energie nur auf einen von ihnen anzuwenden: man muss vielmehr das System beider Ströme betrachten.

Das ist aber nicht Alles: der Aether besitzt eine veränderliche, lebendige Kraft, die man bei den Rechnungen berücksichtigen muss, ebenso wie die lebendige Kraft der Luft, die eine Windmühle in Bewegung setzt. Es ist hier ein doppelter Einwurf möglich: man kann annehmen, dass ein permanenter Strom lebendige Kraft ausstrahlt, wie eine konstante Lampe das Licht; man kann aber auch im Gegentheil voraussetzen, dass die lebendige Kraft des Aethers konstant bleibt, sobald der endgültige Zustand erreicht ist und kein Verbrauch des Stromes mehr stattfindet, und dass nur während der veränderlichen Periode die lebendige Kraft des Aethers variirt; wenn der Strom wächst, absorbirt der Aether lebendige Kraft, die er wieder im Augenblick der Abnahme des Stromes hergibt.

Die erstere Hypothese, diejenige der unbegrenzten Ausstrahlung, widerspricht dem Experiment, da bei einem permanenten Strom die in den Leitern hervorgebrachte Wärme gleich der Energie des galvanischen Elements ist. Man darf sagen, dass das Experiment allein uns dies gelehrt hat.

Was die zweite Hypothese anbetrifft, so ist dieselbe nicht nur nicht zu verwerfen, sondern man hat sicherlich der dem Aether mitgetheilten lebendigen Kraft Rechnung zu tragen, wenn man mit den Thatsachen in Uebereinstimmung bleiben will; vernachlässigt man dies, so begeht man Fehler.

Man könnte die Einwürfe in's Unbegrenzte vermehren und würde dann zu Vermuthungen geführt, die mehr oder weniger unwahrscheinlich wären, so dass man eine nach der anderen wieder verwerfen müsste. Deshalb hat Bertrand Recht, wenn er sagt, einzig und allein der Versuch könne zeigen, dass die Gesetze von Joule, Faraday und Ohm noch auf Ströme anwendbar seien, welche Arbeit verrichten.

13. Diese experimentelle Thatsache wollen wir als Ausgangspunkt wählen und weiter annehmen, dass der Aether eine konstante elektrokinetische Energie besitzt, wenn der Strom konstant ist, dass sie dagegen mit der Stromintensität veränderlich sei. Wir müssen aber noch mehr Versuche hinzuziehen.

Sind zwei geschlossene Stromkreise C und C′ vorhanden, welche von Strömen mit der Intensität i und i' durchflossen werden, so lehrt der Versuch, dass bei einer Aenderung von i' in C eine elektromotorische Kraft $A\frac{di'}{dt}$ entsteht, wobei A einen Koefficienten der Induktion von C′ auf C bedeutet, welcher unabhängig von den Intensitäten ist. Wenn sich C′ bei konstantem Strom i' verschiebt und dabei am Ende der Zeit dt eine unendlich nahe Lage C″ erreicht, so bringt diese Verschiebung des Stromkreises C′ nach C″ während der Zeit dt eine elektromotorische Kraft $i'\frac{dB}{dt}$ hervor. Hierin ist auch $\frac{dB}{dt}$ ein Koefficient, der nur von den geometrischen Bedingungen der beiden Stromkreise abhängt.

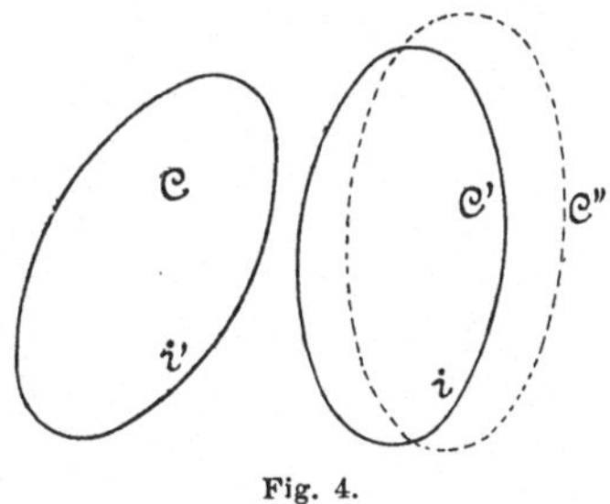

Fig. 4.

Allerdings bietet sich hier eine ganz natürliche Hypothese dar, die indess einer experimentellen Bestätigung bedarf. Der

Induktionskoefficient von C′ auf C sei A, der von C″ auf C ebenso $A + dA$. Nehmen wir an, dass zur Zeit t in C′ ein Strom di' vorhanden sei, in C″ dagegen ein Strom 0, und verschiebt sich der Strom di' bei gleichbleibender Intensität derart, dass er zur Zeit $t + dt$ nach C″ gelangt, so befindet sich dann ein Strom 0 in C′ und ein Strom di' in C″.

Man kann sich nun vorstellen, dass man von demselben Anfangszustand ausgehend zu demselben Endzustande durch einen anderen Vorgang gelangt sei, nämlich durch Veränderung der Intensitäten. Die Intensität in C′, welche ursprünglich gleich di' war, hat bis zum Nullwerth abgenommen, und während dieser Zeit ist die Intensität in C″ von ihrem ursprünglichen Werthe Null zu di' angewachsen; dabei sind die Stromkreise C′ und C″ fest im Raum geblieben. Es ist natürlich, anzunehmen, dass die Wirkung auf C in beiden Fällen die gleiche ist.

Im ersteren Fall ist die in C entstehende elektromotorische Kraft gleich $di' \frac{dB}{dt}$; im zweiten dagegen gleich dem Unterschied zwischen

$$A \frac{di'}{dt} \text{ und } (A + dA) \frac{di'}{dt},$$

also gleich $\frac{dA\, di'}{dt}$; daraus folgt

$$dA = dB.$$

Wenn sich der Strom verschiebt und dabei gleichzeitig verändert, so ist die elektromotorische Kraft gleich der Summe

$$A \frac{di'}{dt} + i' \frac{dA}{dt} = \frac{d(Ai')}{dt}.$$

Wir nehmen diese Gleichung, welche eine Folgerung von $dA = dB$ ist, als experimentelle Thatsache an.

14. Das Princip von der Erhaltung der Energie gestattet uns, die oben definirten Induktionskoefficienten zu bestimmen.

Es sei A der Induktionskoefficient von C auf sich selbst.

B	-	-	- C′	-	C.
B′	-	-	- C	-	C′.
D	-	-	- C′	-	sich selbst.

Das auf die beiden Stromkreise angewandte Ohm'sche Gesetz ergibt:

$$(1)\quad \begin{cases} \mathrm{R}\,i = \mathrm{E} - \dfrac{d(\mathrm{A}i)}{dt} - \dfrac{d(\mathrm{B}i')}{dt} \\[2ex] \mathrm{R}'\,i' = \mathrm{E}' - \dfrac{d(\mathrm{B}'i)}{dt} - \dfrac{d(\mathrm{D}i')}{dt}. \end{cases}$$

Wir wollen nun die Gleichungen für die Erhaltung der Energie aufstellen. Die in der Zeit dt verbrauchte Stromenergie

$$(\mathrm{E}\,i + \mathrm{E}'\,i')\,dt$$

findet sich in drei Formen wieder:

1. als Joule'sche Wärme;
2. als elektrodynamische Arbeit;
3. als Zuwachs der elektrokinetischen Energie des Aethers.

Wird diese Energie mit U bezeichnet, so lautet die Gleichung

$$(2)\quad (\mathrm{E}\,i + \mathrm{E}'\,i')\,dt = \mathrm{R}\,i^2\,dt + \mathrm{R}'\,i'^2\,dt + \frac{1}{2}(i^2\,d\mathrm{L} + 2\,i\,i'\,d\mathrm{M} + i'^2\,d\mathrm{N}) + d\mathrm{U}.$$

Wir wissen nichts über die Funktion U; wir wollen nur den Umstand benutzen, dass $d\mathrm{U}$ ein vollständiges Differential ist. Ersetzen wir nun in dem Ausdruck für $d\mathrm{U}$ die Grösse $\mathrm{E} - \mathrm{R}\,i$ durch ihren aus (1) abgeleiteten Werth, so erhalten wir

$$(3)\quad d\mathrm{U} = i\,d(\mathrm{A}\,i) + i\,d(\mathrm{B}\,i') + i'\,d(\mathrm{B}'\,i) + i'\,d(\mathrm{D}\,i') - \frac{1}{2}(i^2\,d\mathrm{L} + 2\,i\,i'\,d\mathrm{M} + i'^2\,d\mathrm{N}).$$

Nehmen wir an, dass die Intensitäten allein sich verändern, so verschwindet das letzte Glied und $d\mathrm{U}$ reducirt sich auf:

$$d\mathrm{U} = \mathrm{A}\,i\,di + \mathrm{B}\,i\,di' + \mathrm{B}'\,i'\,di + \mathrm{D}\,i'\,di';$$

da $d\mathrm{U}$ ein vollständiges Differential ist, so muss gelten

$$\frac{\partial}{\partial i'}(\mathrm{A}\,i + \mathrm{B}'\,i') = \frac{\partial}{\partial i}(\mathrm{B}\,i + \mathrm{D}\,i').$$

Hieraus folgt

$$\mathrm{B} = \mathrm{B}'.$$

Durch Integration findet man

$$U = \frac{A i^2}{2} + B i i' + \frac{D i'^2}{2} + \text{Const.},$$

worin die Konstante nicht von den Intensitäten abhängt. Da U Null wird, wenn kein Strom vorhanden ist, also wenn $i = i' = 0$, so ergibt sich Const. $= 0$.

Bleiben dagegen die Intensitäten konstant und die Leiter verschieben sich, so reducirt sich nach dem Vorhergehenden dU auf

$$dU = \frac{1}{2}(i^2 dA + 2 i i' dB + i'^2 dD),$$

welcher Ausdruck mit der rechten Seite von (3) für $di = di' = 0$ identisch sein muss, das heisst gleich

$$i^2 dA + 2 i i' dB + i'^2 dD - \frac{1}{2}(i^2 dL + 2 i i' dM + i'^2 dN).$$

Wir erhalten hieraus

$$\frac{1}{2} dA = dA - \frac{1}{2} dL,$$

$$dA = dL,$$

endlich

$$A = L,$$

denn A und L werden Null, wenn die Leiter in einer unendlich grossen Entfernung sich befinden.

Ebenso gilt

$$D = N$$

$$B = M$$

und nach § 11

$$T = U.$$

Das elektrodynamische Potential repräsentirt also die kinetische Energie des Aethers.

Man kann hiernach das Ohm'sche Gesetz in der Form schreiben:

$$\mathrm{E} - \mathrm{R}\,i = \frac{d\,(\mathrm{L}\,i + \mathrm{M}\,i')}{dt} = \frac{d}{dt}\,\frac{\partial \mathrm{T}}{\partial i}\,.$$

$$\mathrm{E}' - \mathrm{R}'\,i' = \frac{d}{dt}\,\frac{\partial \mathrm{T}}{\partial i'}\,.$$

Diese Form erinnert an die der Lagrange'schen Gleichungen.

Maxwell hat gezeigt — und es ist dies einer der originellsten Theile seines Werkes —, dass die Gesetze der elektrodynamischen Wirkungen und der Induktion in die Form der Lagrange'schen Gleichungen gebracht werden können; die elektromotorischen Induktionskräfte würden also Trägheitskräften entsprechen[1]).

---

[1]) Siehe Bd. I § 151 ff.

Kapitel III.

Theorie von Weber[1]).

15. Erklärung der elektrodynamischen Anziehungen. Weber versuchte, den elektrodynamischen Kräften durch die Annahme Rechnung zu tragen, dass die Ströme durch elektrische Massen hervorgebracht werden, die sich in den Leitern verschieben, und dass zwischen zwei elektrischen Massen eine Anziehung ausgeübt wird, die von ihrer relativen Bewegung abhängt und welche im Ruhezustand in die durch das Coulomb'sche Gesetz bestimmte Wirkung übergeht.

Wenn zwei Massen e und e' in Ruhe sind, so ist die abstossende Kraft, welche sie auf einander ausüben, gleich $+\frac{ee'}{r^2}$ in elektrostatischen Einheiten. Weber nimmt an, dass diese Abstossung für bewegte Massen den Ausdruck erhält:

$$(1) \qquad \frac{ee'}{r^2} + ee'\left[A\frac{d^2r}{dt^2} + B\left(\frac{dr}{dt}\right)^2\right],$$

worin A und B nur Funktionen von r allein sind (cf. § 17).

Es handelt sich nun darum, A und B so zu bestimmen, dass man auf die Formel von Ampère gelangt, nach welcher die Abstossung zwischen zwei Stromelementen in elektromagnetischen Einheiten die Grösse besitzt (§ 7)

$$(2) \qquad +\frac{i\,i'\,ds\,ds'}{r^2}\left(2\,r\frac{\partial^2 r}{\partial s\,\partial s'} - \frac{\partial r}{\partial s}\cdot\frac{\partial r}{\partial s'}\right).$$

Die Elektricitätsmengen sollen nach der Annahme die beiden Stromkreise mit den konstanten Geschwindigkeiten v und v' durch-

[1]) Weber, Elektrodynamische Maassbestimmung S. 305.

laufen. Der Abstand r ist eine Funktion von s und s', wenn die Leiter zunächst als ruhend betrachtet werden; man hat demnach

$$v = \frac{\partial s}{\partial t}; \qquad v' = \frac{\partial s'}{\partial t}$$

$$\frac{\partial r}{\partial t} = \frac{\partial r}{\partial s} v + \frac{\partial r}{\partial s'} v',$$

$$\frac{\partial^2 r}{\partial t^2} = \frac{\partial^2 r}{\partial s^2} v^2 + 2 \frac{\partial^2 r}{\partial s \partial s'} v v' + \frac{\partial^2 r}{\partial s'^2} v'^2,$$

$$\left(\frac{\partial r}{\partial t}\right)^2 = \left(\frac{\partial r}{\partial s}\right)^2 v^2 + 2 \frac{\partial r}{\partial s} \cdot \frac{\partial r}{\partial s'} v v' + \left(\frac{\partial r}{\partial s'}\right)^2 v'^2.$$

Die elektrodynamische Abstossung [das zweite Glied des Ausdrucks (1)] wird also:

$$\lambda e e' v^2 + 2 \mu e e' v v' + \nu e e' v'^2,$$

wenn wir zur Abkürzung setzen:

$$\lambda = A \frac{\partial^2 r}{\partial s^2} + B \left(\frac{\partial r}{\partial s}\right)^2,$$

$$\mu = A \frac{\partial^2 r}{\partial s \partial s'} + B \frac{\partial r}{\partial s} \cdot \frac{\partial r}{\partial s'},$$

$$\nu = A \frac{\partial^2 r}{\partial s'^2} + B \left(\frac{\partial r}{\partial s'}\right)^2.$$

Nehmen wir an, dass sich in ds eine Menge e positiver Elektricität befinde, und ebenso eine Menge e_1 negativer Elektricität (e_1 ist eine negative Zahl, da der Körper im neutralen Zustande $e + e_1 = 0$ enthält). Die Geschwindigkeit von e sei v, die von e_1 sei v_1. In ds' befinden sich ebenso die Mengen e' und e_1' positiver, resp. negativer Elektricität, die sich mit den Geschwindigkeiten v' resp. v_1' bewegen mögen.

Die gesammte Abstossung zwischen ds und ds' erhält man durch Zusammensetzen der Abstossung zwischen den in ds enthaltenen Elektricitätsmengen e und e_1 und den in ds' enthaltenen Mengen e' und e_1'.

Man findet also:

$$R = \lambda \sum e e' v^2 + 2 \mu \sum e e' v v' + \nu \sum e e' v'^2,$$

wenn man setzt:

$$\sum e e' v^2 = e e' v^2 + e e_1' v^2 + e_1 e' v_1^2 + e_1 e_1' v_1^2$$
$$= (e v^2 + e_1 v_1^2)(e' + e_1'),$$

ebenso

$$\sum e e' v v' = (e v + e_1 v_1)(e' v' + e_1' v_1'),$$

$$\sum e e' v'^2 = (e + e')(e' v'^2 + e_1' v_1'^2).$$

Die in der Zeiteinheit durch den Leiter fliessende Elektricitätsmenge beträgt:

$$\frac{e}{\frac{ds}{v}} = \frac{ev}{ds}$$

für die positive Elektricität; ebenso $\frac{e_1 v_1}{ds}$ für die negative Elektricität. Der Gesammtbetrag ist demnach gleich $\frac{e v + e_1 v_1}{ds}$.

Andrerseits ist nach der Definition i' die Gesammtmenge in elektromagnetischen Einheiten. In elektrostatischen Einheiten ausgedrückt, beträgt dieselbe demnach $c i$, worin c das Verhältniss der Einheiten bedeutet. Somit ist zu setzen:

$$\frac{ev + e_1 v_1}{ds} = c i,$$

also

$$\sum e e' v v' = c^2 i i' \, ds \, ds'.$$

Die elektrodynamische Anziehung ist Null zwischen einem stromlosen Leiter, der mit Elektricität geladen ist, und einem anderen, durch den ein Strom fliesst, der aber keine elektrische Ladung enthält.

R muss also Null sein, wenn der Leiter C nicht geladen ist, aber von einem Strom durchflossen wird, das heisst, wenn $e + e_1 = 0$, und wenn andererseits der Leiter C' zwar geladen, aber stromlos ist, d. h. $v' = v_1' = 0$.

Durch $v' = v_1' = 0$ aber verschwinden die beiden letzten Glieder von R; da das erste dann ebenfalls Null werden muss, erhält man

$$\lambda (e' + e_1')(e v^2 + e_1 v_1^2) = 0.$$

λ ist im Allgemeinen nicht Null, ebenso ist $e' + e_1' \gtrless 0$, wenn der Leiter C′, wie wir annehmen, eine Ladung enthält.

Es muss also gelten:

$$e v^2 + e_1 v_1^2 = 0$$

und ebenso

$$e' v'^2 + e_1' v_1'^2 = 0.$$

Dies sind sehr eigenthümliche und gekünstelte Bedingungen. Ausserdem nöthigen sie zu der Annahme, dass wirklich zwei Fluida vorhanden sind. Aber nicht genug damit: Rowland hat elektrodynamische Erscheinungen verwirklicht, indem er eine mit Elektricität geladene Scheibe in sehr schnelle Bewegung setzte; dann ist

$$v = v_1, \text{ woraus folgt } e v^2 + e_1 v_1^2 = (e + e_1) v^2$$

und weder v noch $e + e_1$ ist Null. Allerdings sieht man bei der Berechnung, dass dieser Faktor bei den Versuchen von Rowland vollständig zu vernachlässigen ist.

16. Man kann indessen die Theorie von Weber in einem günstigeren Licht erscheinen lassen. Es liegt mir zwar nichts ferner, als dieselbe zu vertheidigen, aber ich möchte doch zeigen, bei welcher Auffassungsweise dieselbe weniger befremdend wirken würde. Man kann nämlich e und e_1 gesondert als sehr gross annehmen im Verhältniss zu ihrer Summe $e + e_1$; e und e_1 würden von der Ordnung einer sehr bedeutenden Grösse N sein, $e + e_1$ von der Grössenordnung Eins, v und v_1 dagegen von der Ordnung $\frac{1}{N}$. Dies könnte als ziemlich naturgemäss erscheinen in Anbetracht der Geschwindigkeit, welche gewisse Physiker der Elektricität in den Elektrolyten zuertheilen. Diese Geschwindigkeit würde nach ihrer Annahme nicht einige Millimeter in der Sekunde überschreiten. Es ist übrigens nicht nöthig, dass v und v_1 wirklich so klein sind, um als sehr kleine Grössen betrachtet werden zu können. In der That genügt es, dass v im Verhältniss zu der Lichtgeschwindigkeit c klein bleibt.

$ev + e_1 v_1$ wird von der Grössenordnung 1 sein; $ev^2 + e_1 v_1^2$ von der Ordnung $\frac{1}{N}$. Das Produkt $(ev^2 + e_1 v_1^2)(e' + e_1')$ wird demnach sehr klein von der Ordnung $\frac{1}{N}$, und zwei der Glieder von R, nämlich die mit den Faktoren λ und ν, können vollständig gegen das Glied mit μ vernachlässigt werden. Dann bestehen nicht mehr dieselben Schwierigkeiten, und man hat die Theorie mit den Versuchen von Rowland in Uebereinstimmung gebracht.

17. Man findet schliesslich, wenn man nur das Glied mit μ berücksichtigt und die Grösse

$$\sum ee'vv'$$

durch ihren Werth ersetzt:

$$R = 2\,c^2 ii'\,ds\,ds' \left(A \frac{\partial^2 r}{\partial s \partial s'} + B \frac{\partial r}{\partial s} \cdot \frac{\partial r}{\partial s'}\right);$$

vergleicht man diesen Ausdruck mit (2), so erhält man

$$A = \frac{1}{c^2 r}, \qquad B = -\frac{1}{2\,c^2 r^2};$$

und der Ausdruck für die elektrodynamische Abstossung zwischen zwei in Bewegung befindlichen elektrischen Massen lautet:

$$\frac{ee'}{c^2}\left[\frac{1}{r} \cdot \frac{\partial^2 r}{\partial t^2} - \frac{1}{2\,r^2}\left(\frac{\partial r}{\partial t}\right)^2\right].$$

18. Nun drängt sich noch eine Frage auf: Ist die Weber'sche Hypothese mit dem Princip von der Erhaltung der Energie vereinbar?

Der Ausdruck für die Arbeit der elektrodynamischen Abstossung ist:

$$\frac{e\,e'}{c^2}\left[\frac{dr}{r} \cdot \frac{\partial^2 r}{\partial t^2} - \frac{dr}{2\,r^2}\left(\frac{\partial r}{\partial t}\right)^2\right]$$

und muss gleich $-d\psi$ sein, wenn ein Potential besteht und dieses ψ genannt wird. Nun ist aber

$$\frac{dr}{r} \cdot \frac{\partial^2 r}{\partial t^2} = \frac{1}{r} \cdot \frac{\partial r}{\partial t}\, d\frac{\partial r}{\partial t},$$

woraus folgt

$$d\psi = -\frac{e\,e'}{c^2}\left[\frac{1}{r} \cdot \frac{\partial r}{\partial t}\, d\frac{\partial r}{\partial t} - \frac{dr}{r^2} \cdot \frac{1}{2}\left(\frac{\partial r}{\partial t}\right)^2\right]$$

$$= -\frac{e\,e'}{c^2}\, d\left[\frac{1}{2\,r}\left(\frac{\partial r}{\partial t}\right)^2\right].$$

Das totale Potential (bei gleichzeitiger Berücksichtigung der elektrostatischen und der elektrodynamischen Abstossung) für zwei Massen e und e' lautet

$$\psi = \frac{ee'}{r}\left[1 - \frac{1}{2\,c^2}\left(\frac{\partial r}{\partial t}\right)^2\right].$$

Das Potential zweier Stromelemente auf einander (bei alleiniger Berücksichtigung des elektrodynamischen Potentials) ist hiernach

$$-\frac{1}{2c^2r}\sum ee'\left(\frac{\partial r}{\partial t}\right)^2$$

$$=-\frac{1}{2c^2r}\left[\left(\frac{\partial r}{\partial s}\right)^2\sum ee'v^2+2\frac{\partial r}{\partial s}\cdot\frac{\partial r}{\partial s'}\sum ee'vv'+\left(\frac{\partial r}{\partial s'}\right)^2\sum ee'v'^2\right].$$

Da das erste und letzte Glied verschwinden (cf. § 15), so bleibt nur das mittlere Glied $2c^2 i i' ds\, ds' \frac{1}{r}\cdot\frac{\partial r}{\partial s}\cdot\frac{\partial r}{\partial s'}$; das Potential also lautet:

$$-i i' ds\, ds' \frac{1}{r}\cdot\frac{\partial r}{\partial s}\cdot\frac{\partial r}{\partial s'}.$$

19. Es zeigt sich hier ein Unterschied gegenüber der Ampère'schen Theorie, nach welcher die Wirkung zweier geschlossenen Stromkreise auf einander wohl ein Potential besitzt, nicht aber die gegenseitige Wirkung zweier Elemente, ebensowenig diejenige eines geschlossenen Stromes auf ein Element. Sei nämlich AB ein solches Element, welches sich unter der Wirkung eines geschlossenen Stromes verschiebt und nach A'B' gelangt, so können wir AA' so wählen, dass die bei dieser Verschiebung hervorgebrachte Arbeit nicht Null ist. Wir werden aber das Element immer wieder nach AB ohne Arbeit zurückbringen können, wenn das Gesetz von Ampère richtig ist. Lassen wir nämlich A'B' eine Drehung um A' ausführen, bis seine Richtung mit AA' zusammenfällt, so ist die hierbei ausgeübte Arbeit unendlich klein von höherer Ordnung. Wird ferner das Element in seiner eigenen Richtung verschoben, so dass es nach AB''' kommt, so ist auch hierzu keine Arbeit nöthig, da die Wirkung eines geschlossenen Stromes senkrecht zum Element steht. Eine Drehung um A bringt es sodann wieder nach AB und auch jetzt ist erst eine unendlich kleine Arbeit ausgeführt worden. Demnach gibt es kein Potential, da es möglich war, das Element wieder in die Anfangslage zurückzuführen, ohne dass die hierzu verwandte Gesammtarbeit Null wurde. Diese Arbeit reducirt sich auf die, welche nöthig war, um AB nach A'B' zu bringen.

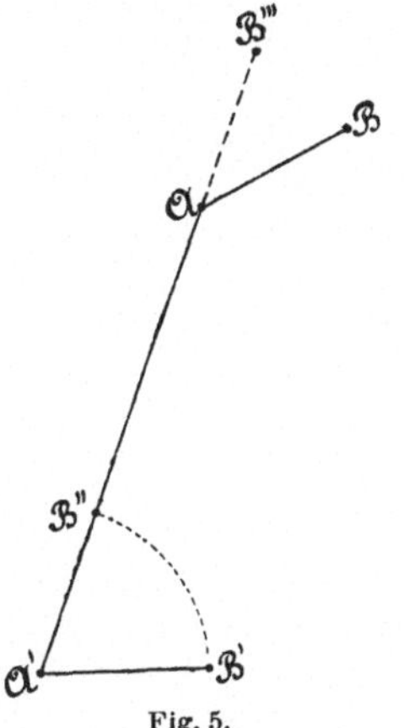

Fig. 5.

Der Widerspruch mit der Theorie von Weber ist jedoch nur ein scheinbarer. Man nahm in dieser Theorie an, dass die elektrischen Moleküle mit einer gleichförmigen Geschwindigkeit behaftet sind; dies ist aber nur möglich für einen geschlossenen Strom, nicht für einen offenen. Am Ende eines offenen Stromkreises halten nämlich die elektrischen Moleküle in ihrer Bewegung inne; ihre Beschleunigung ist also nicht Null. Die den Enden benachbarten Elemente gehorchen nicht dem Ampère'schen Gesetz, da man der Beschleunigung der elektrischen Moleküle Rechnung tragen müsste, welche nicht mehr Null ist. Es bestände also hier eine Verschiedenheit zwischen beiden Theorien, wenn man es z. B. mit einem geschlossenen Strom und einem vollständig freien Stück eines Stromes zu thun hätte.

Aber dies ist nicht der Fall, den man gewöhnlich betrachtet, wenn man die Wirkung eines geschlossenen Stromkreises auf ein Stromelement experimentell prüfen will.

Untersucht man nämlich die Wirkung eines geschlossenen Stromkreises auf ein bewegliches Element A M B, so ist dieses Element thatsächlich selbst ein Theil eines geschlossenen Stromkreises und seine Enden A und B sind längs zweier festen Leiter beweglich. Es tritt hierbei keine Beschleunigung für ein in A oder A′ ankommendes Molekül auf, und in diesem Falle führt uns die Theorie von Weber auf das Gesetz von Ampère. Man findet dann in der That, dass die Kräfte, welche nach den beiden Gesetzen ausgeübt werden, alle beide ein Potential besitzen und zwar dasselbe Potential. Indessen gibt es nach der Theorie von Ampère ein Potential nur vermöge der besonderen Verbindungen des Systems. Wollte man dagegen kurz andauernde, offene Ströme betrachten, so würde das Gesetz von Ampère und die Weber'sche Hypothese zu verschiedenen Resultaten führen; aber dieser Fall dürfte dem Experiment überhaupt nicht zugänglich sein.

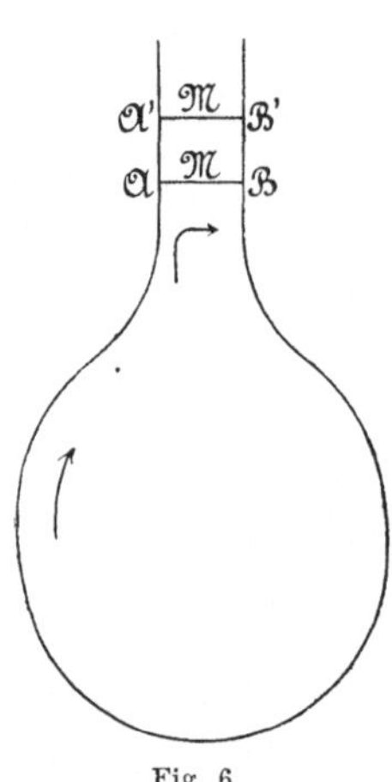

Fig. 6.

20. Die Induktion in der Weber'schen Theorie. Das Gesetz von Weber genügt dem Princip von der Erhaltung der Energie. Nach Maxwell müssen sich also die Induktionsgesetze daraus ableiten lassen. In dieser Allgemeinheit gilt dies aber nicht; man würde die gewöhnlichen Induktionsgesetze, wenn man von der Weber'schen Hypothese ausgeht, nur finden, falls man geschlossene Ströme voraussetzt, nicht aber für offene Stromkreise. Maxwell hat sich nämlich in seiner Rechnung geirrt[1]), aber derart, dass zwei Fehler sich aufheben.

Wir wollen nun die Induktion von C auf C′ bestimmen. Die beiden Stromkreise sollen beweglich sein; der Abstand r der beiden Elemente ds und ds' ist dann nicht allein eine Funktion von s und s', sondern auch von der Zeit t.

Es ist

$$\frac{\partial s}{\partial t} = v\,, \quad \text{worin } v \text{ eine Funktion von } s \text{ und } t$$

$$\frac{\partial s'}{\partial t} = v'\,, \quad \text{-} \quad v' \quad \text{-} \quad \text{-} \quad \text{-} \quad s' \quad \text{-} \quad t.$$

Die Gleichung für die elektrodynamische Wirkung lautet:

$$\frac{e\,e'}{c^2\,r^2}\left[r\,\frac{d^2r}{dt^2} - \frac{1}{2}\left(\frac{dr}{dt}\right)^2\right].$$

Wir haben nun zu schreiben:

$$\frac{dr}{dt} = \frac{\partial r}{\partial s}\,v + \frac{\partial r}{\partial s'}\,v' + \frac{\partial r}{\partial t}\,,$$

$$\frac{d^2r}{dt^2} = \frac{\partial^2 r}{\partial s^2}\,v^2 + 2\,\frac{\partial^2 r}{\partial s\,\partial s'}\,v\,v' + \frac{\partial^2 r}{\partial s'^2}\,v'^2$$

$$\underline{+\,2\,\frac{\partial^2 r}{\partial s\,\partial t}\,v + 2\,\frac{\partial^2 r}{\partial s'\,\partial t}\,v'} + \frac{\partial^2 r}{\partial t^2} + \frac{\partial r}{\partial s}\cdot\frac{\partial v}{\partial t}$$

$$+\,\frac{\partial r}{\partial s'}\cdot\frac{\partial v'}{\partial t} + \frac{\partial r}{\partial s}\cdot\frac{\partial v}{\partial s}\,v + \frac{\partial r}{\partial s'}\cdot\frac{\partial v'}{\partial s'}\,v'.$$

Maxwell vergisst die beiden unterstrichenen Glieder.

In ds haben wir nun eine Quantität e positiver Elektricität, welche die Geschwindigkeit v besitzt, und eine Quantität e_1 negativer Elektricität mit der Geschwindigkeit v_1; in ds' sind die Mengen e' und e_1' mit den Geschwindigkeiten v' und v_1' vorhanden.

Wenn nun R_1 die Abstossung zwischen e und e' bedeutet,

R_2 - - - e_1 - e' -

R_3 - - - e - e_1' -

R_4 - - - e_1 - e_1' -

so ist die früher gefundene Gesammtabstossung gleich der Summe

$$R_1 + R_2 + R_3 + R_4\,.$$

[1]) Maxwell, Lehrbuch der Elektricität und des Magnetismus, deutsch von Weinstein § 856—860; siehe C. R. CX S. 825, 1890.

Die elektromotorische Induktionskraft ist aber offenbar der Kraft proportional, welche die positive und die negative Elektricität in dem Element ds' zu trennen sucht; diese wird sein $R_1 + R_2 - R_3 - R_4$; man muss dieselbe noch mit $\cos\theta' = \frac{\partial r}{\partial s'}$ multipliciren, um die Komponente der Kraft für die Richtung des Drahtes zu erhalten. Die gesuchte elektromotorische Kraft ist also gleich

$$k \cos\theta' (R_1 + R_2 - R_3 - R_4),$$

worin k einen konstanten Koefficienten bedeutet, der von der Einheit abhängt, auf welche die elektromotorischen Kräfte bezogen sind.

Um den Koefficienten k zu definiren, betrachten wir einen speciellen Fall, z. B. denjenigen, bei dem die elektrischen Massen in Ruhe sind und die elektromotorischen Kräfte sich daher auf elektrostatische Kräfte reduciren.

Setzt man zur Abkürzung

$$H = \cos\theta' (R_1 + R_2 - R_3 - R_4),$$

so erhält man für diesen Fall:

$$H = \frac{e + e_1}{r^2} (e' - e_1') \frac{\partial r}{\partial s'} = - c (e' - e_1') \frac{\partial \varphi}{\partial s'},$$

wenn man mit φ das elektrostatische Potential bezeichnet:

$$\varphi = \frac{1}{c} \cdot \frac{e + e_1}{r}.$$

Die elektrostatische Induktionskraft ist übrigens:

$$E = - \frac{\partial \varphi}{\partial s'} ds' = \frac{H\, ds'}{e' - e_1'} \cdot \frac{1}{c},$$

und da nach Definition $E = kH$, so erhält man

$$k = \frac{1}{c} \cdot \frac{ds'}{(e' - e_1')}.$$

Wir können also allgemein die elektromotorische Kraft E ableiten, wenn wir kennen

$$H = \cos\theta' (R_1 + R_2 - R_3 - R_4).$$

21. Geht man auf die Ausdrücke für $\left(\frac{dr}{dt}\right)^2$ und $\frac{d^2 r}{dt^2}$ zurück, so erkennt man, dass H Glieder enthält mit v^2, v'^2, vv', v und v'; und ferner Glieder mit $\frac{\partial v}{\partial t}$, $\frac{\partial v'}{\partial t}$, $v\frac{\partial v}{\partial s}$ und $v'\frac{\partial v'}{\partial s'}$.

Wenn man einen Koefficienten vernachlässigt, der nur von der Lage und der relativen Bewegung der beiden Elemente ds und ds' abhängt, welcher aber unabhängig ist von e, e_1, v und v_1, sowie von e', e_1', v' und v_1',

so werden die Glieder mit v^2 $(ev^2 + e_1 v_1^2)(e' - e_1')$,
mit vv' $(ev + e_1 v_1)(e'v' - e_1' v_1')$,
mit v'^2 $(e + e_1)(e' v'^2 - e_1' v_1'^2)$,
mit v $(ev + e_1 v_1)(e' - e_1')$,
mit v' $(e + e_1)(e'v' - e_1' v_1')$.

Ebenso würde man die Ausdrücke erhalten, welche in den Gliedern mit $\frac{\partial v}{\partial t}$, $v\frac{\partial v}{\partial s}$ etc. enthalten sind.

Bei den gewöhnlichen galvanischen Strömen hat man:

$$e = -e_1, \qquad e' = -e_1', \qquad v = -v_1, \qquad v' = -v_1'.$$

Dann verschwinden alle Glieder mit Ausnahme des Gliedes mit v und desjenigen mit $\frac{\partial v}{\partial t}$; das Glied $v\frac{\partial v}{\partial s}$ verschwindet aus demselben Grunde, wie das mit v^2. Die einzigen Glieder, welche in den Ausdruck für $\frac{d^2 r}{dt^2}$ eingehen, sind demnach das Glied $\frac{\partial r}{\partial s} \cdot \frac{\partial v}{\partial t}$ und das Glied $2\frac{\partial^2 r}{\partial s \partial t} v$; das letztere ist aber gerade eines von denen, die Maxwell vergessen hatte.

In $\left(\frac{dr}{dt}\right)^2$ bleibt $2\frac{\partial r}{\partial s} \cdot \frac{\partial r}{\partial t} v$ bestehen. Wir erhalten hiernach:

$$\frac{\mathrm{H}}{e' - e_1'} = \frac{1}{c^2 r^2}\left[-\frac{\partial r}{\partial s} \cdot \frac{\partial r}{\partial t}(ev + e_1 v_1) + r\frac{\partial r}{\partial s}\left(e\frac{\partial v}{\partial t} + e_1 \frac{\partial v_1}{\partial t}\right)\right.$$
$$\left. + 2r\frac{\partial^2 r}{\partial s \partial t}(ev + e_1 v_1)\right]\frac{\partial r}{\partial s'}.$$

Nun ist

$$ev + e_1 v_1 = c\, i\, ds \qquad (\S\ 15)$$

und

$$e\frac{\partial v}{\partial t} + e_1 \frac{\partial v_1}{\partial t} = c\frac{\partial i}{\partial t} ds;$$

also folgt

$$\mathrm{E} = k\,\mathrm{H} = \frac{ds\,ds'}{c^2 r^2}\left[-i\frac{\partial r}{\partial s}\cdot\frac{\partial r}{\partial t} + r\frac{\partial r}{\partial s}\cdot\frac{\partial i}{\partial t} + 2\,i\,r\,\frac{\partial^2 r}{\partial s\,\partial t}\right]\frac{\partial r}{\partial s'}$$

$$= \frac{ds\,ds'}{c^2}\cdot\frac{\partial r}{\partial s}\cdot\frac{\partial r}{\partial s'}\cdot\frac{\partial}{\partial t}\left(\frac{i}{r}\right) + \frac{2\,i\,ds\,ds'}{c^2 r}\cdot\frac{\partial r}{\partial s'}\cdot\frac{\partial^2 r}{\partial s\,\partial t}.$$

Maxwell hat das zweite Glied vergessen und schreibt das erste

$$\frac{ds\,ds'}{c^2}\cdot\frac{\partial}{\partial t}\left(\frac{\partial r}{\partial s}\cdot\frac{\partial r}{\partial s'}\cdot\frac{i}{r}\right),$$

was nicht genau richtig ist. Denn es ist

$$ds\,ds'\,\frac{\partial}{\partial t}\left[\frac{\partial r}{\partial s}\cdot\frac{\partial r}{\partial s'}\cdot\frac{i}{r}\right] = ds\,ds'\,\frac{\partial r}{\partial s}\cdot\frac{\partial r}{\partial s'}\cdot\frac{\partial}{\partial t}\left(\frac{i}{r}\right)$$

$$+ \frac{i\,ds\,ds'}{r}\left[\frac{\partial r}{\partial s}\cdot\frac{\partial^2 r}{\partial s'\,\partial t} + \frac{\partial r}{\partial s'}\cdot\frac{\partial^2 r}{\partial s\,\partial t}\right].$$

Die algebraische Summe der vernachlässigten Glieder endlich ist zu schreiben

$$-\frac{i\,ds\,ds'}{r}\left[\frac{\partial r}{\partial s}\cdot\frac{\partial^2 r}{\partial s'\partial t} - \frac{\partial r}{\partial s'}\cdot\frac{\partial^2 r}{\partial s\,\partial t}\right].$$

Integrirt man nach s und s', so erhält man für die gesammte elektromotorische Kraft nach Maxwell

$$\mathrm{E} = \frac{\partial}{\partial t}\int\frac{\partial r}{\partial s}\cdot\frac{\partial r}{\partial s'}\cdot\frac{i}{r}\,ds\,ds' = -\frac{\partial\,(\mathrm{M}i)}{\partial t},$$

was aber nur richtig ist, wenn das Integral der vernachlässigten Glieder

$$\int\frac{i\,ds\,ds'}{r}\left[\frac{\partial r}{\partial s'}\cdot\frac{\partial^2 r}{\partial s\,\partial t} - \frac{\partial r}{\partial s}\cdot\frac{\partial^2 r}{\partial s'\,\partial t}\right]$$

Null wird. Dies ist indessen nur dann der Fall, wenn die beiden Stromkreise, auf welche das Integral ausgedehnt wird, geschlossen sind.

Wir haben nämlich

$$\int\frac{ds'}{r}\cdot\frac{\partial^2 r}{\partial s\,\partial t}\cdot\frac{\partial r}{\partial s'} = \left[\log r\cdot\frac{\partial^2 r}{\partial s\,\partial t}\right] - \int\log r\,\frac{\partial^3 r}{\partial s\,\partial s'\,\partial t}\,ds';$$

das erste Glied verschwindet, da der Werth für beide Grenzen derselbe ist. Durch partielle Integration nach s erhalten wir also:

$$\int \frac{ds\,ds'}{r} \cdot \frac{\partial^2 r}{\partial s\,\partial t} \cdot \frac{\partial r}{\partial s'} = -\int \log r\, \frac{\partial^3 r}{\partial s\,\partial s'\,\partial t}\, ds\,ds',$$

d. h. die linke Seite ist gleich einem Ausdrucke, der sich nicht verändert, wenn man s und s' vertauscht. Folglich ist

$$\int \frac{ds\,ds'}{r} \cdot \frac{\partial^2 r}{\partial s\,\partial t} \cdot \frac{\partial r}{\partial s'} = \int \frac{ds\,ds'}{r} \cdot \frac{\partial^2 r}{\partial s'\,\partial t} \cdot \frac{\partial r}{\partial s} \cdot$$

Aber *dies ist nur richtig für zwei geschlossene Ströme.*

Kapitel IV.

Theorie von Helmholtz[1]).

22. Das Experiment gestattet uns, die Wirkung zweier geschlossenen Ströme auf einander kennen zu lernen; um hieraus die gegenseitige Wirkung zweier Stromelemente abzuleiten, musste Ampère eine Hypothese zu Hülfe nehmen; er setzte nämlich voraus, dass sich diese Wirkung auf diejenige einer Kraft reducirt, welche in Richtung der Verbindungslinie beider Elemente auftritt. Dies ist nicht die einzige Hypothese, welche man aufstellen kann; wir sahen beispielsweise früher schon, dass Weber, gestützt auf eine Theorie, welche für geschlossene Ströme mit der Ampère'schen übereinstimmt, die Annahme gemacht hatte, dass zwei Elemente ein wechselseitiges Potential besitzen von der Form (cf. § 18):

$$-i\,i'\frac{ds\,ds'}{r}\cdot\frac{\partial r}{\partial s}\cdot\frac{\partial r}{\partial s'}\,.$$

Andererseits nahm F. Neumann für das wechselseitige Potential zweier Elemente folgenden Ausdruck an:

$$i\,i'\,ds\,ds'\,\frac{\cos\varepsilon}{r}\,.$$

Helmholtz stellte eine allgemeine Formel auf, welche diejenige von Weber und von Neumann in sich schliesst, und ging zu diesem Zweck von folgenden beiden Voraussetzungen aus:

1. Es existirt ein Potential zweier Stromelemente auf einander;

2. dasselbe ist umgekehrt proportional der Verbindungslinie r.

[1]) Cf. v. Helmholtz: Ueber die Bewegungsgleichungen der Elektricität für ruhende leitende Körper. Borch. Journ. Bd. LXXII S. 57 und v. Helmholtz: Wissenschaftliche Abhandlungen Bd. I S. 545 u. s. w.

Da dies Potential nach dem Principe der krummlinigen Ströme linear in Bezug auf $\cos \varepsilon$ und $\cos \vartheta \cos \vartheta'$ sein muss (cf. § 1), so gab ihm Helmholtz folgende Form:

$$i\, i'\, ds\, ds' \left(A \frac{\cos \varepsilon}{r} + B \frac{\cos \vartheta \cos \vartheta'}{r} \right),$$

worin A und B konstante Koefficienten bedeuten. Dieser Ausdruck lässt sich nach den Formeln (4) und (5) des 1. Kapitels schreiben:

$$i\, i'\, ds\, ds' \left[(A + B) \frac{\cos \varepsilon}{r} + B \frac{\partial^2 r}{\partial s\, \partial s'} \right].$$

Hat man zwei geschlossene Ströme, so wird ihr elektrodynamisches Potential durch folgendes Doppelintegral dargestellt:

$$T = \int\!\!\int i\, i'\, ds\, ds' \left[(A + B) \frac{\cos \varepsilon}{r} + B \frac{\partial^2 r}{\partial s\, \partial s'} \right].$$

Das zweite Glied wird dann Null, denn es ist

$$\int ds \frac{\partial^2 r}{\partial s\, \partial s'} = 0,$$

wenn das Integral längs eines geschlossenen Stromkreises genommen ist, und T reducirt sich damit auf:

$$(A + B) \int\!\!\int i\, i'\, ds\, ds' \frac{\cos \varepsilon}{r}.$$

Das Experiment zeigt, dass man $(A + B) = 1$ zu setzen hat (cf. § 10), dagegen lässt es, soweit es sich mit geschlossenen Strömen beschäftigt, eine Bestimmung des Koefficienten B allein nicht zu. Dies ist der Grund, weshalb in den verschiedenen Hypothesen für diese Grösse B verschiedene Werthe angenommen werden konnten.

Setzt man mit Helmholtz $B = \frac{1-k}{2}$, so wird der Ausdruck für das Potential der Elemente

$$i\, i'\, ds\, ds' \left(\frac{\cos \varepsilon}{r} + \frac{1-k}{2} \frac{\partial^2 r}{\partial s\, \partial s'} \right).$$

Die Weber'sche Formel ist ein specieller Fall der Helmholtz'schen;

man erhält sie aus der letzteren, wenn man darin $k = -1$ setzt: dann hat nämlich das Potential die Form (cf. § 18):

$$i\,i'\,ds\,ds'\left(\frac{\cos\varepsilon}{r} + \frac{\partial^2 r}{\partial s \partial s'}\right) = -\frac{i\,i'\,ds\,ds'}{r}\,\frac{\partial r}{\partial s}\cdot\frac{\partial r}{\partial s'}$$

Für $k = 1$ erhält man den von Neumann vorgeschlagenen Ausdruck. Bei $k = 0$ findet man nach Helmholtz's Angabe das elektrodynamische Potential von Maxwell wieder. Diese Behauptung von Helmholtz ist bisweilen missverstanden worden; wir werden später (§ 45) darauf zurückkommen.

23. Kann nun auch die Ampère'sche Formel als specieller Fall der Helmholtz'schen betrachtet werden? Keineswegs! Wir haben nämlich gesehen, dass in der Theorie von Ampère die Wirkung zweier Elemente auf einander kein Potential besitzt; sie ist die einzige, welche die beobachteten Thatsachen auf die Wirkung einer Kraft zurückführt, welche in Richtung der Verbindungslinie der Elemente auftritt. Nähme man nun an, dass diese Wirkung ein Potential besässe, so würden, da ja das Potential ausser von der Lage auch noch von der Richtung der Elemente abhängt, die Differentialquotienten desselben nach den Winkeln, welche diese Richtung bestimmen, nicht identisch Null werden, und ebensowenig die virtuelle Arbeit, welche einer unendlich kleinen Aenderung dieser Winkel entspricht. Mit anderen Worten: Ausser der in Richtung der Verbindungslinie wirkenden Kraft gibt es noch Kräftepaare, welche die Elemente zu drehen suchen und deren Momente von derselben Grössenordnung sind, wie die Kraft selbst. In dieser Beziehung machte Bertrand Einwendungen gegen die Helmholtz'sche Theorie (Comptes rendus Bd. 73, S. 965; Bd. 75 S. 860; Bd. 77 S. 1049; Helmholtz, Abhandlungen Bd. I S. 679 und S. 726); nach seiner Meinung müsste die Gesammtheit dieser Kräftepaare, wenn sie auf alle Elemente eines drahtförmigen Leiters wirken, der von einem Strome durchflossen wird und gleichzeitig der Einwirkung eines anderen Stromes oder der Erde unterworfen ist, den Draht sofort zerreissen und in Staub verwandeln.

Helmholtz antwortete darauf, dass ja auch eine Magnetnadel unter der Einwirkung des Erdmagnetismus nicht zerbreche, obwohl auf jedes Element seiner ganzen Länge ein Kräftepaar wirke, dessen Moment von derselben Grössenordnung sei, wie das Element des Magneten. Hierauf erwiderte Bertrand, dass Niemand heutzutage mehr an das wirkliche Vorhandensein der Coulomb'schen magnetischen Fluida glaube, und dass die Antwort von Helmholtz keinen Sinn habe. Helmholtz hätte wohl entgegnen können, dass auch

Niemand mehr an die objektive Existenz eines materiellen Stromes glaube, der in einem Leiter circulire.

Ich will mich in diese Polemik nicht einmischen, sondern nur nachweisen, worin das Missverständniss besteht, das diese beiden hervorragenden Gelehrten trennt.

Nach Bertrand's Ansicht besteht der Stromkreis aus ungemein kleinen Elementen, deren Anzahl ungeheuer gross, wenn auch endlich ist; an jedem derselben greift ein Kräftepaar an, deren Komponenten wirklich existiren und einen völlig bestimmten Angriffspunkt besitzen. Auf nachstehender Figur werden die Elemente durch die vier aneinander stossenden Rechtecke repräsentirt, und die Kräftepaare, welche an denselben angreifen, durch $A_1 F_1$, $B_1 G_1$; $A_2 F_2$, $B_2 G_2$; $A_3 F_3$, $B_3 G_3$; $A_4 F_4$, $B_4 G_4$.

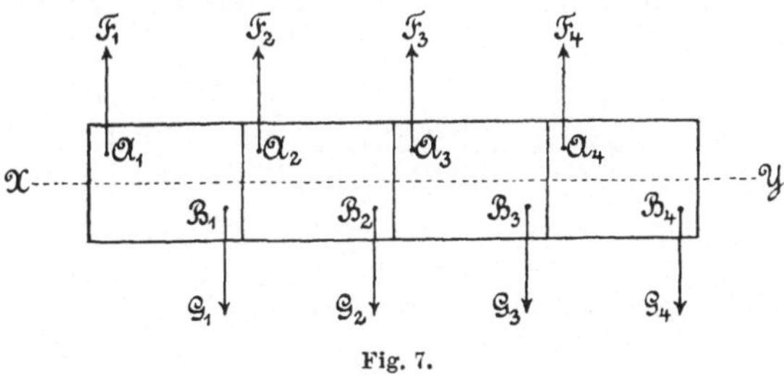

Fig. 7.

Unter diesen Bedingungen ist es klar, dass der Bruch längs der punktirten Linie XY vor sich gehen muss.

Für Helmholtz dagegen repräsentirt das Kräftepaar nur das Bestreben, eine Drehung hervorzubringen. Dasselbe ist vorhanden, ganz abgesehen von seinen beiden Komponenten, und letztere können auch keinen festbestimmten Angriffspunkt haben. Das Kräftepaar existirt immer, wenn die Drehung eine Arbeit leistet.

Mit anderen Worten: Helmholtz nimmt an, dass auch das kleinste Theilchen noch der Wirkung eines Kräftepaares unterworfen bleibt, soweit man auch die Theilung der Materie treiben mag. Bertrand dagegen glaubt, dass ein Augenblick eintritt, wo die letzten Bestandtheile der Materie nur noch einer einzigen Kraft unterworfen sind, und dass jede andere Ansicht auf einer trügerischen mathematischen Fiktion beruht, welche die thatsächlich vorhandenen Verhältnisse verschleiert. Es scheint mir nicht unmöglich, auch bei Annahme der Anschauungsweise von Bertrand eine Vertheilung der Kräfte zu finden, welche einen Bruch der Leiter nicht zur Folge haben würde, doch wäre dieselbe wahrscheinlich komplicirt und wenig natürlich.

Ich beschränke mich auf die früher schon gemachte Bemerkung, dass sich durch die Weber'sche Theorie, welche ja nur einen speciellen Fall der Helmholtz'schen darstellt, Alles erklären lässt, wenn man annimmt, dass sich die gegenseitige Wirkung zweier Elemente auf eine einzige Kraft beschränkt, welche längs der Verbindungslinie wirkt. Im § 19 habe ich nachgewiesen, wie sich dies mit der scheinbar damit unvereinbaren Thatsache des Vorhandenseins eines Potentiales vereinigen lässt.

24. Fundamentalgleichungen. Wir brachten das elektrodynamische Potential zweier geschlossenen Stromkreise aufeinander in die Form (cf. § 10)

$$\mathrm{T} = i \int (\mathrm{F}\, dx + \mathrm{G}\, dy + \mathrm{H}\, dz) \tag{1}$$

Nach der Helmholtz'schen Theorie finden wir für zwei beliebige Stromkreise:

$$\mathrm{T} = \int\int i\, i'\, ds\, ds' \left[\frac{\cos\varepsilon}{r} + \frac{1-k}{2} \cdot \frac{\partial^2 r}{\partial s \partial s'}\right], \tag{2}$$

hierbei ist

$$\cos\varepsilon\;\; ds\, ds' = dx\, dx' + dy\, dy' + dz\, dz',$$

$$\frac{\partial^2 r}{\partial s\, \partial s'}\, ds = \frac{\partial^2 r}{\partial x\, \partial s'}\, dx + \frac{\partial^2 r}{\partial y\, \partial s'}\, dy + \frac{\partial^2 r}{\partial z\, \partial s'}\, dz.$$

Setzen wir diese Ausdrücke in die Gleichung (2) ein, so nimmt dieselbe die Form der Gleichung (1) an, wenn wir schreiben:

$$\mathrm{F} = \int \frac{i'\, dx'}{r} + \frac{1-k}{2} \int i'\, ds'\, \frac{\partial^2 r}{\partial x\, \partial s'}, \tag{3}$$

und für G und H zwei analoge Ausdrücke, die sich direkt aus demjenigen für F ergeben; F, G, H wollen wir die Komponenten des Vektorpotentials nennen.

Ferner führen wir ein:

$$\psi = \int i'\, ds'\, \frac{\partial r}{\partial s'}, \tag{4}$$

wobei das Integral sich über den ganzen Umkreis von C′ erstreckt und für einen geschlossenen Strom Null wird.

Damit haben wir

$$\frac{\partial \psi}{\partial x} = \int i' \frac{\partial^2 r}{\partial x \, \partial s'} ds',$$

$$(5) \quad \begin{cases} F = \int \frac{i' \, dx'}{r} + \frac{1-k}{2} \cdot \frac{\partial \psi}{\partial x}, \\ G = \int \frac{i' \, dy'}{r} + \frac{1-k}{2} \cdot \frac{\partial \psi}{\partial y}, \\ H = \int \frac{i' \, dz'}{r} + \frac{1-k}{2} \cdot \frac{\partial \psi}{\partial z}. \end{cases}$$

Ausserdem kann man setzen:

$$(6) \qquad \psi = \int i' \left(\frac{\partial r}{\partial x'} dx' + \frac{\partial r}{\partial y'} dy' + \frac{\partial r}{\partial z'} dz' \right);$$

betrachtet man nämlich x, y, z als konstant, so hat man in der That:

$$dr = \frac{\partial r}{\partial s'} ds' = \frac{\partial r}{\partial x'} dx' + \frac{\partial r}{\partial y'} dy' + \frac{\partial r}{\partial z'} dz'.$$

25. Wir wollen diese Gleichungen so umformen, dass man sie auf Leiter von drei Dimensionen anwenden kann.

Bezeichnet man mit ϱ die Dichte der freien Elektricität, so bedeutet $\varrho \, d\tau$ die Menge Elektricität, welche im Volumen $d\tau$ enthalten ist; $u \, d\omega$ ist diejenige Menge, welche in der Zeiteinheit das zu OX normale Oberflächenelement $d\omega$ passirt; $v \, d\omega$ und $w \, d\omega$ bedeuten die entsprechenden Quantitäten für die Richtungen OY und OZ.

Dann gilt die sogenannte Continuitätsgleichung (cf. I. Bd. § 29)

$$\frac{\partial u}{\partial x} + \frac{\partial v}{\partial y} + \frac{\partial w}{\partial z} = - \frac{\partial \varrho}{\partial t}.$$

Der Leitungsdraht kann als Cylinder vom Querschnitte $d\omega$ aufgefasst werden; wenn wir dessen Längenelement ds nennen, so wird $d\tau = d\omega \, ds$. Der Flächeninhalt eines zu dx senkrechten Schnittes ist $\frac{d\tau}{dx}$.

Wir haben nun die Gleichungen:

$$i = u \frac{d\tau}{dx},$$

oder

$$\left\{\begin{aligned} u\,d\tau &= i\,dx\,, \\ v\,d\tau &= i\,dy\,, \\ w\,d\tau &= i\,dz\,. \end{aligned}\right. \qquad \left\{\begin{aligned} u'\,d\tau' &= i'\,dx'\,, \\ v'\,d\tau' &= i'\,dy'\,, \\ w'\,d\tau' &= i'\,dz'\,. \end{aligned}\right.$$

Demnach erhalten wir:

$$\mathrm{T} = \int (\mathrm{F}u + \mathrm{G}v + \mathrm{H}w)\,d\tau\,.$$

$$(7) \qquad \left\{\begin{aligned} \mathrm{F} &= \int \frac{u'\,d\tau'}{r} + \frac{1-k}{2} \cdot \frac{\partial \psi}{\partial x}\,, \\ \mathrm{G} &= \int \frac{v'\,d\tau'}{r} + \frac{1-k}{2} \cdot \frac{\partial \psi}{\partial y}\,, \\ \mathrm{H} &= \int \frac{w'\,d\tau'}{r} + \frac{1-k}{2} \cdot \frac{\partial \psi}{\partial z}\,. \end{aligned}\right.$$

$$\psi = \int \left(u' \frac{\partial r}{\partial x'} + v' \frac{\partial r}{\partial y'} + w' \frac{\partial r}{\partial z'} \right) d\tau'\,.$$

Wenn wir das gesammte elektrodynamische Potential suchen, so müssen wir als Differential das Element

$$(\mathrm{F}u + \mathrm{G}v + \mathrm{H}w)\,d\tau$$

nehmen, in welchem F, G, H Integrale bedeuten, die sich über alle Elemente $d\tau'$ der sämmtlichen Leiter erstrecken, mit Ausnahme von $d\tau$. Auf diese Weise erhält man in dem Doppelintegrale das Potential eines Paares von Elementen $d\tau$ und $d\tau'$ zwei Mal; man muss also, um T zu finden, das auf diese Weise berechnete Integral noch durch 2 dividiren, also wird:

$$(8) \qquad \mathrm{T} = \frac{1}{2} \int (\mathrm{F}u + \mathrm{G}v + \mathrm{H}w)\,d\tau\,.$$

Hierbei kann man annehmen, dass sich das Integral über den gesammten unendlichen Raum erstreckt, denn ausserhalb der Leiter sind ja die Grössen u, v, w Null.

Weiter lässt sich noch der Green'sche Satz anwenden, und

zwar findet man durch partielle Integration über den gesammten Raum[1]):

$$\int d\tau' u' \frac{\partial r}{\partial x'} = -\int d\tau' r \frac{\partial u'}{\partial x'} \,.$$

Hierdurch wird:

(9) $$\psi = -\int r\, d\tau' \left(\frac{\partial u'}{\partial x'} + \frac{\partial v'}{\partial y'} + \frac{\partial w'}{\partial z'}\right) = \int r \frac{\partial \varrho'}{\partial t} d\tau' .$$

26. Wir fassen nun zwei Elektricitätsmengen e und e' in's Auge; dieselben stossen sich mit einer Kraft $= \frac{1}{\lambda} \cdot \frac{e e'}{r^2}$ ab, wobei λ eine Konstante bezeichnet, welche nach den gewöhnlich angenommenen Ansichten im elektrostatischen System $= 1$ ist, und im elektromagnetischen System gleich dem Reciproken des Quadrats der Lichtgeschwindigkeit. Wir wollen den Ausdruck λ beibehalten, weil wir die obigen Ansichten einigermaassen modificiren werden.

Das elektrostatische Potential φ ist demnach gegeben durch:

$$\lambda \varphi = \int \frac{\varrho'}{r} d\tau' .$$

Daraus folgt:

$$\lambda \frac{\partial \varphi}{\partial t} = \int \frac{1}{r} \cdot \frac{\partial \varrho'}{\partial t} d\tau' .$$

Nun ist:

$$\Delta \psi = \int \Delta r \frac{\partial \varrho'}{\partial t} d\tau' ,$$

und da $\Delta r = \frac{2}{r}$:

$$\Delta \psi = \int \frac{2}{r} \cdot \frac{\partial \varrho'}{\partial t} d\tau' = 2 \lambda \frac{\partial \varphi}{\partial t} \cdot$$

Wir wollen nun auf beide Seiten der Gleichungen (7) die durch das Zeichen Δ angezeigte Operation anwenden.

---

[1]) Wir integriren partiell nach x zwischen den Grenzen $\pm \infty$, und. da u' im Unendlichen Null wird, so verschwindet das eine Glied. Cf. Einleitung.

Nach dem Poisson'schen Theorem ist:

$$\Delta \int \frac{u'\, d\tau'}{r} = -4\pi u .$$

Weiter haben wir:

$$\Delta \frac{\partial \psi}{\partial x} = \frac{\partial}{\partial x} \Delta \psi = 2\lambda \frac{\partial^2 \varphi}{\partial x\, \partial t} .$$

Folglich wird:

$$(10) \qquad \left\{ \begin{aligned} \Delta \mathrm{F} &= -4\pi u + (1-k)\lambda \frac{\partial^2 \varphi}{\partial x\, \partial t}, \\ \Delta \mathrm{G} &= -4\pi v + (1-k)\lambda \frac{\partial^2 \varphi}{\partial y\, \partial t}, \\ \Delta \mathrm{H} &= -4\pi w + (1-k)\lambda \frac{\partial^2 \varphi}{\partial z\, \partial t}. \end{aligned} \right.$$

Wir wollen nun bestimmen:

$$\mathrm{J} = \frac{\partial \mathrm{F}}{\partial x} + \frac{\partial \mathrm{G}}{\partial y} + \frac{\partial \mathrm{H}}{\partial z} .$$

Es ist

$$\frac{\partial \mathrm{F}}{\partial x} = \int u'\, d\tau' \frac{\partial \frac{1}{r}}{\partial x} + \frac{(1-k)}{2} \frac{\partial^2 \psi}{\partial x^2} .$$

Weiter gilt:

$$\frac{\partial \frac{1}{r}}{\partial x} = - \frac{\partial \frac{1}{r}}{\partial x'} ,$$

also:

$$\int u'\, d\tau' \frac{\partial \frac{1}{r}}{\partial x} = - \int u'\, d\tau' \frac{\partial \frac{1}{r}}{\partial x'} = \int \frac{d\tau'}{r} \cdot \frac{\partial u'}{\partial x'} ,$$

also:

$$\frac{\partial F}{\partial x} + \frac{\partial G}{\partial y} + \frac{\partial H}{\partial z} = \int \frac{d\tau'}{r} \left(\frac{\partial u'}{\partial x'} + \frac{\partial v'}{\partial y'} + \frac{\partial w'}{\partial z'} \right) + \frac{1-k}{2} \Delta \psi$$

$$= - \int \frac{d\tau'}{r} \cdot \frac{\partial \varrho'}{\partial t} + \frac{1-k}{2} \Delta \psi = - \lambda \frac{\partial \varphi}{\partial t} + (1-k) \lambda \frac{\partial \varphi}{\partial t},$$

folglich:

$$\text{(11)} \qquad J = \frac{\partial F}{\partial x} + \frac{\partial G}{\partial y} + \frac{\partial H}{\partial z} = - k \lambda \frac{\partial \varphi}{\partial t} .$$

Man sieht, dass J Null werden würde, wenn man $k = 0$ setzte.

27. Gleichungen des Ohm'schen Gesetzes. Die Formel

$$R i = E - \frac{\partial (M i')}{\partial t}$$

(cf. Bd. I § 157 etc.) gilt für geschlossene Ströme. Berücksichtigt man nur einen Theil des Stromes, so hat man noch die Potentialdifferenz an den Enden in Rechnung zu ziehen, also:

$$R i = \varphi_0 - \varphi_1 + E - \frac{\partial (M i')}{\partial t} .$$

Für ein zu Ox paralleles, geradliniges Element gilt:

$$\varphi_1 - \varphi_0 = \frac{\partial \varphi}{\partial x} dx ;$$

ferner kann man schreiben:

$$E = X \, dx ,$$

$$R = \frac{dx}{C \, d\omega} ,$$

wobei C das specifische Leitungsvermögen bedeutet; hieraus folgt:

$$R i = \frac{i \, dx}{C \, d\omega} = \frac{u \, dx}{C} .$$

Für die elektromotorische Induktionskraft haben wir in diesem Falle zu setzen (cf. § 24, (1)):

$$T = i F \, dx = M i i' ,$$

also ist:

$$\frac{\partial (\mathrm{M}\, i')}{\partial t} = dx \frac{\partial \mathrm{F}}{\partial t}.$$

Demnach lassen sich die Gleichungen für das Ohm'sche Gesetz in der Form schreiben:

$$(12) \qquad \begin{cases} \dfrac{u}{\mathrm{C}} = -\dfrac{\partial \varphi}{\partial x} - \dfrac{\partial \mathrm{F}}{\partial t} + \mathrm{X}, \\[2ex] \dfrac{v}{\mathrm{C}} = -\dfrac{\partial \varphi}{\partial y} - \dfrac{\partial \mathrm{G}}{\partial t} + \mathrm{Y}, \\[2ex] \dfrac{w}{\mathrm{C}} = -\dfrac{\partial \varphi}{\partial z} - \dfrac{\partial \mathrm{H}}{\partial t} + \mathrm{Z}. \end{cases}$$

Man kann dies so ausdrücken, dass sich folgende Kräfte das Gleichgewicht halten: Die elektrostatische Kraft, die Induktionskraft, die äussere elektromotorische Kraft (chemischen, thermoelektrischen etc. Ursprungs) und die elektromotorische Widerstandskraft, deren Komponenten $-\frac{u}{\mathrm{C}}$, $-\frac{v}{\mathrm{C}}$, $-\frac{w}{\mathrm{C}}$ sind.

Die Hypothese, auf welcher die Formeln (12) beruhen, nämlich die Ausdehnung des Ohm'schen Gesetzes auf Leiter von drei Dimensionen, scheint allerdings sehr einleuchtend zu sein, immerhin bleibt es eine Hypothese, und Bertrand erkennt ihre Gültigkeit nicht an. Wir werden noch sehen, dass, wenn wir in Betreff der Verallgemeinerung des Joule'schen Gesetzes bei Leitern von drei Dimensionen eine naheliegende Annahme machen (cf. Formel 18a § 31), die Formeln (12) mit dem Principe von der Erhaltung der Energie im Einklange stehen. Noch mehr: Man könnte auf die Leiter von drei Dimensionen auch die Lagrange'schen Gleichungen und die Maxwell'sche Induktionstheorie anwenden (cf. Bd. I § 151 etc.); wenn ich diese Rechnungen hier nicht durchführe, so liegt der Grund dafür in dem Umstande, dass wir in diesem Falle eine unendlich grosse Anzahl von Parametern haben würden, und ich deshalb zur Variationsrechnung greifen müsste.

Ich beschränke mich daher auf die Bemerkung, dass man durch die Rechnung auf die Formeln (12) geführt wird, wenn man die Formel (18a) als richtig annimmt.

28. Definition der magnetischen Kraft. Für den Fall, dass s ä m m t l i c h e S t r ö m e g e s c h l o s s e n s i n d, lassen sich für die magnetische Kraft zwei gleichwerthige Definitionen aufstellen.

1. Man kann sagen, dass die magnetische Kraft, deren Komponenten wir α, β, γ genannt haben, die Resultante aller elektromagnetischen Wirkungen ist, welche an einem magnetischen Einheitspole angreifen. Dass ein Magnetpol als Solenoid von unendlich grosser Länge aufgefasst werden kann, haben wir im I. Bd. § 125 nachgewiesen.

2. Wir fassen ein magnetisches Element in's Auge und nennen $A\,d\tau$, $B\,d\tau$, $C\,d\tau$ die Komponenten seines magnetischen Moments. Die von diesem Elemente ausgeübten Wirkungen lassen sich auf eine Kraft reduciren, welche ihren Sitz im Schwerpunkte des Elementes hat und deren Komponenten gegeben sind durch

$$\left(\frac{\partial \alpha}{\partial x} A + \frac{\partial \alpha}{\partial y} B + \frac{\partial \alpha}{\partial z} C\right) d\tau,$$

$$\left(\frac{\partial \beta}{\partial x} A + \frac{\partial \beta}{\partial y} B + \frac{\partial \beta}{\partial z} C\right) d\tau,$$

$$\left(\frac{\partial \gamma}{\partial x} A + \frac{\partial \gamma}{\partial y} B + \frac{\partial \gamma}{\partial z} C\right) d\tau,$$

sowie auf ein Kräftepaar, dessen Moment die Komponenten

$$(C\beta - B\gamma)\,d\tau; \qquad (A\gamma - C\alpha)\,d\tau; \qquad (B\alpha - A\beta)\,d\tau$$

besitzt.

Mit anderen Worten: Das Moment dieses Kräftepaares steht senkrecht auf der Ebene der beiden Vektoren, welche das magnetische Moment des Elements und die magnetische Kraft repräsentiren und ist gleich dem Produkte dieser beiden Vektoren in den Sinus des von ihnen eingeschlossenen Winkels.

Aendert ein Element seine Richtung, ohne dass sein Schwerpunkt von der Stelle rückt, und ohne dass die Grösse seines Moments sich ändert, so ist die von dem Kräftepaare geleistete Arbeit gleich der Variation des Produktes aus eben diesen Vektoren in den Kosinus des von ihnen eingeschlossenen Winkels, d. h. gleich der Variation des folgenden Ausdruckes:

$$(A\alpha + B\beta + C\gamma)\,d\tau.$$

Wir betrachten nun einen unendlich kleinen geschlossenen Stromkreis, welcher von einem Strome mit der Intensität i durchflossen wird; $d\omega$ sei der Flächeninhalt dieses Stromkreises, l, m, n die Richtungskosinus seiner Ebene. Der Strom wird einem magnetischen Elemente äquivalent sein, dessen Moment die Komponenten

$$A\,d\tau = i\,l\,d\omega; \qquad B\,d\tau = i\,m\,d\omega; \qquad C\,d\tau = i\,n\,d\omega$$

besitzt.

Die von diesem Stromkreis ausgeübten Wirkungen werden sich also auf eine Kraft reduciren, die im Schwerpunkte des Stromkreises angreift, und auf ein Kräftepaar, dessen Moment die Komponenten hat:

$$\text{(12a)} \qquad id\omega\,(n\beta - m\gamma)\,; \quad id\omega\,(l\gamma - n\alpha)\,; \quad id\omega\,(m\alpha - l\beta)\,.$$

Aendert der Stromkreis seine Richtung, ohne sich zu deformiren, ohne dass sein Schwerpunkt sich verschiebt, und ohne dass die Intensität i sich ändert, so wird die Arbeit dieses Kräftepaares gegeben durch die Variation des Ausdruckes:

$$\text{(12b)} \qquad id\omega\,(l\alpha + m\beta + n\gamma)\,.$$

Wir kommen hiernach zu folgender Definition der magnetischen Kraft:

„*Sie ist ein Vektor mit den Komponenten* α, β, γ, *dessen Wirkung auf einen unendlich kleinen Stromkreis sich reducirt auf eine im Schwerpunkt desselben angreifende Kraft und auf ein Kräftepaar, dessen Moment als Komponenten die Ausdrücke (12a) besitzt, und dessen Arbeit gleich der Variation des Ausdruckes (12b) ist.*“

Fassen wir nun ein System S von *nicht geschlossenen* Strömen in's Auge, *dann hat die erste Definition der magnetischen Kraft keinen Sinn mehr.*

Es ist nämlich bei solchen ungeschlossenen Strömen unmöglich, die Wirkung eines einzelnen magnetischen Pols durch diejenige eines unendlich grossen Solenoids zu ersetzen, und zwar aus folgendem Grunde:

Die Wirkung eines *nicht geschlossenen* Stroms auf ein geschlossenes Solenoid ist nicht Null; seine Wirkung auf ein nicht geschlossenes Solenoid hängt also nicht allein von der Lage seiner beiden Endpunkte ab, sondern auch von der Gestalt des Solenoids, und seine Wirkung auf ein unendlich grosses Solenoid reducirt sich nicht auf eine einzige Kraft, welche an dessen freiem Ende angreift.

Wir werden also darauf geführt, die zweite Definition anzunehmen, und wollen nun den Ausdruck für das elektrodynamische Potential T irgend eines geschlossenen Stromes C auf das System S suchen.

Wir nehmen zuerst den Stromkreis C als unendlich klein an, dann wird sich die Wirkung des Systems S auf diesen Stromkreis durch eine in dessen Schwerpunkte angreifende Kraft und durch ein Kräftepaar darstellen lassen. Aendert der Stromkreis seine Lage, ohne dass er sich deformirt, ohne dass seine Intensität sich ändert und ohne dass sein Schwerpunkt x, y, z sich verschiebt, dann wird die von der Kraft geleistete Arbeit Null sein, diejenige des Kräftepaares dagegen nach der Definition gleich der Variation des Ausdruckes (12b), d. h. gleich

$$i d\omega (\alpha \delta l + \beta \delta m + \gamma \delta n);$$

unter diesen Umständen, d. h. wenn die Richtungskosinus l, m, n allein sich ändern, erhalten wir also:

$$\delta T = i d\omega (\alpha \delta l + \beta \delta m + \gamma \delta n),$$

folglich:

$$T = i d\omega (\alpha l + \beta m + \gamma n)$$

+ eine willkürliche Funktion von i, $d\omega$ und x, y, z.

Diese willkürliche Funktion, welche die Richtungskosinus l, m, n nicht enthält, ist offenbar Null, denn T muss sein Vorzeichen wechseln, wenn man die Richtung des Stromes umkehrt, oder, was auf dasselbe hinausläuft, wenn man den Stromkreis um 180° um eine in der Ebene desselben liegende Axe dreht, d. h., wenn man l, m, n mit $-l$, $-m$, $-n$ vertauscht.

Wir erhalten also schliesslich:

$$T = i d\omega (\alpha l + \beta m + \gamma n).$$

Hat der Stromkreis C eine endliche Grösse, so kann man ihn in eine unendlich grosse Zahl unendlich kleiner Stromkreise zerlegen, wie wir im § 107 des ersten Bandes gezeigt haben, und man erhält dadurch:

$$T = \int i\, d\omega (\alpha l + \beta m + \gamma n). \tag{13}$$

Die Integration erstreckt sich hierbei auf alle Elemente $d\omega$ einer im Uebrigen beliebig beschaffenen Oberfläche A, welche durch den Stromkreis C gelegt ist und von diesem begrenzt wird.

l, m, n sind die Richtungskosinus des Elements $d\omega$ oder, was auf dasselbe hinausläuft, der Normalen auf der Oberfläche, zu welcher das Stück A gehört.

29. Wir haben nach Gleichung (1)

$$T = i \int (F\, dx + G\, dy + H\, dz)$$

$$= i \int d\omega \left[l \left(\frac{\partial H}{\partial y} - \frac{\partial G}{\partial z} \right) + m \left(\frac{\partial F}{\partial z} - \frac{\partial H}{\partial x} \right) + n \left(\frac{\partial G}{\partial x} - \frac{\partial F}{\partial y} \right) \right],$$

cf. Bd. I § 130.

Nun ist nach der Definition von α, β, γ

(13 a) $$T = i\int (l\alpha + m\beta + n\gamma)\,d\omega,$$

hieraus folgt unmittelbar, dass

(14) $$\begin{cases} \alpha = \dfrac{\partial H}{\partial y} - \dfrac{\partial G}{\partial z}, \\[2ex] \beta = \dfrac{\partial F}{\partial z} - \dfrac{\partial H}{\partial x}, \\[2ex] \gamma = \dfrac{\partial G}{\partial x} - \dfrac{\partial F}{\partial y}. \end{cases}$$

Ferner fanden wir bereits in Formel (10) und (11)

$$\begin{cases} \Delta F = -4\pi u + (1-k)\lambda \dfrac{\partial^2 \varphi}{\partial x\,\partial t}, \\[2ex] \Delta G = -4\pi v + (1-k)\lambda \dfrac{\partial^2 \varphi}{\partial y\,\partial t}, \\[2ex] \Delta H = -4\pi w + (1-k)\lambda \dfrac{\partial^2 \varphi}{\partial z\,\partial t}, \end{cases}$$

$$J = \frac{\partial F}{\partial x} + \frac{\partial G}{\partial y} + \frac{\partial H}{\partial z} = -k\lambda \frac{\partial \varphi}{\partial t}.$$

Wir berechnen nun die Ausdrücke $\left(\dfrac{\partial \gamma}{\partial y} - \dfrac{\partial \beta}{\partial z}\right)$ etc., indem wir addiren:

$$0 = \frac{\partial^2 F}{\partial x^2} - \frac{\partial^2 F}{\partial x^2},$$

$$\frac{\partial \gamma}{\partial y} = \frac{\partial^2 G}{\partial x\,\partial y} - \frac{\partial^2 F}{\partial y^2},$$

$$-\frac{\partial \beta}{\partial z} = \frac{\partial^2 H}{\partial x\,\partial z} - \frac{\partial^2 F}{\partial z^2}.$$

$$\frac{\partial \gamma}{\partial y} - \frac{\partial \beta}{\partial z} = \frac{\partial J}{\partial x} - \Delta F = -k\lambda \frac{\partial^2 \varphi}{\partial x\,\partial t} + 4\pi u - (1-k)\lambda \frac{\partial^2 \varphi}{\partial x\,\partial t}.$$

$$(15)\quad\begin{cases}\dfrac{\partial\gamma}{\partial y}-\dfrac{\partial\beta}{\partial z}=4\pi u-\lambda\dfrac{\partial^2\varphi}{\partial x\,\partial t}\,,\\[2ex]\dfrac{\partial\alpha}{\partial z}-\dfrac{\partial\gamma}{\partial x}=4\pi v-\lambda\dfrac{\partial^2\varphi}{\partial y\,\partial t}\,,\\[2ex]\dfrac{\partial\beta}{\partial x}-\dfrac{\partial\alpha}{\partial y}=4\pi w-\lambda\dfrac{\partial^2\varphi}{\partial z\,\partial t}\,.\end{cases}$$

Bei Maxwell treten die letzten Glieder nicht auf (cf. Bd. I § 118); wir werden in der That sehen, das Maxwell $\lambda=0$ annimmt.

Für die Gleichungen (15) finden wir folgende Bestätigung:

Durch Differentiation dieser Gleichungen nach resp. x, y, z und Addition erhalten wir:

$$4\pi\left(\frac{\partial u}{\partial x}+\frac{\partial v}{\partial y}+\frac{\partial w}{\partial z}\right)-\lambda\,\varDelta\frac{\partial\varphi}{\partial t}=0\,.$$

Nun ist

$$\lambda\,\varphi=\int\frac{\varrho'\,d\tau'}{r}$$

und demnach

$$\lambda\,\varDelta\,\varphi=-4\pi\varrho\,,$$

folglich:

$$\lambda\,\varDelta\frac{\partial\varphi}{\partial t}=-4\pi\frac{\partial\varrho}{\partial t}\,,$$

und endlich:

$$4\pi\left(\frac{\partial u}{\partial x}+\frac{\partial v}{\partial y}+\frac{\partial w}{\partial z}+\frac{\partial\varrho}{\partial t}\right)=0\,,$$

hierin haben wir wieder die Kontinuitätsgleichung.

Erhaltung der Energie und des Gleichgewichts.

30. Ausdruck für die elektrokinetische Energie T und die elektrostatische Energie U. Wir wollen für T einen neuen Ausdruck aufstellen. In der Gleichung (8) ersetzen wir u, v, w durch die Werthe, welche wir aus Formel (15) erhalten, und finden damit:

$$\mathrm{T}=\frac{1}{8\pi}\int\sum\left(\frac{\partial\gamma}{\partial y}-\frac{\partial\beta}{\partial z}\right)\mathrm{F}\,d\tau+\frac{1}{8\pi}\int\sum\lambda\,\frac{\partial^2\varphi}{\partial x\,\partial t}\,\mathrm{F}\,d\tau\,.$$

Durch theilweise Integration, die sich über den ganzen unendlichen Raum erstreckt (cf. Einleitung), erhalten wir:

$$\int \frac{\partial \gamma}{\partial y} \mathrm{F}\, d\tau = -\int \frac{\partial \mathrm{F}}{\partial y} \gamma\, d\tau .$$

Das erste Glied der rechten Seite liefert also:

$$\frac{1}{8\pi}\int\left[\alpha\left(\frac{\partial \mathrm{H}}{\partial y}-\frac{\partial \mathrm{G}}{\partial z}\right)+\beta\left(\frac{\partial \mathrm{F}}{\partial z}-\frac{\partial \mathrm{H}}{\partial x}\right)+\gamma\left(\frac{\partial \mathrm{G}}{\partial x}-\frac{\partial \mathrm{F}}{\partial y}\right)\right] d\tau$$

$$=\frac{1}{8\pi}\int(\alpha^2+\beta^2+\gamma^2)\, d\tau .$$

Der zweite Term lässt sich in gleicher Weise umformen:

$$\int \mathrm{F}\frac{\partial^2 \varphi}{\partial x\, \partial t}\, d\tau = -\int \frac{\partial \mathrm{F}}{\partial x}\cdot\frac{\partial \varphi}{\partial t}\, d\tau$$

und

$$\frac{\lambda}{8\pi}\int \sum \frac{\partial^2 \varphi}{\partial x\, \partial t}\mathrm{F}\, d\tau = -\frac{\lambda}{8\pi}\int \frac{\partial \varphi}{\partial t}\left(\frac{\partial \mathrm{F}}{\partial x}+\frac{\partial \mathrm{G}}{\partial y}+\frac{\partial \mathrm{H}}{\partial z}\right) d\tau$$

$$=\frac{k\lambda^2}{8\pi}\int\left(\frac{\partial \varphi}{\partial t}\right)^2 d\tau .$$

Demnach finden wir im Ganzen:

$$\mathrm{T}=\frac{1}{8\pi}\int(\alpha^2+\beta^2+\gamma^2)\, d\tau+\frac{k\lambda^2}{8\pi}\int\left(\frac{\partial \varphi}{\partial t}\right)^2 d\tau . \tag{16}$$

Ist k positiv oder Null, so sind alle Terme auf der rechten Seite der Gleichung positiv, und wenn dann T Null ist, so müssen auch alle seine Bestandtheile Null sein. Ist dagegen k negativ, dann kann man nicht mehr behaupten, dass für T = Null auch die einzelnen Elemente auf der rechten Seite Null sind und also kein Strom vorhanden ist.

Die elektrokinetische Energie T stellt nur einen Theil der Energie dar; der andere ist die elektrostatische Energie:

$$\mathrm{U}=\frac{1}{2}\int \varrho\varphi\, d\tau .$$

Nun ist

$$\lambda \varDelta \varphi = -4\pi\varrho,$$

also:

$$U = -\frac{\lambda}{8\pi}\int \varphi\, \varDelta\varphi\, d\tau.$$

Nach dem Green'schen Satze aber gilt:

$$\int \varphi\, \varDelta\varphi\, d\tau = -\int \left[\left(\frac{\partial\varphi}{\partial x}\right)^2 + \left(\frac{\partial\varphi}{\partial y}\right)^2 + \left(\frac{\partial\varphi}{\partial z}\right)^2\right] d\tau.$$

Folglich erhalten wir für:

(17) $$U = \frac{\lambda}{8\pi}\int \left[\left(\frac{\partial\varphi}{\partial x}\right)^2 + \left(\frac{\partial\varphi}{\partial y}\right)^2 + \left(\frac{\partial\varphi}{\partial z}\right)^2\right] d\tau.$$

U ist somit eine positive Grösse.

Die totale Energie $T + U$ ist also positiv, wenn $k \geqq 0$; für $k < 0$ kann $T + U$ positives wie negatives Vorzeichen erhalten. Nehmen wir an, dass F, G, H durch die Gleichungen

$$F = \frac{\partial\chi}{\partial x}; \qquad G = \frac{\partial\chi}{\partial y}; \qquad H = \frac{\partial\chi}{\partial z}$$

charakterisirt seien, wobei χ eine beliebige Funktion von x, y, z bedeuten möge, dann sind die Binomialausdrücke (14) Null und das erste Glied von T verschwindet, das zweite Glied aber nicht. Setzen wir für den Anfang der Zeit $\varphi = 0$ voraus, dann ist zuerst keine freie Elektricität vorhanden, wohl aber gleich darauf, denn $\frac{\partial\varphi}{\partial t}$ ist nicht Null.

31. Erhaltung der Energie. Wir wollen nachweisen, dass die Gesammtheit der Energie erhalten bleibt, d. h., dass die Variation von $(T + U)$ gleich der Arbeit ist, welche von den äusseren elektromotorischen Kräften (chemischen, thermoelektrischen etc.) geleistet wird, vermindert um die nach dem Joule'schen Gesetze in den Widerständen entwickelte Wärme. Es soll also sein:

(18) $$d(T + U) = -dt\int \frac{u^2 + v^2 + w^2}{C}\, d\tau + dt\int (Xu + Yv + Zw)\, d\tau.$$

Wir gehen zurück auf die Gleichungen (12), multipliciren die erste derselben mit $-u\,d\tau$, die zweite mit $-v\,d\tau$, die dritte mit $-w\,d\tau$, integriren über den ganzen unendlichen Raum und addiren dieselben; dann erhalten wir:

$$(18') \qquad -\int \frac{u^2+v^2+w^2}{C}\,d\tau + \int (Xu + Yv + Zw)\,d\tau$$

$$= \int \left(u\frac{\partial\varphi}{\partial x} + v\frac{\partial\varphi}{\partial y} + w\frac{\partial\varphi}{\partial z}\right) d\tau + \int \left(u\frac{\partial F}{\partial t} + v\frac{\partial G}{\partial t} + w\frac{\partial H}{\partial t}\right) d\tau .$$

Das Integral

$$\int \frac{u^2+v^2+w^2}{C}\,d\tau$$

bedeutet die nach dem Joule'schen Gesetze entwickelte Wärmemenge.

Ein Leiter von drei Dimensionen lässt sich als zusammengesetzt betrachten aus einer unendlichen Anzahl unendlich kleiner linearer Elementarleiter von cylindrischer Form, deren Höhe ds, deren normal gerichteter Querschnitt $d\omega$ und deren Volumen also $ds\,d\omega$ ist; ihre Höhe soll parallel zu den Stromlinien gerichtet sein.

Eine Stromlinie ist dadurch charakterisirt, dass sie den Differentialgleichungen $\frac{dx}{u} = \frac{dy}{v} = \frac{dz}{w}$ genügt, d. h., sie hat in jedem Punkte die Geschwindigkeit der Elektricität als Tangente.

Wir machen nun die Voraussetzung, dass das Joule'sche Gesetz sich auch auf diese linearen elementaren Stromleiter anwenden lasse.

Fassen wir einen derselben in's Auge, so ist die Wärmemenge, welche in ihm vermöge seines Widerstandes entwickelt wird $= R\,i^2\,dt$. Nun aber ist:

$$R = \frac{ds}{C\,d\omega}$$

und

$$i^2 = (u^2+v^2+w^2)\,d\omega^2 ,$$

also

$$(18\,a) \qquad R\,i^2\,dt = \frac{u^2+v^2+w^2}{C}\,ds\,d\omega\,dt = \frac{u^2+v^2+w^2}{C}\,d\tau\,dt .$$

32. Wir wollen nun nachweisen, dass das erste Integral der rechten Seite von Gleichung (18') $= \frac{\partial U}{\partial t}$ ist.

Wir sahen, dass

$$U = \frac{1}{2} \int \varrho \varphi \, d\tau .$$

Hieraus ergibt sich nun:

$$\frac{\partial U}{\partial t} = \int \frac{\partial \varrho}{\partial t} \varphi \, d\tau ,$$

denn es ist:

$$\frac{\partial U}{\partial t} = \frac{1}{2} \int \frac{\partial \varrho}{\partial t} \varphi \, d\tau + \frac{1}{2} \int \frac{\partial \varphi}{\partial t} \varrho \, d\tau .$$

Nun aber gilt:

$$\int \frac{\partial \varrho}{\partial t} \varphi \, d\tau = \int \varrho \frac{\partial \varphi}{\partial t} d\tau$$

Wir haben nämlich:

$$\varphi = \int \frac{\varrho' \, d\tau'}{\lambda r}$$

und

(18b) $$\int \frac{\partial \varrho}{\partial t} \varrho' \frac{d\tau \, d\tau'}{\lambda r} = \int \varrho \frac{\partial \varrho'}{\partial t} \cdot \frac{d\tau \, d\tau}{\lambda r} ,$$

denn das erste Integral ändert sich nicht, wenn man ϱ mit ϱ' und gleichzeitig auch $d\tau$ mit $d\tau'$ vertauscht, da die beiden Integrationen nach $d\tau$ und $d\tau'$ sich über den ganzen unendlichen Raum erstrecken.

Hieraus folgt also in der That, dass

$$\frac{\partial U}{\partial t} = \frac{1}{2} \int \frac{\partial \varrho}{\partial t} \varphi \, d\tau + \frac{1}{2} \int \frac{\partial \varrho}{\partial t} \varphi \, d\tau = \int \frac{\partial \varrho}{\partial t} \varphi \, d\tau .$$

Andererseits ist

$$\frac{\partial \varrho}{\partial t} = - \left(\frac{\partial u}{\partial x} + \frac{\partial v}{\partial y} + \frac{\partial w}{\partial z} \right) ,$$

demnach

$$\frac{\partial U}{\partial t} = \int \frac{\partial \varrho}{\partial t} \varphi \, d\tau = -\int \varphi \left(\frac{\partial u}{\partial x} + \frac{\partial v}{\partial y} + \frac{\partial w}{\partial z} \right) d\tau$$

und hieraus durch partielle Integration über den ganzen Raum:

$$\frac{\partial U}{\partial t} = \int \left(u \frac{\partial \varphi}{\partial x} + v \frac{\partial \varphi}{\partial y} + w \frac{\partial \varphi}{\partial z} \right) d\tau.$$

33. Wir kommen nun zum Integral

$$\int \left(u \frac{\partial F}{\partial t} + v \frac{\partial G}{\partial t} + w \frac{\partial H}{\partial t} \right) d\tau.$$

Wir sahen (cf. § 25), dass

$$T = \frac{1}{2} \int (Fu + Gv + Hw) \, d\tau$$

ist, also

$$\frac{\partial T}{\partial t} = \frac{1}{2} \int \sum F \frac{\partial u}{\partial t} d\tau + \frac{1}{2} \int \sum u \frac{\partial F}{\partial t} d\tau;$$

diese beiden Integrale sind einander gleich. Um dies nachzuweisen, setzen wir (cf. § 25 (7))

$$F = F' + \frac{1-k}{2} \cdot \frac{\partial \psi}{\partial x}; \qquad F' = \int \frac{u' \, d\tau'}{r}.$$

Hiernach soll sein:

$$\int \sum F' \frac{\partial u}{\partial t} d\tau + \frac{1-k}{2} \int \sum \frac{\partial \psi}{\partial x} \cdot \frac{\partial u}{\partial t} d\tau$$

$$= \int \sum \frac{\partial F'}{\partial t} u \, d\tau + \frac{1-k}{2} \int \sum u \frac{\partial^2 \psi}{\partial x \, \partial t} d\tau.$$

Erstens gilt nun:

$$\int F' \frac{\partial u}{\partial t} d\tau = \int u \frac{\partial F'}{\partial t} d\tau,$$

denn es ist:

$$\int u' \frac{\partial u}{\partial t} \cdot \frac{d\tau\, d\tau'}{r} = \int u \frac{\partial u'}{\partial t} \cdot \frac{d\tau\, d\tau'}{r}.$$

Diese Identität lässt sich auf dieselbe Art nachweisen, wie (18b). Ferner ist:

$$\int \sum \frac{\partial \psi}{\partial x} \cdot \frac{\partial u}{\partial t}\, d\tau = \int \sum u \frac{\partial^2 \psi}{\partial x\, \partial t}\, d\tau,$$

denn durch partielle Integration über den unendlichen Raum erhält man:

$$\int \frac{\partial \psi}{\partial x} \cdot \frac{\partial u}{\partial t}\, d\tau = -\int \psi \frac{\partial^2 u}{\partial x\, \partial t}\, d\tau$$

und

$$\int \frac{\partial^2 \psi}{\partial x\, \partial t}\, u\, d\tau = -\int \frac{\partial \psi}{\partial t} \cdot \frac{\partial u}{\partial x}\, d\tau$$

und wir haben also nur noch nachzuweisen, dass:

$$\int \sum \psi \frac{\partial^2 u}{\partial x\, \partial t}\, d\tau = \int \sum \frac{\partial \psi}{\partial t} \cdot \frac{\partial u}{\partial x}\, d\tau.$$

Nun aber ist

$$\sum \frac{\partial u}{\partial x} = -\frac{\partial \varrho}{\partial t},$$

also

$$\sum \frac{\partial^2 u}{\partial x\, \partial t} = -\frac{\partial^2 \varrho}{\partial t^2}$$

und

$$\psi = \int \frac{\partial \varrho'}{\partial t}\, r\, d\tau',$$

(cf. (9) § 25). Damit geht unsere zu beweisende Identität über in:

$$\int \frac{\partial \varrho'}{\partial t} \cdot \frac{\partial^2 \varrho}{\partial t^2}\, r\, d\tau\, d\tau' = \int \frac{\partial \varrho}{\partial t} \cdot \frac{\partial^2 \varrho'}{\partial t^2}\, r\, d\tau\, d\tau',$$

eine Gleichung, deren Richtigkeit sich auf dieselbe Weise nachweisen lässt, wie diejenige der Gleichung (18b).

Ersetzt man die beiden Integrale auf der rechten Seite von (18') durch die so gefundenen Werthe, dann erhält man:

$$\frac{\partial(\mathrm{T}+\mathrm{U})}{\partial t}=-\int\frac{u^2+v^2+w^2}{\mathrm{C}}\,d\tau+\int(\mathrm{X}u+\mathrm{Y}v+\mathrm{Z}w)\,d\tau.$$

Wenn man diese Gleichung mit dt multiplicirt, so bedeutet die linke Seite derselben den elektrodynamischen wie elektrostatischen Energiezuwachs; das zweite Integral auf der rechten Seite stellt die Arbeit der äusseren, elektromotorischen Kräfte chemischer, thermoelektrischer etc. Natur dar; das erste Integral auf der rechten Seite endlich repräsentirt die in Form von Wärme verlorene Energie.

Diese Gleichung drückt also in der That die Erhaltung der Energie aus.

34. Stabilität des Gleichgewichts. In dem Falle, wo in dem Systeme keine äussere elektromotorische Kraft vorhanden ist, wird

$$\frac{\partial(\mathrm{T}+\mathrm{U})}{\partial t}=-\int\frac{u^2+v^2+w^2}{\mathrm{C}}\,d\tau,$$

d. h., der Differentialquotient von (T + U) nach der Zeit ist negativ.

Ist die Helmholtz'sche Konstante $k \geqq 0$, so ist das Gleichgewicht stabil. (T + U) ist nämlich positiv und wird nur Null, wenn weder freie Elektricität noch Ströme in dem Raume vorhanden sind; ist (T + U) sehr klein, so heisst das soviel, als: die Ströme und die Dichtigkeit der freien Elektricität sind überall sehr klein. Gehen wir vom Gleichgewichtszustande (T + U) = 0 aus und lassen eine kleine Störung eintreten, dann wird (T + U) einen sehr kleinen positiven Werth annehmen; überlassen wir aber das System sich selbst, dann wird (T + U) abnehmen, aber immer positiv bleiben. (T + U) bleibt also sehr klein, und dies kann nur unter der Bedingung der Fall sein, dass die Ströme selbst sehr klein bleiben. Es herrscht demnach stabiles Gleichgewicht.

Ist dagegen k negativ, dann können wir ebenfalls noch vom absoluten Gleichgewichte ausgehen und dem Systeme eine sehr kleine Störung zufügen. Aber wir dürfen diese Störung immer derartig annehmen, dass der sehr kleine Anfangswerth, den (T + U) annimmt, negativ ist. Von diesem Anfangswerthe ab gerechnet nimmt (T + U) ab, d. h. der absolute Werth wächst, und wir entfernen uns immer mehr und mehr von dem ursprünglichen Gleichgewichtszustande. Das Gleichgewicht ist also labil (cf. § 30).

Wir müssen demnach jede Theorie verwerfen, welche k einen negativen Werth gibt, und speciell diejenige von Weber, die sich aus der Helmholtz'schen Theorie ergibt, wenn wir in letzterer $k = -1$ setzen.

Untersuchung der magnetischen Medien.

35. Was wird aus den Gleichungen (14) und (15), wenn es sich um ein magnetisches Medium handelt?

Wir wollen zunächst die magnetische Kraft und die magnetische Induktion in einem Punkte erklären. Die magnetische Kraft wird die Summe aus zwei Vektoren sein, nämlich

1. der elektromagnetischen Kraft, welche von geschlossenen oder nicht geschlossenen Strömen herrührt, und welche definirt wird, wie es im § 28 geschah; es ist dieselbe Kraft, welche in dem betreffenden Punkte herrschen würde, wenn das Medium ein unmagnetisches wäre. Diese Kraft besitzt in den Punkten kein Potential, in welchen ein elektrischer Strom vorhanden ist;

2. aus der magnetischen Kraft, welche von permanenten oder nicht permanenten Magneten herrührt. Diese wird sich zurückführen lassen auf die Wirkung des Magnetismus, welcher durch die Ströme in dem den betreffenden Punkt umgebenden Medium inducirt wird; sie besitzt immer ein Potential, nämlich

$$\Omega = -\int \left(\frac{\partial A'}{\partial x'} + \frac{\partial B'}{\partial y'} + \frac{\partial C'}{\partial z'} \right) \frac{1}{r}\, d\tau'$$

(cf. Bd. I § 95 und 102). Hieraus folgt:

$$\alpha = \int \left(\frac{\partial A'}{\partial x'} + \frac{\partial B'}{\partial y'} + \frac{\partial C'}{\partial z'} \right) \frac{\partial \frac{1}{r}}{\partial x}\, d\tau' .$$

Die magnetische Induktion ist die geometrische Summe aus der magnetischen Kraft und der Magnetisirung in dem betreffenden Punkte, multiplicirt mit 4π (cf. Bd. I § 101).

36. In einem magnetischen Medium müssen die Gleichungen (14) durch folgende Gleichungen ersetzt werden:

$$
(19) \quad \begin{cases} a = \dfrac{\partial H}{\partial y} - \dfrac{\partial G}{\partial z}, \\[2ex] b = \dfrac{\partial F}{\partial z} - \dfrac{\partial H}{\partial x}, \\[2ex] c = \dfrac{\partial G}{\partial x} - \dfrac{\partial F}{\partial y}. \end{cases}
$$

Die Gleichungen (15) sind auch dann noch gültig.

37. Wir fassen einen Magnet in's Auge und nehmen an, dass ausserhalb desselben kein Strom vorhanden sei. Nach der Vorstellung von Ampère kann man dann den Magnet als aus einem System von Partialströmen bestehend betrachten.

Die einem dieser Partialströme zugehörige Komponente F des Vektorpotentials ist nun:

$$
F = i' \int \frac{dx'}{r} + \frac{1-k}{2} \frac{\partial \varphi}{\partial x};
$$

(cf. § 24 (5)). Da sämmtliche Partialströme geschlossen sind, so verschwindet der Differentialquotient $\frac{\partial \varphi}{\partial x}$, und es bleibt:

$$
F = i' \int \frac{\partial x'}{r}.
$$

Durch Umformung dieses Curvenintegrals in ein Flächenintegral erhalten wir:

$$
F = i' \int \left\{ m' \frac{\partial \frac{1}{r}}{\partial z'} - n' \frac{\partial \frac{1}{r}}{\partial y'} \right\} d\omega',
$$

wobei $d\omega'$ das von dem Strom umschlossene Flächenelement bedeutet. Dies Element ist aber unendlich klein; das Integral reducirt sich demnach auf

$$
i' \, d\omega' \left\{ m' \frac{\partial \frac{1}{r}}{\partial z'} - n' \frac{\partial \frac{1}{r}}{\partial y'} \right\}.
$$

Der Strom ist einem magnetischen Elemente äquivalent, dessen Moment die Komponenten $A'd\tau'$, $B'd\tau'$, $C'd\tau'$ besitzt, also (cf. § 28)

$$\left\{\begin{aligned} A'\, d\tau' &= i'\, l'\, d\omega' , \\ B'\, d\tau' &= i'\, m'\, d\omega' , \\ C'\, d\tau' &= i'\, n'\, d\omega' . \end{aligned}\right.$$

Demnach wird die Komponente F des zu diesem Elemente gehörigen Vektorpotentials:

$$F = \left\{ B' \frac{\partial \frac{1}{r}}{\partial z'} - C' \frac{\partial \frac{1}{r}}{\partial y'} \right\} d\tau' .$$

Um die Komponente für den ganzen Magnet zu erhalten, muss man über alle Elemente $d\tau'$ seines Volumens integriren, oder, was auf dasselbe hinauskommt, da für den äusseren Raum $A' = B' = C' = 0$ sind, über den ganzen unendlichen Raum. Es folgt also:

$$F = \int \left\{ B' \frac{\partial \frac{1}{r}}{\partial z'} - C' \frac{\partial \frac{1}{r}}{\partial y'} \right\} d\tau' .$$

Hier kommen wir nun zu einem bedenklichen Punkte in der Berechnung: Es bedeutet nämlich r die Entfernung zweier Elemente $d\tau$ und $d\tau'$, und zwar befindet sich das Element $d\tau$ im Innern der Masse, r kann also unendlich klein werden. Dann aber ist $\frac{1}{r}$ unendlich gross von der ersten, $\frac{\partial \frac{1}{r}}{\partial x'}$ unendlich gross von der zweiten, $\frac{\partial^2 \frac{1}{r}}{\partial x^2}$ unendlich gross von der dritten Ordnung u. s. f.

Nun haben wir eine dreifache Integration auszuführen. Wenn unter dem Integralzeichen Glieder mit $\frac{1}{r}$ stehen, so ist das Integral endlich und bestimmt; dasselbe gilt für die Terme mit $\frac{\partial \frac{1}{r}}{\partial x'}$, nicht mehr aber für die zweiten Differentialquotienten. Berücksichtigte man diesen Umstand nicht, so würde man leicht nachweisen können, dass ΔV selbst im Innern des anziehenden Körpers Null ist, und dies würde falsch sein.

Um nicht, wie in den §§ 8 und 9 die zweiten Differentialquotienten nach den Koordinaten einführen zu müssen, schlagen wir einen anderen Weg ein.

Durch theilweise Integration über den ganzen unendlichen Raum erhalten wir:

$$\int B' \frac{\partial \frac{1}{r}}{\partial z'} d\tau' = -\int \frac{1}{r} \cdot \frac{\partial B'}{\partial z'} d\tau' .$$

Formen wir den oben gefundenen Werth für F um, so finden wir also:

$$(20) \quad \left\{ \begin{aligned} F &= \int \left(\frac{\partial C'}{\partial y'} - \frac{\partial B'}{\partial z'} \right) \frac{1}{r} d\tau', \text{ und analog} \\ G &= \int \left(\frac{\partial A'}{\partial z'} - \frac{\partial C'}{\partial x'} \right) \frac{1}{r} d\tau', \\ H &= \int \left(\frac{\partial B'}{\partial x'} - \frac{\partial A'}{\partial y'} \right) \frac{1}{r} d\tau'. \end{aligned} \right.$$

Wir wollen nun berechnen:

$$\frac{\partial H}{\partial y} - \frac{\partial G}{\partial z},$$

dann gilt:

$$(21) \quad \left\{ \begin{aligned} \frac{\partial H}{\partial y} &= \int \frac{\partial B'}{\partial x'} \cdot \frac{\partial \frac{1}{r}}{\partial y} d\tau' - \int \frac{\partial A'}{\partial y'} \cdot \frac{\partial \frac{1}{r}}{\partial y} d\tau', \\ -\frac{\partial G}{\partial z} &= \int \frac{\partial C'}{\partial x'} \cdot \frac{\partial \frac{1}{r}}{\partial z} d\tau' - \int \frac{\partial A'}{\partial z'} \cdot \frac{\partial \frac{1}{r}}{\partial z} d\tau', \\ 0 &= \int \frac{\partial A'}{\partial x'} \cdot \frac{\partial \frac{1}{r}}{\partial x} d\tau' - \int \frac{\partial A'}{\partial x'} \cdot \frac{\partial \frac{1}{r}}{\partial x} d\tau'. \end{aligned} \right.$$

Nun ist

$$\frac{\partial \frac{1}{r}}{\partial y} = -\frac{\partial \frac{1}{r}}{\partial y'},$$

denn r ist eine Funktion von $x - x'$, $y - y'$, $z - z'$. Berücksichtigt man dies und integrirt theilweise nach y', so erhält man:

$$\int \frac{\partial B'}{\partial x'} \cdot \frac{\partial \frac{1}{r}}{\partial y} d\tau' = - \int \frac{\partial B'}{\partial x'} \cdot \frac{\partial \frac{1}{r}}{\partial y'} d\tau' = \int \frac{\partial^2 B'}{\partial x' \partial y'} \cdot \frac{1}{r} d\tau'$$

und durch erneute theilweise Integration nach x'

$$= - \int \frac{\partial B'}{\partial y'} \cdot \frac{\partial \frac{1}{r}}{\partial x'} d\tau' = \int \frac{\partial B'}{\partial y'} \cdot \frac{\partial \frac{1}{r}}{\partial x} d\tau' .$$

In gleicher Weise ist

$$\int \frac{\partial C'}{\partial x'} \cdot \frac{\partial \frac{1}{r}}{\partial z} d\tau' = \int \frac{\partial C'}{\partial z'} \cdot \frac{\partial \frac{1}{r}}{\partial x} d\tau' .$$

Setzen wir andererseits

$$V = \int \frac{A' \, d\tau'}{r} ,$$

so gibt uns die Poisson'sche Gleichung:

$$\Delta V = - 4 \pi A .$$

Ferner ist

$$\frac{\partial V}{\partial x} = \int A' \frac{\partial \frac{1}{r}}{\partial x} d\tau' = - \int A' \frac{\partial \frac{1}{r}}{\partial x'} d\tau' = \int \frac{\partial A'}{\partial x'} \cdot \frac{1}{r} d\tau'$$

und

$$\frac{\partial^2 V}{\partial x^2} = \int \frac{\partial A'}{\partial x'} \cdot \frac{\partial \frac{1}{r}}{\partial x} d\tau' .$$

Die Gleichungen (21) lassen sich demnach schreiben:

$$0 = \int \frac{\partial A'}{\partial x'} \cdot \frac{\partial \frac{1}{r}}{\partial x} d\tau' - \frac{\partial^2 V}{\partial x^2},$$

$$\frac{\partial H}{\partial y} = \int \frac{\partial B'}{\partial y'} \cdot \frac{\partial \frac{1}{r}}{\partial x} d\tau' - \frac{\partial^2 V}{\partial y^2},$$

$$-\frac{\partial G}{\partial z} = \int \frac{\partial C'}{\partial z'} \cdot \frac{\partial \frac{1}{r}}{\partial x} d\tau' - \frac{\partial^2 V}{\partial z^2}.$$

$$\frac{\partial H}{\partial y} - \frac{\partial G}{\partial z} = \int \left(\frac{\partial A'}{\partial x'} + \frac{\partial B'}{\partial y'} + \frac{\partial C'}{\partial z'}\right) \frac{\partial \frac{1}{r}}{\partial x} d\tau' - \varDelta V$$

$$= \alpha + 4\pi A = a.$$

38. Nun beschäftigen wir uns ja mit einem magnetischen Medium, das von endlichen Strömen durchflossen ist. Hierbei bedeuten u, v, w die Stromkomponenten, $\alpha_1, \beta_1, \gamma_1$ die von den endlichen Strömen herrührenden Komponenten der elektromagnetischen Kraft, F_1, G_1, H_1 die Komponenten ihres Vektorpotentials. Ebenso stellen $\alpha_2, \beta_2, \gamma_2$ die von den Partialströmen herrührenden Komponenten der magnetischen Kraft dar, a_2, b_2, c_2 die denselben zugehörigen Induktionskomponenten, F_2, G_2, H_2 die Komponenten ihres Vektorpotentials. Dann finden wir für die Komponenten der gesammten magnetischen Kraft, der gesammten Induktion und des gesammten Vektorpotentials:

$$\alpha = \alpha_1 + \alpha_2 \text{ etc.}$$

$$a = \alpha_1 + a_2$$

$$F = F_1 + F_2.$$

Nun ist für endliche Ströme nach § 29

$$\alpha_1 = \frac{\partial H_1}{\partial y} - \frac{\partial G_1}{\partial z} \text{ und}$$

$$\frac{\partial \gamma_1}{\partial y} - \frac{\partial \beta_1}{\partial z} = 4\pi u - \lambda \frac{\partial^2 \varphi}{\partial x \partial t}.$$

Für die Partialströme gilt

$$a_2 = \frac{\partial H_2}{\partial y} - \frac{\partial G_2}{\partial z}, \text{ und}$$

$$\frac{\partial \gamma_2}{\partial y} - \frac{\partial \beta_2}{\partial z} = 0 .$$

Setzen wir dies ein, so folgt:

$$a = \frac{\partial H}{\partial y} - \frac{\partial G}{\partial z} \text{ und}$$

$$\frac{\partial \gamma}{\partial y} - \frac{\partial \beta}{\partial z} = 4 \pi u - \lambda \frac{\partial^2 \varphi}{\partial x \partial t},$$

und dies sollte nachgewiesen werden.

Kapitel V.

Uebergang von der Helmholtz'schen Theorie zur Maxwell'schen Theorie.

39. Um sich Rechenschaft abzulegen von der Art und Weise, wie man von der Helmholtz'schen Theorie zu derjenigen von Maxwell übergehen kann, die nur einen speciellen Fall, oder genauer gesagt, einen Grenzfall der ersteren darstellt, muss man die verschiedenen Hypothesen über den inducirten Magnetismus und die dielektrische Polarisation kennen. Das vorliegende Kapitel schliesst sich eng an das III. Kapitel des ersten Bandes an, in dem ich Ideen auseinandergesetzt habe, welche denen von Helmholtz analog waren, aber in der Form von diesen abwichen.

Bevor wir an die Frage von der dielektrischen Polarisation herantreten, wollen wir uns die Theorien vom inducirten Magnetismus wieder in's Gedächtniss zurückrufen. Wir werden mit derjenigen von Poisson beginnen, da diese in Bezug auf unsere zu besprechende Materie von der grössten Wichtigkeit ist. Da jedoch die Rechnungen in den §§ 52—59 des ersten Bandes im Einzelnen durchgeführt worden sind, beschränken wir uns darauf, nochmals kurz die Resultate anzugeben. Ich muss übrigens darauf aufmerksam machen, dass die in den oben erwähnten Paragraphen 52—59 behandelte Theorie sich eigentlich auf die Dielektrika bezieht, und dass man, um daraus die Theorie des Magnetismus abzuleiten, welche in mathematischer Hinsicht mit derselben übereinstimmt, doch einige der Bezeichnungen ändern muss.

Beispielsweise will ich das, was ich früher mit $-\frac{\partial U}{\partial \xi}$ und h bezeichnet habe, hier α und ε nennen. Unter U verstanden wir nämlich das elektrische Potential; an dessen Stelle hat hier das magnetische Potential zu treten, dessen Differentialquotienten mit dem umgekehrten Zeichen genommen nichts anderes sind, als die

Komponenten der magnetischen Kraft. Ebenso bezeichnen wir das, was wir früher K nannten, hier mit μ.

Magnetische Induktion. Poisson schreibt die magnetischen Erscheinungen der Wirkung zweier verschiedenen Fluida zu. Ein magnetischer Körper besteht aus kleinen, leitenden, magnetischen Kugeln, die unregelmässig in einem isolirenden Medium vertheilt sind. Man kann sich hierbei vorstellen, dass jede solche Kugel durch die Uebereinanderlagerung zweier anderen Kugeln gebildet werde, von denen die eine aus nordmagnetischem, die andere aus südmagnetischem Fluidum besteht. Die Magnetisirung bewirkt nun, dass beide Kugeln um eine mehr oder minder grosse Strecke auseinandergerückt werden, und man erhält auf diese Weise Oberflächenschichten[1]).

Poisson nimmt an, dass die gegenseitigen Wirkungen aller übrigen Kugeln auf eine unter ihnen sich aufheben. Bezeichnet m die Masse einer jeden nordmagnetischen resp. südmagnetischen Kugel, und ξ, η, ζ die Verschiebungskomponenten des Mittelpunktes der Kugel, welche ihre Lage geändert hat, so gilt

$$m\xi = \mathrm{A}\, d\tau,$$

$$m\eta = \mathrm{B}\, d\tau,$$

$$m\zeta = \mathrm{C}\, d\tau;$$

hierbei bedeuten $\mathrm{A}d\tau$, $\mathrm{B}d\tau$, $\mathrm{C}d\tau$ die Komponenten des magnetischen Moments dieses kugelförmigen Elements.

Um die magnetische Kraft in einem Punkte des Inneren bestimmen zu können, muss man sich um den betreffenden Punkt eine Höhlung denken; dann hängt die Kraft — entgegen der Ansicht Poisson's — von der Gestalt der Höhlung ab. Die Komponenten der Kraft sind im Innern eines im Verhältniss zu seiner Basis unendlich langen Cylinders, dessen Axe in der Magnetisirungsrichtung liegt, gleich α, β, γ, im Innern eines unendlich niedrigen, aber ebenfalls zur Magnetisirungsrichtung parallelen Cylinders: $\alpha + 4\pi\mathrm{A}$, $\beta + 4\pi\mathrm{B}$, $\gamma + 4\pi\mathrm{C}$; im Innern einer Kugel endlich

$$\alpha + \frac{4}{3}\pi\mathrm{A}; \qquad \beta + \frac{4}{3}\pi\mathrm{B}; \qquad \gamma + \frac{4}{3}\pi\mathrm{C}.$$

Wir beschreiben um den Koordinatenanfangspunkt eine Kugel σ von dem Volumen $d\tau$, das absolut genommen zwar sehr klein, in

---

[1]) In Betreff dieser Oberflächenschichten vergl. I. Bd. § 47.

Bezug auf die kugelförmigen Elemente jedoch sehr gross sein möge, und nehmen an, dass im Innern eines dieser Elemente s Gleichgewicht herrschen soll. Dann ist die zu OX parallele Komponente der Wirkung der äusseren Körper auf die Kugel σ gegeben durch $\alpha + \frac{4}{3}\pi A$, wenn A, B, C die Magnetisirungskomponenten bedeuten. Bezeichnet man mit ε das Verhältniss der Volumina der kleinen Kugeln s zum Volumen $d\tau$ von σ, so hat die Magnetisirung jedes einzelnen dieser Elemente s zu Komponenten $\frac{A}{\varepsilon}, \frac{B}{\varepsilon}, \frac{C}{\varepsilon}$. Die Wirkung der Kugeln, welche innerhalb von σ, aber ausserhalb eines Elementes s liegen, auf einen Punkt innerhalb von s ist unserer Voraussetzung nach Null (cf. Bd. I § 55). Die X-Komponente der Wirkung des Elementes s auf sich selbst ist

$$= -\frac{4}{3}\pi\frac{A}{\varepsilon}.$$

Die Gleichgewichtsbedingung lässt sich also schreiben:

$$\text{(1)} \qquad \alpha + \frac{4}{3}\pi A - \frac{4}{3}\pi\frac{A}{\varepsilon} = 0.$$

Hieraus folgt:

$$\alpha = \frac{4}{3}\pi A \frac{1-\varepsilon}{\varepsilon},$$

oder

$$4\pi A = \frac{3\varepsilon\alpha}{1-\varepsilon};$$

demnach ist

$$a = \alpha + 4\pi A = \frac{1+2\varepsilon}{1-\varepsilon}\alpha = \mu\alpha.$$

Die Grösse

$$\mu = \frac{1+2\varepsilon}{1-\varepsilon}$$

nennt man die magnetische Permeabilität.

Wir verweilen noch einen Augenblick bei der Gleichung (1).

Ein magnetisches Molekül im Innern der magnetischen Kugel s muss sich unter der Wirkung sämmtlicher Kräfte, welche an demselben angreifen, im Gleichgewichte befinden. Fasst man nur die zur X-Axe parallelen Komponenten in's Auge, so muss ihre Summe Null sein, also:

(Wirkung der äusseren Magnete und der ausserhalb σ gelegenen magnetischen Elemente $= \alpha + \frac{4}{3} \pi A$) + (Wirkung der magnetischen Elemente innerhalb σ, abgesehen von $s=0$) + $\left(\text{Wirkung von } s \text{ allein} = -\frac{4}{3} \pi \frac{A}{\varepsilon}\right) = 0$.

Die Theorie bietet mancherlei Schwierigkeiten dar: ε muss kleiner sein als $\frac{\pi}{6}$ (sonst würden die Kugeln s nicht mehr durch unmagnetisches Medium von einander getrennt sein); dies erfordert für μ eine obere Grenze, welche beim Eisen überschritten ist. Man kann allerdings sagen, dass ja keine Nothwendigkeit vorliegt, die Elemente als kugelförmig aufzufassen; man kann, mit Mathieu, Elemente von anderer Form wählen und entgeht auf solche Weise dieser Schwierigkeit. Eine andere Schwierigkeit liegt darin, dass μ nicht eine Konstante ist, sondern sich mit der Kraft

$$\sqrt{\alpha^2 + \beta^2 + \gamma^2}$$

ändert.

Weber nimmt an, dass die Elemente bereits polarisirt, aber beliebig gerichtet seien; die magnetische Kraft gibt ihnen eine gemeinsame Richtung, — eine Ansicht, welche sich mit den Ampère'schen Ideen berührt.

Will man sich in der Poisson'schen Vorstellungsweise vom Diamagnetismus Rechenschaft ablegen, so muss man annehmen, dass auch der leere Raum einer magnetischen Polarisation fähig ist, und dass die diamagnetischen Körper nur noch weniger magnetisch sind, als der leere Raum. Im leeren Raume müsste also $\mu > 1$ sein. Nun war die Einheit des Magnetismus so definirt worden, dass man festsetzte, zwei Einheitspole ziehen sich in der Einheit der Entfernung mit der Einheit der Kraft an; wäre also für den leeren Raum $\mu = 1$, dann würde gerade die im leeren Raume auftretende Anziehung mit der obigen Definition übereinstimmen; ist jedoch $\mu > 1$, dann findet dies nicht mehr statt.

40. Dielektrische Polarisation. Mosotti gelang es, die Erscheinungen zu erklären, welche nach den Coulomb'schen Ideen die Dielektrika zeigen, indem er die Poisson'schen Theorien auf die Elektricität übertrug, und diese Theorien, welche für den Magnetismus eigentlich nur noch historische Bedeutung haben, können beim Studium der Dielektrika noch gute Dienste leisten, ohne wahrscheinlich den Thatsachen irgendwie zu entsprechen.

Die Dielektrika würden nach dieser Theorie aus leitenden Kugeln bestehen, welche in einem isolirenden Medium eingebettet liegen. Die Rolle der Magnetisirung spielt hierbei die dielektrische Polarisation, welche Maxwell mit elektrischer Verschiebung: f, g, h bezeichnet, also:

$$m\xi = f\,d\tau,$$

$$m\eta = g\,d\tau,$$

$$m\zeta = h\,d\tau.$$

Ein derart zusammengesetztes Dielektrikum lässt sich durchaus mit einem Magneten vergleichen; das elektrische Fluidum ist nämlich darin genau ebenso vertheilt, wie das magnetische Fluidum in einem Magnet, der nach der Poisson'schen Ansicht zusammengesetzt ist.

Das Potential einer magnetischen Masse m auf einen äusseren Punkt ist $\frac{m}{r}$; das Potential einer elektrischen Masse m ist nach der von uns gewählten Bezeichnungsweise $= \frac{m}{\lambda r}$.

Das Potential einer Poisson'schen Kugel auf einen äusseren Punkt, wenn man unter $A\,d\tau$, $B\,d\tau$, $C\,d\tau$ die Komponenten des magnetischen Moments dieser Kugel versteht, ist

$$d\tau' \left\{ A \frac{\partial \frac{1}{r}}{\partial x'} + B \frac{\partial \frac{1}{r}}{\partial y'} + C \frac{\partial \frac{1}{r}}{\partial z'} \right\}.$$

Ebenso wird das Potential einer Mosotti'schen Kugel auf einen äusseren Punkt gegeben sein durch:

$$\frac{d\tau'}{\lambda} \left\{ f \frac{\partial \frac{1}{r}}{\partial x'} + g \frac{\partial \frac{1}{r}}{\partial y'} + h \frac{\partial \frac{1}{r}}{\partial z'} \right\}.$$

Wir erhalten also für das Potential eines Magneten das Integral:

$$\Omega = \int d\tau' \left\{ A \frac{\partial \frac{1}{r}}{\partial x'} + B \frac{\partial \frac{1}{r}}{\partial y'} + C \frac{\partial \frac{1}{r}}{\partial z'} \right\},$$

während dasjenige einer dielektrischen Masse dargestellt wird durch:

$$\varphi = \int \frac{d\tau'}{\lambda} \left\{ f \frac{\partial \frac{1}{r}}{\partial x'} + g \frac{\partial \frac{1}{r}}{\partial y'} + h \frac{\partial \frac{1}{r}}{\partial z'} \right\}.$$

Die X-Komponente der magnetischen Kraft eines Körpers in einem äusseren Punkte ist $\alpha = -\frac{\partial \Omega}{\partial x}$, diejenige der elektrostatischen Kraft, welche von einem Dielektrikum herrührt, entsprechend $-\frac{\partial \varphi}{\partial x}$.

Berechnet man diese Kraft für einen Punkt im Innern, so ergibt sich wiederum die Analogie mit den Magneten. Um dieselbe zu definiren, muss man annehmen, dass der betrachtete Punkt innerhalb einer kleinen Höhlung liege, welche in das Dielektrikum gebohrt ist; man findet dann, dass die zur X-Axe parallele Komponente ist

$= -\frac{\partial \varphi}{\partial x}$, wenn die Höhlung aus einem sehr langen Cylinder besteht;

$= -\frac{\partial \varphi}{\partial x} + \frac{4\pi f}{\lambda}$, wenn dieselbe einen sehr kurzen Cylinder bildet;

$= -\frac{\partial \varphi}{\partial x} + \frac{4\pi f}{3\lambda}$, wenn sie eine kugelförmige Gestalt hat.

Stellen wir, wie früher, die Gleichgewichtsbedingungen auf, so müssen wir hier einerseits die elektromotorischen Induktionskräfte hinzufügen, andrerseits die elektromotorischen Kräfte irgend welchen Ursprungs, z. B. die chemischen oder thermoelektrischen Kräfte, deren Komponenten wir mit X, Y, Z bezeichnen. An Stelle von α tritt $-\frac{\partial \varphi}{\partial x}$, wobei φ das elektrostatische Potential bedeutet.

Soll ein im Innern einer Mosotti'schen Kugel befindliches elektrisches Molekül im Gleichgewicht sein, so muss die Summe der Komponenten der elektromotorischen Kräfte verschiedenen Ursprungs, denen das Molekül unterworfen ist, Null sein; hierdurch erhalten wir eine Gleichung, welche der Gleichung (1) analog ist. Wir wollen wie oben annehmen, dass wir in das Dielektrikum eine Höhlung gebohrt hätten, deren Begrenzung eine mit s concentrische Kugelfläche σ bildet, und finden:

(Wirkung der äusseren Leiter und des ausserhalb von σ gelegenen Theiles des Dielektrikum $= -\frac{\partial \varphi}{\partial x} + \frac{4}{3}\pi\frac{f}{\lambda}$) + (Wirkung der Mosotti'schen Kugeln innerhalb von σ, abgesehen von $s = 0$) + (Wirkung von $s = -\frac{4}{3}\pi\frac{f}{\lambda\varepsilon}$) + (Wirkung der Induktionskräfte $= -\frac{\partial F}{\partial t}$) + (äussere elektromotorische Kräfte verschiedenen Ursprungs $= X) = 0$, also:

$$-\frac{\partial\varphi}{\partial x}-\frac{\partial F}{\partial t}+X+\frac{4}{3}\pi\frac{f}{\lambda}-\frac{4}{3}\pi\frac{f}{\varepsilon\lambda}=0,$$

oder:

$$\frac{4}{3}\pi\frac{f}{\lambda}\frac{(1-\varepsilon)}{\varepsilon}=-\frac{\partial\varphi}{\partial x}-\frac{\partial F}{\partial t}+X,$$

oder, wenn man setzt:

$$K=\frac{\lambda(1+2\varepsilon)}{1-\varepsilon}.$$

$$(2)\qquad \frac{4\pi f}{K-\lambda}=-\frac{\partial\varphi}{\partial x}-\frac{\partial F}{\partial t}+X.$$

K bedeutet das specifische Induktionsvermögen des Medium.

Wir wollen nun den Verschiebungsstrom bestimmen, welcher in einem Dielektrikum entsteht, wenn dessen Polarisationszustand sich ändert. Früher definirten wir die Komponenten u, v, w des Stromes folgendermaassen: *$ud\tau$ ist die X-Komponente der Bewegungsgrösse aller elektrischen Moleküle, welche in dem Volumenelemente $d\tau$ vorhanden sind.* Wir fassen nun ein Element $d\tau$ in's Auge, das eine Mosotti'sche Kugel enthalten möge; ist diese Kugel polarisirt, so kann man annehmen, dass sie aus zwei Kugeln von positivem resp. negativem Fluidum gebildet werde, deren elektrische Massen gleich, aber von entgegengesetztem Vorzeichen sind, und welche ausserdem dasselbe Volumen, nicht aber den gleichen Mittelpunkt besitzen (cf. Bd. I § 47). Wir bezeichnen mit $+m$ und $-m$ die Massen der beiden Kugeln; mit x_1, y_1, z_1 die Koordinaten des Mittelpunkts der positiven Kugel, mit $x_2=x_1-\xi$; $y_2=y_1-\eta$; $z_2=z_1-\zeta$ diejenige des Mittelpunkts der negativen Kugel; dann haben ξ, η, ζ dieselbe Bedeutung, wie im Anfange des Paragraphen.

Für die X-Komponente des Stromes, welcher von der relativen Verschiebung der beiden Kugeln herrührt, finden wir:

$$u\,d\tau=m\frac{\partial x_1}{\partial t}-m\frac{\partial x_2}{\partial t}=m\frac{\partial\xi}{\partial t}=d\tau\frac{\partial f}{\partial t},$$

und analog:

$$v=\frac{\partial g}{\partial t},$$

$$w=\frac{\partial h}{\partial t}.$$

41. Das elektrostatische Potential φ rührt von der Elektricität her, welche sich in den Leitern befindet und von derjenigen, welche die Dielektrika polarisirt; die letzteren verhalten sich wie Magnete. Wir erhalten also:

$$\varphi = \frac{1}{\lambda}\int \frac{\sigma' d\tau'}{r} + \frac{1}{\lambda}\int \left\{ f' \frac{\partial \frac{1}{r}}{\partial x'} + g' \frac{\partial \frac{1}{r}}{\partial y'} + h' \frac{\partial \frac{1}{r}}{\partial z'} \right\} d\tau',$$

wenn wir mit σ' die Dichte im Punkte x, y, z des Leiters bezeichnen.

In dieser Gleichung stellt das erste Integral das von der freien Elektricität der Leiter herrührende Potential dar, das zweite Integral das Potential der in den Dielektrika polarisirten Elektricität.

Für gewöhnlich findet sich die freie Elektricität nur auf der Oberfläche der Leiter. Wir bezeichnen mit $[\sigma]$ die Oberflächendichtigkeit im Punkte x, y, z der betreffenden Oberfläche, mit $[\sigma']$ die Oberflächendichtigkeit im Punkte x', y', z'; ist aber Elektricität nicht nur auf der Oberfläche, sondern auch im Innern der Leiter vorhanden, so soll σ die Volumendichtigkeit derselben im Punkte x, y, z des Leiters bedeuten. Dann finden wir:

$$\lambda\varphi = \int \frac{\sigma' d\tau'}{r} + \int \frac{[\sigma'] d\omega'}{r} + \int \left\{ f' \frac{\partial \frac{1}{r}}{\partial x'} + g' \frac{\partial \frac{1}{r}}{\partial y'} + h' \frac{\partial \frac{1}{r}}{\partial z'} \right\} d\tau';$$

hierbei ist das erste Integral über alle Volumenelemente $d\tau'$ der Leiter zu erstrecken, das dritte über alle Elemente $d\tau'$ der Dielektrika, und das zweite über alle Elemente $d\omega'$ der Oberfläche, welche die Leiter von den Dielektrika trennt.

Das dritte Integral lässt sich durch theilweise Integration umformen und gibt:

$$(3) \quad \int \left\{ f' \frac{\partial \frac{1}{r}}{\partial x'} + g' \frac{\partial \frac{1}{r}}{\partial y'} + h' \frac{\partial \frac{1}{r}}{\partial z'} \right\} d\tau' = \frac{1}{r}\int (l' f' + m' g' + n' h')\, d\omega'$$

$$- \frac{1}{r}\int \left(\frac{\partial f'}{\partial x'} + \frac{\partial g'}{\partial y'} + \frac{\partial h'}{\partial z'} \right) d\tau'.$$

Hierbei muss auf der rechten Seite das erste Integral über alle Elemente $d\omega'$ der Oberfläche ausgedehnt werden, welche die Dielektrika begrenzt, und das zweite über alle Volumelemente der Dielektrika.

Um die Schreibweise in der Gleichung (3) nicht zu kompliciren, habe ich angenommen, dass die Eigenschaften des Dielektrikum sich stetig ändern, so dass f, g, h stetige Funktionen sind. Handelt es sich also um mehrere verschiedene Dielektrika, so nehme ich an, wie ich dies in der Vorrede bereits auseinandergesetzt habe, dass dieselben durch eine sehr dünne Uebergangsschicht von einander getrennt sind. Dagegen würden die Dielektrika von den Leitern durch eine geometrische Oberflächenschicht getrennt sein, so dass die Eigenschaften des Medium sich sehr rasch ändern, wenn man diese Schicht durchsetzt.

Wir schreiben nun

$\varrho = \sigma$ für die Leiter,

$\varrho = -\frac{\partial f}{\partial x} - \frac{\partial g}{\partial y} - \frac{\partial h}{\partial z}$ für die Dielektrika,

$[\varrho] = [\sigma] + lf + mg + nh$ an der Trennungsfläche der Leiter und der Dielektrika;

dann kommt:

$$\lambda \varphi = \int \varrho' \frac{d\tau'}{r} + \int \frac{[\varrho'] \, d\omega'}{r}.$$

Es wird mit anderen Worten alles so vor sich gehen, als ob man einerseits Elektricität mit der Dichtigkeit ρ über den ganzen Raum vertheilt hätte, und andrerseits solche mit der Oberflächendichtigkeit $[\rho]$ auf der Oberfläche der Leiter.

Es ist leicht, sich von diesem Resultate Rechenschaft zu geben. Man weiss, dass bei einem Magneten sich alles so verhält, als ob die magnetische Dichtigkeit im Innern $= -\frac{\partial A}{\partial x} - \frac{\partial B}{\partial y} - \frac{\partial C}{\partial z}$ wäre, und die Oberflächendichtigkeit auf der Oberfläche des Magneten $= Al + Bm + Cn$. Da die Dielektrika den Magneten analog sind, so spielt sich alles so ab, als ob man im Innern derselben eine Dichtigkeit der Elektricität $-\frac{\partial f}{\partial x} - \frac{\partial g}{\partial y} - \frac{\partial h}{\partial z}$ und auf der Oberfläche eine Dichtigkeit $lf + mg + nh$ besässe.

Fasst man also die Trennungsfläche eines Leiters und eines Dielektrikum in's Auge, welches beispielsweise ausserhalb dieser Trennungsfläche liegen möge, so haben wir im Innern dieser Oberfläche eine unendlich dünne elektrische Schicht von der Dichtigkeit $[\sigma]$, welche von der freien Elektricität des Leiters herrührt, und andrerseits ausserhalb dieser Oberfläche eine unendlich dünne Schicht von der Dichtigkeit $(lf + mg + nh)$, die von der Polarisation des Dielektrikum herrührt.

Der ganze Vorgang wird also schliesslich so verlaufen, als ob wir es mit einer einzigen Schicht von der Dichte $[\varrho]$ zu thun hätten.

Es ist wesentlich, dass man diese beiden Oberflächendichtigkeiten $[\varrho]$ und $[\sigma]$, deren Definition sehr verschieden ist, nicht verwechselt.

In einem Dielektrikum hat man:

$$\frac{\partial f}{\partial x} + \frac{\partial g}{\partial y} + \frac{\partial h}{\partial z} = -\varrho$$

und man kommt, durch Differentiation nach der Zeit, wieder zu der Kontinuitätsgleichung

$$\frac{\partial u}{\partial x} + \frac{\partial v}{\partial y} + \frac{\partial w}{\partial z} = -\frac{\partial \varrho}{\partial t}.$$

42. Hier müssen wir noch eine Bemerkung einfügen. Ein elektrisches Molekül im Innern einer Mosotti'schen Kugel ist einer elektrostatischen Kraft unterworfen, deren X-Komponente die Grösse besitzt:

$$X = -\frac{\partial \varphi}{\partial x} - \frac{4\pi f}{K - \lambda}. \tag{4}$$

Man könnte sich wundern, dass diese Kraft nicht blos die Derivirte des Potentials mit dem entgegengesetzten Vorzeichen ist. Dies kommt jedoch daher, dass das Dielektrikum kein homogenes Medium ist, und das Potential sich in Folge dessen unregelmässig verändert; im statischen Zustande z. B. ist es im Innern einer jeden Mosotti'schen Kugel konstant, dagegen ausserhalb derselben variabel. Ein Beobachter, welcher das Dielektrikum in gerader Linie durchschritte, würde bemerken, dass das Potential sich etwa wie die Kurve M'N' der Fig. 8 ändert; diese Kurve enthält Windungen.

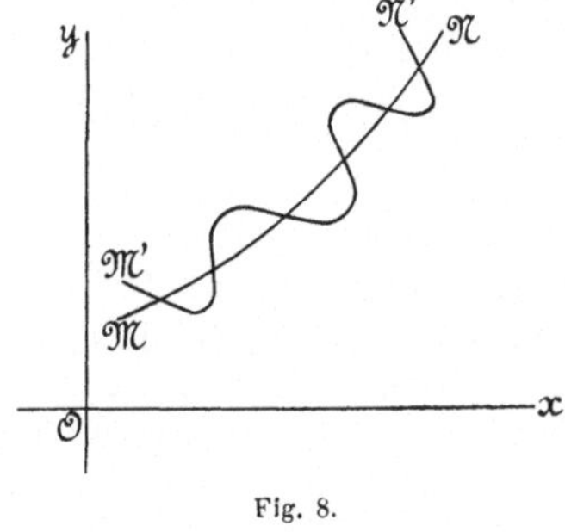

Fig. 8.

Die durch die Gleichungen von § 37 definirte Funktion φ ist im Gegensatze dazu stetig, wie alle ihre Derivirten, und nur unter dieser Bedingung kann sie mit Vortheil in die Rechnungen eingeführt werden. Diese Funktion φ, welche man als mittleres Potential bezeichnen könnte, ist also streng genommen nicht gleich dem wirklichen Potential, aber der Unterschied ist sehr gering und von derselben Grössenordnung wie der Zwischenraum zwischen zwei Mosotti'schen Kugeln[1]).

Dies wahre Potential schwankt um einen mittleren Werth φ; die beiden Kurven, welche das wahre Potential (M' N') und das mittlere Potential MN darstellen, sind sich äusserst nahe, *aber die dazugehörigen Tangenten sind sehr verschieden*, und daher kommt es auch, dass die Kraft, welche bis auf das Vorzeichen mit der Derivirten des wahren Potentials übereinstimmt, von der Derivirten des mittleren Potentials stark abweicht.

43. Ausdruck für die elektrostatische Energie bei den Dielektrika. Eine elektromotorische Kraft (X, Y, Z), welche an der im Punkte (x, y, z) gelegenen elektrischen Masse m angreift, leistet in der Zeit dt die Arbeit

$$m\left(X\frac{\partial x}{\partial t}+Y\frac{\partial y}{\partial t}+Z\frac{\partial z}{\partial t}\right)dt.$$

Für die sämmtlichen Massen des Elements $d\tau$ ist die X-Komponente der auf die Zeiteinheit bezogenen Arbeit

---

[1]) Fasst man beispielsweise einen ausserhalb dieser Kugeln gelegenen Punkt in's Auge, so ist das mittlere Potential gleich dem Integral

$$\int\left(f'\frac{\partial\frac{1}{r}}{\partial x'}+g'\frac{\partial\frac{1}{r}}{\partial y'}+h'\frac{\partial\frac{1}{r}}{\partial z'}\right)d\tau'$$

und das wahre Integral gleich der Summe

$$\sum\left(f'\frac{\partial\frac{1}{r}}{\partial x'}+g'\frac{\partial\frac{1}{r}}{\partial y'}+h'\frac{\partial\frac{1}{r}}{\partial z'}\right)\Delta\tau',$$

die man erhält, wenn man das Volumen des Dielektrikum in Elemente $\Delta\tau'$ zerlegt, von denen jedes eine einzige Mosotti'sche Kugel enthält und in Folge dessen eine endliche, wenn auch nur sehr geringe Grösse besitzt.

Hieraus lässt sich ersehen, bis zu welchem Grade der Annäherung das „mittlere Potential" mit dem „wahren Potential" übereinstimmt. Die Unterschiede zwischen beiden sind ohne Belang, denn einerseits hindert nichts, die Kugeln so klein anzunehmen, als man will, und andererseits dürfen die Hypothesen nur als bequeme Hülfsmittel zur Erklärung der Verhältnisse aufgefasst werden; an sich werden sie wahrscheinlich den Thatsachen keineswegs entsprechen. Nichtsdestoweniger glaubte ich alle diese Details berühren zu sollen, um damit einen scheinbaren Widerspruch zu beseitigen.

$$X \sum m \frac{\partial x}{\partial t} = X\, u\, d\tau,$$

und für das ganze Volumen

$$\int (Xu + Yv + Zw)\, d\tau.$$

Nun gilt, nach Gleichung (4) § 42

$$X = -\frac{\partial \varphi}{\partial x} - \frac{4\pi f(1-\varepsilon)}{3\lambda\varepsilon} = -\frac{\partial \varphi}{\partial x} - \frac{4\pi f}{K-\lambda},$$

$$Y = -\frac{\partial \varphi}{\partial y} - \frac{4\pi g}{K-\lambda},$$

$$Z = -\frac{\partial \varphi}{\partial z} - \frac{4\pi h}{K-\lambda}.$$

Die mit dem umgekehrten Vorzeichen versehene Arbeit wird, wenn man mit U die elektrostatische Energie bezeichnet, $\frac{\partial U}{\partial t}$; wir erhalten also:

$$\frac{\partial U}{\partial t} = \int \left(u \frac{\partial \varphi}{\partial x} + v \frac{\partial \varphi}{\partial y} + w \frac{\partial \varphi}{\partial z}\right) d\tau + \frac{4\pi}{K-\lambda} \int (uf + vg + wh)\, d\tau.$$

Das erste Integral ist gleich:

$$-\int \varphi \left(\frac{\partial u}{\partial x} + \frac{\partial v}{\partial y} + \frac{\partial w}{\partial z}\right) d\tau = \int \varphi \frac{\partial \varrho}{\partial t}\, d\tau.$$

Nun ist aber

$$\lambda \Delta \varphi = -4\pi\varrho,$$

folglich wird das Integral

$$\int \varphi \frac{\partial \varrho}{\partial t}\, d\tau = -\frac{1}{4\pi} \int \lambda \varphi \frac{\partial \Delta \varphi}{\partial t}\, d\tau = -\frac{\lambda}{4\pi} \int \varphi \Delta \frac{\partial \varphi}{\partial t}\, d\tau$$

$$= \frac{\lambda}{4\pi} \int \sum \frac{\partial \varphi}{\partial x} \cdot \frac{\partial^2 \varphi}{\partial x\, \partial t}\, d\tau = \frac{\lambda}{8\pi} \cdot \frac{\partial}{\partial t} \int \left[\left(\frac{\partial \varphi}{\partial x}\right)^2 + \left(\frac{\partial \varphi}{\partial y}\right)^2 + \left(\frac{\partial \varphi}{\partial z}\right)^2\right] d\tau.$$

Das zweite Integral ist

$$\int \sum u f \, d\tau = \int \sum f \frac{\partial f}{\partial t} \, d\tau = \frac{1}{2} \cdot \frac{\partial}{\partial t} \int (f^2 + g^2 + h^2) \, d\tau,$$

folglich erhalten wir im Ganzen:

$$\frac{\partial \mathrm{U}}{\partial t} = \frac{\lambda}{8\pi} \cdot \frac{\partial}{\partial t} \int \left[\left(\frac{\partial \varphi}{\partial x} \right)^2 + \left(\frac{\partial \varphi}{\partial y} \right)^2 + \left(\frac{\partial \varphi}{\partial z} \right)^2 \right] d\tau$$

$$+ \frac{2\pi}{\mathrm{K} - \lambda} \cdot \frac{\partial}{\partial t} \int (f^2 + g^2 + h^2) \, d\tau .$$

Wir nehmen an, dass sich im Anfange alle Leiter im neutralen Zustande befinden, und dass dann weder freie Elektricität noch Strom vorhanden ist; es gilt somit für $t = 0$:

$$\mathrm{U} = 0$$

und für irgend welchen späteren Augenblick:

$$\mathrm{U} = \frac{\lambda}{8\pi} \int \left[\left(\frac{\partial \varphi}{\partial x} \right)^2 + \left(\frac{\partial \varphi}{\partial y} \right)^2 + \left(\frac{\partial \varphi}{\partial z} \right)^2 \right] d\tau + \frac{2\pi}{\mathrm{K} - \lambda} \int (f^2 + g^2 + h^2) \, d\tau .$$

44. Dies ist der allgemeine Ausdruck für die elektrostatische Energie. Hat man es nur mit elektrostatischen Erscheinungen zu thun, so vereinfacht sich der Ausdruck; es ist dann nämlich (cf. (2) § 40)

$$f = -\frac{\mathrm{K} - \lambda}{4\pi} \cdot \frac{\partial \varphi}{\partial x} \quad \text{u. s. w.,}$$

also:

$$\frac{2\pi}{\mathrm{K} - \lambda} f^2 = \frac{\mathrm{K} - \lambda}{8\pi} \left(\frac{\partial \varphi}{\partial x} \right)^2,$$

demnach:

$$\mathrm{U} = \int d\tau \left[\frac{\lambda}{8\pi} \sum \left(\frac{\partial \varphi}{\partial x} \right)^2 + \frac{\mathrm{K} - \lambda}{8\pi} \sum \left(\frac{\partial \varphi}{\partial x} \right)^2 \right],$$

und endlich

$$\mathrm{U} = \frac{\mathrm{K}}{8\pi} \int \left[\left(\frac{\partial \varphi}{\partial x} \right)^2 + \left(\frac{\partial \varphi}{\partial y} \right)^2 + \left(\frac{\partial \varphi}{\partial z} \right)^2 \right] d\tau . \tag{5}$$

Andererseits gilt für das Innere der Leiter

$$\varphi = \text{Const.}, \tag{6}$$

während für das Innere der Dielektrika die Poisson'sche Gleichung liefert:

$$\lambda \Delta \varphi = -4\pi \varrho = 4\pi \sum \frac{\partial f}{\partial x},$$

hieraus folgt:

$$\lambda \sum \frac{\partial^2 \varphi}{\partial x^2} = -\sum \frac{\partial}{\partial x}\left[(\text{K} - \lambda) \frac{\partial \varphi}{\partial x} \right],$$

oder:

$$\sum \frac{\partial}{\partial x}\left(\text{K} \frac{\partial \varphi}{\partial x} \right) = 0. \tag{7}$$

Wir fassen nun einen Punkt der Trennungsfläche zwischen Leiter und Dielektrikum in's Auge, und setzen der allgemein angenommenen Bezeichnungsweise gemäss:

$$\frac{\partial \varphi}{\partial n} = l \frac{\partial \varphi}{\partial x} + m \frac{\partial \varphi}{\partial y} + n \frac{\partial \varphi}{\partial z}. \tag{8}$$

Bedenken wir hierbei, dass φ im Innern der Leiter konstant ist, so erhalten wir für einen im Dielektrikum, aber unendlich nahe an der Trennungsfläche gelegenen Punkt

$$\lambda \frac{\partial \varphi}{\partial n} = -4\pi [\varrho].$$

Für $[\varrho]$ hatten wir gesetzt:

$$[\varrho] = [\sigma] + l f + m g + n h,$$

wobei wir unter l, m, n die Richtungskosinus der nach dem Leiter gerichteten Normalen verstanden; nehmen wir dagegen wie in (8) an, dass l, m, n die Richtungskosinus der nach dem Dielektrikum hin gerichteten Normalen bezeichnen, so haben wir zu setzen:

$$[\varrho] = [\sigma] - \sum l f.$$

Demnach erhalten wir:

$$\lambda \frac{\partial \varphi}{\partial n} = -4\pi [\sigma] + 4\pi \sum l f = -4\pi [\sigma] - (\text{K} - \lambda) \sum l \frac{\partial \varphi}{\partial x}$$

$$= -4\pi [\sigma] - (\text{K} - \lambda) \frac{\partial \varphi}{\partial n},$$

oder endlich:

$$\text{(9)} \qquad K \frac{\partial \varphi}{\partial n} = -4\pi [\sigma].$$

Ausserdem ist noch zu bemerken, dass die

$$\text{(10)} \qquad \text{Ladung eines beliebigen Leiters} = \int [\sigma]\, d\omega$$

ist, wobei sich die Integration über alle Oberflächenelemente $d\omega$ dieses Leiters zu erstrecken hat.

Die Gleichungen (6), (7), (9) und (10) genügen, um die Funktion φ kennen zu lernen, wenn man die Ladung eines jeden Leiters kennt.

Die Gleichung (5) bestimmt ferner die Energie U, und da wir wissen, dass die virtuelle Arbeit der elektrostatischen Anziehungen dem virtuellen Zuwachse dieser Energie entspricht, so können wir hieraus den Werth dieser Anziehungen berechnen.

Demnach lehren uns, wenn wir die Ladung und die Stellung eines jeden Leiters kennen, die Gleichungen (5), (6), (7), (9) und (10) die elektrostatischen Anziehungen kennen. Aber in diesen Gleichungen kommt λ nicht vor, sondern nur das Induktionsvermögen K.

Bei gegebenen Ladungen und Stellungen der Leiter, *welche allein den elektrostatischen Untersuchungen zugänglich sind,* hängen also die elektrostatischen Anziehungen nicht von λ ab; durch diese Untersuchungen können wir also die Grösse λ nicht kennen lernen, sondern nur das Induktionsvermögen K, das gleichzeitig eine Funktion von λ und von ε ist.

Wir wollen mit K_0 das Induktionsvermögen des leeren Raumes und mit ε_0 den Werth von ε für den leeren Raum bezeichnen.

Bei den alten Theorien setzt man voraus, dass der leere Raum keine Mosotti'schen Kugeln enthält, dass darin also eine elektrische Polarisation nicht stattfindet, d. h., dass $\varepsilon_0 = 0$ ist.

Hieraus folgt aber (cf. § 40)

$$\lambda = K_0$$

und für ein beliebiges Dielektrikum:

$$\varepsilon = \frac{K - K_0}{K + 2K_0}.$$

Es nöthigt uns aber nichts zu der Annahme, dass $\varepsilon_0 = 0$ ist. So war man ebenfalls bei der Theorie vom inducirten Magnetismus, nachdem man ursprünglich für den leeren Raum $\varkappa = 0$, $\mu = 1$ vorausgesetzt hatte, schliesslich genöthigt worden, zur Erklärung des Diamagnetismus anzunehmen, dass im leeren Raume μ grösser als 1, mit anderen Worten, dass der leere Raum schwach magnetisch ist (cf. § 39). Hier lässt sich eine analoge Annahme machen.

Da die elektrostatischen Untersuchungen uns nur über K und K_0 Aufschluss geben, *so lassen sich die elektrostatischen Erscheinungen für jeden Werth von λ erklären, der kleiner ist als K_0*, vorausgesetzt, dass gleichzeitig gilt:

$$\varepsilon_0 = \frac{K_0 - \lambda}{K_0 + 2\lambda}$$

und für ein beliebiges Dielektrikum[1]):

$$\varepsilon = \frac{K - \lambda}{K + 2\lambda}.$$

Hierbei ist K eine Funktion von λ und von ε, aber weder λ noch ε treten getrennt in dem Ausdrucke für die elektrostatische Energie auf. Verändert man gleichzeitig λ und ε in der Weise, dass K sich nicht ändert, so wird die dem Experimente zugängliche Grösse doch ungeändert bleiben; die elektrostatischen Erscheinungen werden uns also über den Werth von λ keinen Aufschluss geben können.

45. Nach den gebräuchlichen Theorien von Mosotti ist $\varepsilon_0 = 0$, also $K_0 = \frac{\lambda(1 + 2\varepsilon_0)}{1 - \varepsilon_0} = \lambda$; zwei in der Einheit der Entfernung befindliche elektrische Einheiten stossen sich demnach mit der Kraft $\frac{1}{\lambda} = \frac{1}{K_0}$ ab. Man kann aber die Erscheinungen auch unter der Annahme erklären, dass ε_0 für Luft und den leeren Raum nicht Null ist. Dann ist $K_0 > \lambda$ und $\frac{1}{\lambda} > \frac{1}{K_0}$. Die thatsächliche Ab-

[1]) Diese Formeln setzen voraus, dass man mit Poisson und Mosotti die leitenden Theile des Dielektrikum als kugelförmig annimmt. Jedoch hat diese Hypothese keine wesentliche Bedeutung, sie dient vielmehr nur zur Vereinfachung der Rechnungen. Würde man für die leitenden Theile eine ganz beliebige Form voraussetzen, so gelangte man zu vollständig analogen Resultaten und fände

$$K = \lambda\varphi(\varepsilon),$$

wobei $\varphi(\varepsilon)$ eine Funktion bedeutet, welche sich verhält wie $\frac{1 + 2\varepsilon}{1 - \varepsilon}$, welche also mit wachsendem ε zunimmt, für $\varepsilon = 0$ den Werth Eins und für $\varepsilon = 1$ den Werth Unendlich annimmt.

stossung zwischen zwei elektrischen Einheiten in diesem Falle ist zwar grösser als $\frac{1}{K_0}$, aber die beobachtete Abstossung im leeren Raum ist immer $= \frac{1}{K_0}$, sie bleibt ungeändert, und ist nur kleiner als die thatsächliche Abstossung wegen der entgegengesetzten Wirkung der polarisirten Kugeln. *Die Maxwell'sche Theorie beruht auf der Annahme, dass $\lambda = 0$ ist.* Damit dann K endlich bleibt, muss $\varepsilon = 1$ sein, d. h., die leitenden Theile nehmen das gesammte Volumen des Dielektrikum ein. Dies kommt auf die Vorstellung hinaus, dass die Dielektrika aus leitenden Zellen bestehen, welche durch isolirende Zwischenwände von einander getrennt sind, deren Dicke im Vergleiche zu den Dimensionen dieser Zellen unendlich gering ist[1]) (cf. I. Band § 61 u. s. w.). Die thatsächliche Abstossung zwischen zwei Einheitsmolekülen würde für $\lambda = 0$ unendlich gross werden, die beobachtete Abstossung zwischen zwei solchen Molekülen, die sich in einem Dielektrikum befinden, ist aber endlich.

Die gewöhnlichen elektrodynamischen Erscheinungen hängen von λ nicht ab, sie können also auch nicht dazu dienen, uns zur Kenntniss von λ zu verhelfen. Für konstante Ströme ist nämlich $\frac{\partial F}{\partial t} = 0$, und die Gleichung (2) des § 40 lässt sich demnach schreiben:

$$\frac{4\pi f}{K - \lambda} = -\frac{\partial \varphi}{\partial x}$$

(da nämlich die von uns mit X bezeichneten elektromotorischen Kräfte verschiedenen Ursprungs im Allgemeinen Null sind).

Hat man es mit veränderlichen Strömen gewöhnlicher Art zu thun, so ist $\frac{\partial F}{\partial t}$ meist zu vernachlässigen, und man muss schon zu sehr rasch verlaufenden Wechselströmen greifen, wie sie beispielsweise bei den Hertz'schen Versuchen vorkommen, wenn $\frac{\partial F}{\partial t}$ eine solche Grösse erhalten soll, dass der Einfluss dieses Terms auf λ merklich wird.

Die Maxwell'sche Theorie ist also im Grunde genommen eher ein Grenzfall der Helmholtz'schen Theorie zu nennen, als ein specieller Fall. Um von der einen zur anderen Theorie

[1]) Dies darf nicht wörtlich genommen werden, denn es wäre schwierig, sich vorzustellen, dass der leere Raum wirklich eine ähnliche Beschaffenheit zeigte. Wir haben in dieser Annahme vielmehr nur eine Ausdrucksweise für die Thatsache zu sehen, dass in einem Dielektrikum die Elektricität nicht strömt, dass vielmehr nur eine Polarisation auftritt.

überzugehen, hat man der Grösse λ einen **unendlich kleinen Werth** zu geben.

Wir wollen nun zusehen, was in diesem Falle aus den verschiedenen früher betrachteten Grössen wird:

1. Das elektrostatische Potential, ebenso wie die Dichtigkeiten σ und $[\sigma]$, welche nach § 41 von dem Werthe von λ nicht abhängen, bleiben **endlich**.

2. Im Gegensatze dazu sind die Dichtigkeiten, welche wir ϱ und $[\varrho]$ genannt haben, unendlich klein von derselben Ordnung wie λ.

Man kann sich wundern, dass das Potential φ und die elektrostatischen Anziehungen endlich bleiben, auch wenn die elektrischen Dichtigkeiten ϱ und $[\varrho]$ unendlich klein sind; aber ich erinnere an Folgendes.

1. Wir haben gefunden:

$$\varphi = \int \frac{[\varrho'] \, d\omega'}{\lambda r} + \int \frac{\varrho' \, d\tau'}{\lambda r},$$

woraus folgt, dass φ endlich ist, wenn ϱ, $[\varrho]$ und λ unendlich klein von derselben Ordnung sind.

2. Die Arbeit der elektrostatischen Kräfte, welche gleich der Variation der durch die Gleichung (5) des § 44 definirten Funktion U ist, bleibt ebenfalls endlich.

Man kann sich übrigens die Sache auch noch auf eine andere Weise erklären.

Wir bedenken, wie ich es bereits im ersten Bande auseinandergesetzt habe, dass nach der von uns adoptirten Ansicht die Dielektrika aus leitenden Zellen bestehen, welche durch unendlich dünne Zwischenschichten getrennt sind, und dass jede dieser isolirenden Schichten einen Kondensator darstellt, dessen Belegungen durch die benachbarten Zellen gebildet werden. Diese beiden Belegungen enthalten gleiche Ladungen von entgegengesetztem Vorzeichen q und $-q$; da die Zwischenschicht unendlich dünn ist, so ist die Wirkung der beiden Ladungen auf einen äusseren Punkt von derselben Grössenordnung wie die Dicke δ der Schicht, dividirt durch λ und multiplicirt mit q. Sind also, wie wir es voraussetzen, δ und λ von derselben Grössenordnung, so wird diese Wirkung von der Ordnung von q sein.

Was die Berechnung der elektrostatischen Wirkungen betrifft, so haben wir hier zwei Bemerkungen zu machen.

1. Wir gingen bei dieser Berechnung vom Ausdrucke U aus. Man gebraucht aber in der Elektrostatik häufig eine andere Methode,

welche auf einen freien Leiter anwendbar ist, der sich in einem nicht polarisirbaren Dielektrikum befindet ($\varepsilon = 0$). Man betrachtet nämlich die verschiedenen auf der Oberfläche der Leiter ausgebreiteten elektrischen Moleküle, sowie die Kräfte, denen dieselben unterworfen sind, und setzt diese letzteren nach den Gesetzen der Statik zusammen. Wollte man diese Methode auf einen Leiter anwenden, der sich in einem nach der Ansicht von Mosotti zusammengesetzten polarisirbaren Dielektrikum befindet, so würde man zu falschen Resultaten gelangen, und bezöge man dieselbe auf den Fall, wo das Dielektrikum nach der Theorie von Maxwell und nach den Ideen zusammengesetzt ist, wie sie in diesem Paragraphen besprochen wurden, so fände man eine unendlich grosse Anziehungskraft. Der betreffende Leiter könnte sich nämlich nicht verschieben, ohne die Mosotti'schen Kugeln oder die leitenden Zellen zu zerstören, dies aber würde eine negative elektrostatische Arbeit und demnach einen Widerstand zur Folge haben, der berücksichtigt werden muss.

2. Man darf zur Berechnung von U nicht ausgehen von der Formel:

$$U = \frac{1}{2} \int \varrho \varphi \, d\tau ,$$

denn, da $\varrho = 0$ ist, so würden wir $U = 0$ erhalten.

Die Funktion ist nämlich nicht stetig, da sie sich plötzlich ändert, wenn man von einer Zelle zur nächsten übergeht. Kommen wir nochmals auf die kleinen Kondensatoren zurück, von denen ich soeben sprach, und nennen q und q' die Ladungen der beiden Belegungen, φ und φ' ihr Potential, dann wird $q + q'$ von der Ordnung von λ sein, es liegt aber kein Grund vor, warum dies auch bei $q\varphi + q'\varphi'$ der Fall sein sollte, da $\varphi - \varphi'$ nicht unendlich klein von der Ordnung von λ ist.

Wir haben weiter:

$$\int \varrho \, d\tau = \sum (q + q') ,$$

$$\int \varrho \varphi \, d\tau = \sum (q \varphi + q' \varphi') ,$$

wobei die Integrale auf ein beliebiges Volumen zu erstrecken sind, und die Summationen auf die sämmtlichen in diesem Volumen enthaltenen kleinen Kondensatoren.

Man erkennt also, wie das erste Integral Null werden kann, ohne dass das zweite es zu sein braucht.

46. Fortpflanzungsgeschwindigkeiten der elektromagnetischen Störungen. Wir sehen nun zu, wie sich nach den verschiedenen elektromagnetischen Theorien die elektrodynamischen Störungen fortpflanzen müssen. Wenn sich die Fortpflanzungsgeschwindigkeiten, welche Funktionen der Grössen λ, k und K sind, experimentell bestimmen lassen, so werden wir dadurch in den Stand gesetzt, eine dieser Grössen zu ermitteln.

Es bestehen zehn Gleichungen zwischen den partiellen Differentialquotienten, welche die zehn Grössen u, v, w, α, β, γ, F, G, H und φ definiren. Für ein Dielektrikum mit dem specifischen Induktionsvermögen K gilt nämlich:

$$\frac{4\pi f}{K-\lambda} = -\frac{\partial\varphi}{\partial x} - \frac{\partial F}{\partial t},$$

oder durch Differentiation nach t:

$$\left\{\begin{aligned} \frac{4\pi u}{K-\lambda} &= -\frac{\partial^2\varphi}{\partial x\,\partial t} - \frac{\partial^2 F}{\partial t^2}, \\ \frac{4\pi v}{K-\lambda} &= -\frac{\partial^2\varphi}{\partial y\,\partial t} - \frac{\partial^2 G}{\partial t^2}, \\ \frac{4\pi w}{K-\lambda} &= -\frac{\partial^2\varphi}{\partial z\,\partial t} - \frac{\partial^2 H}{\partial t^2}. \end{aligned}\right.$$

Andererseits fanden wir nach Formel (15) § 29:

$$4\pi u = \frac{\partial\gamma}{\partial y} - \frac{\partial\beta}{\partial z} + \lambda\frac{\partial^2\varphi}{\partial x\,\partial t},$$

sowie nach Formel (19) § 36:

$$a = \mu\alpha = \frac{\partial H}{\partial y} - \frac{\partial G}{\partial z}$$

und endlich nach § 26 (11):

$$J = \frac{\partial F}{\partial x} + \frac{\partial G}{\partial y} + \frac{\partial H}{\partial z} = -k\lambda\frac{\partial\varphi}{\partial t}.$$

Wir nehmen nun das Vorhandensein einer elektromagnetischen Störung in dem Dielektrikum an, und zwar möge sich eine zu OX senkrechte, ebene Welle in dem Medium fortpflanzen; dann hängen die in den Gleichungen vorkommenden Grössen nur von x und von t ab; die Gleichungen gehen also über in:

(I) $$\frac{4\pi u}{K-\lambda} = -\frac{\partial^2 \varphi}{\partial x \partial t} - \frac{\partial^2 F}{\partial t^2},$$

(II) $$\frac{4\pi v}{K-\lambda} = -\frac{\partial^2 G}{\partial t^2},$$

(III) $$\frac{4\pi w}{K-\lambda} = -\frac{\partial^2 H}{\partial t^2},$$

(IV) $$4\pi u = \lambda \frac{\partial^2 \varphi}{\partial x \partial t},$$

(V) $$4\pi v = -\frac{\partial \gamma}{\partial x},$$

(VI) $$4\pi w = \frac{\partial \beta}{\partial x},$$

(VII) $$\mu \alpha = 0,$$

(VIII) $$\mu \beta = -\frac{\partial H}{\partial x},$$

(IX) $$\mu \gamma = \frac{\partial G}{\partial x},$$

(X) $$\frac{\partial F}{\partial x} = -k\lambda \frac{\partial \varphi}{\partial t}.$$

1. Wir untersuchen zuerst Longitudinalwellen, und setzen voraus, dass

$$G = H = v = w = \alpha = \beta = \gamma = 0.$$

Dann bleibt nur noch F, φ und u zu bestimmen, und zwar müssen diese den drei Gleichungen (I), (IV) und (X) genügen; die anderen Gleichungen werden von selbst erfüllt.

Aus (I) und (IV) erhalten wir:

$$\frac{\lambda}{K-\lambda} \cdot \frac{\partial^2 \varphi}{\partial x \partial t} = -\frac{\partial^2 \varphi}{\partial x \partial t} - \frac{\partial^2 F}{\partial t^2}$$

und hieraus wieder:

$$\frac{\partial^2 F}{\partial t^2} = -\frac{K}{K-\lambda} \cdot \frac{\partial^2 \varphi}{\partial x \partial t}.$$

Ausserdem liefert die Gleichung (X)

$$\frac{\partial^2 F}{\partial x^2} = -k\lambda \frac{\partial^2 \varphi}{\partial x \partial t}.$$

Aus diesen beiden Gleichungen folgt:

$$\frac{\partial^2 F}{\partial t^2} = \frac{K}{(K-\lambda)\, k\, \lambda} \cdot \frac{\partial^2 F}{\partial x^2}.$$

Die Fortpflanzungsgeschwindigkeit der Longitudinalwellen ist demnach:

$$V_1 = \sqrt{\frac{K}{(K-\lambda)\, k\, \lambda}}.$$

2. Transversalwellen. Man kann den Bedingungen genügen, wenn man setzt:

$$F = H = u = w = \alpha = \beta = \varphi = 0.$$

Dann bleiben noch G, γ und v und die drei Gleichungen (II), (V) und (IX) übrig.

Durch Vergleichung von (II) und (V) kommt:

$$\frac{1}{K-\lambda} \cdot \frac{\partial \gamma}{\partial x} = \frac{\partial^2 G}{\partial t^2}.$$

Durch Differentiation von (IX) nach x finden wir aber:

$$\frac{\partial \gamma}{\partial x} = \frac{1}{\mu} \cdot \frac{\partial^2 G}{\partial x^2},$$

und somit erhalten wir:

$$\frac{\partial^2 G}{\partial t^2} = \frac{1}{\mu(K-\lambda)} \cdot \frac{\partial^2 G}{\partial x^2}.$$

Die Fortpflanzungsgeschwindigkeit ist also:

$$V_2 = \sqrt{\frac{1}{\mu(K-\lambda)}}.$$

47. In bestimmten Fällen kann sich die Longitudinalwelle nicht fortpflanzen, und zwar, wenn $k=0$, $\lambda=0$, $K=\lambda$ ist; die Fortpflanzungsgeschwindigkeit ist nämlich dann unendlich gross. Dies ist die Annahme von Maxwell; nach ihr sind die Schwingungen transversal gerichtet.

Bei den Transversalwellen wird die Fortpflanzungsgeschwindigkeit unendlich gross für $\lambda = K$. Dies stimmt überein mit der alten Theorie von Mosotti, nach welcher λ gleich dem Werthe K_0 für das Induktionsvermögen des leeren Raumes, und $\mu_0 = 1$ ist. Nach dieser

Theorie findet im leeren Raume oder in der Luft weder eine Fortpflanzungsgeschwindigkeit der Transversal- noch der Longitudinalwellen statt.

Nach der Maxwell'schen Theorie kommen nur Transversalschwingungen vor, und zwar ist ihre Fortpflanzungsgeschwindigkeit V_2 gleich derjenigen des Lichtes v. Für ein elektromagnetisches System ist erfahrungsgemäss K_0 der reciproke Werth des Quadrates der Lichtgeschwindigkeit, $\mu_0 = 1$. Gibt man λ den Werth 0, so folgt $V_2 = v$; für $\lambda > 0$ erhält man einen Werth von V_2, der grösser ist, als die Lichtgeschwindigkeit. Die Maxwell'sche Theorie ergibt sich also aus der Helmholtz'schen, wenn man in letzterer $\lambda = 0$ setzt.

48. Wir wollen die Gleichungen mit diesem Werthe von λ wieder aufnehmen. Es ist dann

$$\frac{4\pi f}{K} = -\frac{\partial \varphi}{\partial x} - \frac{\partial F}{\partial t},$$

$$4\pi u = \frac{\partial \gamma}{\partial y} - \frac{\partial \beta}{\partial z},$$

$$a = \mu\alpha = \frac{\partial H}{\partial y} - \frac{\partial G}{\partial z},$$

$$J = \frac{\partial F}{\partial x} + \frac{\partial G}{\partial y} + \frac{\partial H}{\partial z} = 0.$$

Differentiiren wir die zweite dieser Gleichungen und die beiden entsprechenden für v und w nach resp. x, y, z und addiren, so erhalten wir

$$\frac{\partial u}{\partial x} + \frac{\partial v}{\partial y} + \frac{\partial w}{\partial z} = 0,$$

d. h. $\frac{\partial \varrho}{\partial t} = 0$. Dies bedeutet aber: Die Elektricität ist inkompressibel, die Ströme sind geschlossen. ϱ ändert sich nicht mit der Zeit; ist also ϱ im Anfang $= 0$, so ist die wirkliche Dichtigkeit der Elektricität immer Null.

Man erkennt, dass bei $\lambda = 0$ das Helmholtz'sche k in die Gleichungen überhaupt nicht eingeht; demnach gelangt man zur Maxwell'schen Theorie, wenn man $\lambda =$ Null setzt und k beliebig lässt.

Helmholtz sagt in seiner Vorrede, dass man von seiner zur Maxwell'schen Theorie gelange, wenn man $k = 0$ setze. Dies ist nicht genau; man erhält wohl unter dieser Bedingung die Gleichung $J = 0$ (§ 26), aber um aus der Formel für V_2 die Geschwindigkeit der Transversalwellen in der Maxwell'schen Form abzuleiten, muss man nothwendigerweise Hülfshypothesen anwenden. Dies führt auch Helmholtz im Verlaufe seiner Arbeit aus und vervollständigt auf diese Weise die in der Vorrede ausgesprochene Behauptung; trotzdem ist Mancher dadurch irre geleitet worden[1]).

Nimmt man dagegen $\lambda = 0$ an, so genügt dies allein schon. Es ist übrigens keineswegs verwunderlich, dass man k nicht einen ganz speciellen Werth ertheilen muss, um die Maxwell'sche Theorie mit der Helmholtz'schen in Einklang zu bringen: Maxwell betrachtet nämlich nur geschlossene Ströme, k muss also immer aus den Gleichungen herausfallen.

Wir haben bis jetzt nur gezeigt, worin die Maxwell'sche Theorie besteht, und wie man sie mit der Helmholtz'schen in Uebereinstimmung bringen kann. Wir müssen nun noch die Gründe angeben, weshalb sie vor allen anderen den Vorzug verdient.

49. Wir kommen nochmals auf die Transversalwellen zurück: Der Strom ist nach OY gerichtet, die magnetische Kraft nach OZ. Diese beiden Störungen, die elektrische und die magnetische, verlaufen in der Wellenebene, stehen aber senkrecht auf einander.

Das Licht ist nach Maxwell eine elektromagnetische Störung; man kann jedoch annehmen, dass die Polarisationsebene des Lichtes auf der Richtung der elektrischen Schwingungen senkrecht steht und die magnetischen Schwingungen enthält, oder auch umgekehrt. Die Frage nach der Richtung der Schwingungen in Bezug auf die Lage der Polarisationsebene scheint im Gebiete der Elektricität der experimentellen Untersuchung besser zugänglich zu sein, als im Gebiete der Optik, und wir dürfen von elektromagnetischen Experimenten Beweise zu Gunsten der einen oder der anderen Hypothese erwarten. Nach Maxwell's Ansicht ist die Richtung der Lichtschwingungen parallel zur Richtung der magnetischen Kraft, diese aber liegt in der Polarisationsebene — entsprechend der Neumann'schen und entgegen der Fresnel'schen Hypothese; der Strom ist senkrecht zur Polarisationsebene gerichtet.

---

[1]) Helmholtz sagt nämlich, um von seiner Theorie zur Maxwell'schen zu gelangen, habe man

$$k = 0\,, \quad \varepsilon = \infty\,, \quad \theta = \infty$$

zu setzen, was nach unserer Bezeichnungsweise heisst

$$k = 0\,, \quad \lambda = 0\,, \quad \varkappa = \infty\,.$$

Es ist nun gar keine Veranlassung dazu vorhanden, $k = 0$ und $\varkappa = \infty$ zu setzen; führt man $\lambda = 0$ ein, so kommt man unmittelbar zur Maxwell'schen Theorie, welches auch die Werthe von k und $\varkappa$ sein mögen.

Eine Bemerkung über die Fortpflanzungsgeschwindigkeit der Longitudinalwellen möge hier noch Platz finden. Ist λ von Null verschieden, so könnte man sich von diesen frei machen, indem man $k = 0$ setzte; zu demselben Resultate würde man gelangen für ein negatives k. Man käme dann zu den Ideen von Cauchy[1]) zurück, in diesem Falle ist jedoch das Gleichgewicht labil, wie wir im § 34 nachgewiesen haben.

Ich habe übrigens auch in der „mathematischen Theorie des Lichtes" auseinandergesetzt, dass der Aether sich im labilen Gleichgewichte befände, wenn die Cauchy'schen Ansichten gültig wären.

[1]) Mathematische Theorie des Lichtes § 47.

Kapitel VI.

Die Einheit der elektrischen Kraft.

50. Wir fanden, dass man, abgesehen von den neuen Hertz'schen Untersuchungen, kein Mittel besass, um die Grösse λ experimentell zu bestimmen. Welche Gründe hatte man dann dafür, der Maxwell'schen Elektrodynamik den Vorzug zu geben? Zunächst lässt sich die Thatsache, dass die Grösse v, das Verhältniss der Einheiten, gleich der Lichtgeschwindigkeit ist, ganz natürlich in dieser Theorie erklären; dies würde im Allgemeinen nicht mehr der Fall sein, wenn λ von Null verschieden wäre.

Aber es gibt noch einen anderen Grund; dieser ist in einer Abhandlung von Hertz[1]) ausgeführt, der die Maxwell'schen Gleichungen in eine symmetrische und sehr elegante Form brachte.

Von den Gleichungen des § 48, welche die Komponenten der elektrischen Verschiebung geben:

$$\begin{cases} \dfrac{4\pi f}{K} = -\dfrac{\partial \varphi}{\partial x} - \dfrac{\partial F}{\partial t}, \\[2ex] \dfrac{4\pi g}{K} = -\dfrac{\partial \varphi}{\partial y} - \dfrac{\partial G}{\partial t}, \\[2ex] \dfrac{4\pi h}{K} = -\dfrac{\partial \varphi}{\partial z} - \dfrac{\partial H}{\partial t}, \end{cases}$$

differentiiren wir die zweite nach z, die dritte nach y und subtrahiren, dann erhalten wir:

$$(1) \qquad \frac{4\pi}{K}\left(\frac{\partial h}{\partial y} - \frac{\partial g}{\partial z}\right) = -\frac{\partial^2 H}{\partial y\,\partial t} + \frac{\partial^2 G}{\partial z\,\partial t} = -\frac{\partial a}{\partial t}$$

und zwei analoge Gleichungen.

---

[1]) Ueber die Beziehungen zwischen den Maxwell'schen elektrodynamischen Grundgleichungen und den Grundgleichungen der gegnerischen Elektrodynamik. Wied. Ann. XXIII S. 84 (1884).

Andrerseits lassen sich die Gleichungen für die Stromkomponenten als Funktion der magnetischen Induktion in der Form schreiben (cf. Bd. I § 167):

$$(2)\quad \begin{cases} 4\pi \dfrac{\partial f}{\partial t} = \dfrac{1}{\mu}\left(\dfrac{\partial c}{\partial y} - \dfrac{\partial b}{\partial z}\right), \\[2ex] 4\pi \dfrac{\partial g}{\partial t} = \dfrac{1}{\mu}\left(\dfrac{\partial a}{\partial z} - \dfrac{\partial c}{\partial x}\right), \\[2ex] 4\pi \dfrac{\partial h}{\partial t} = \dfrac{1}{\mu}\left(\dfrac{\partial b}{\partial x} - \dfrac{\partial a}{\partial y}\right). \end{cases}$$

Aus der Gleichung (1) und der ersten der Gleichungen (2) folgt nun:

$$\begin{cases} (3)\quad \dfrac{\partial a}{\partial t} = -\dfrac{4\pi}{\mathrm{K}}\left(\dfrac{\partial h}{\partial y} - \dfrac{\partial g}{\partial z}\right), \\[2ex] (4)\quad \dfrac{\partial f}{\partial t} = +\dfrac{1}{4\pi\mu}\left(\dfrac{\partial c}{\partial y} - \dfrac{\partial b}{\partial z}\right). \end{cases}$$

Andrerseits hat man:

$$\begin{cases} (5)\quad \dfrac{\partial f}{\partial x} + \dfrac{\partial g}{\partial y} + \dfrac{\partial h}{\partial z} = 0 \quad \text{(cf. Bd. I § 21)} \\[2ex] (6)\quad \dfrac{\partial a}{\partial x} + \dfrac{\partial b}{\partial y} + \dfrac{\partial c}{\partial z} = 0 \quad \text{(cf. Bd. I § 102).} \end{cases}$$

Die Gleichungen (4) und (6) ergeben sich aus den Gleichungen (3) und (5), wenn man f, g, h mit a, b, c vertauscht und gleichzeitig $-\frac{4\pi}{\mathrm{K}}$ mit $\frac{1}{4\pi\mu}$. Hierin besteht eine bemerkenswerthe Analogie zwischen der elektrischen Verschiebung und der magnetischen Kraft[1]).

[1]) Die Symmetrie tritt noch deutlicher hervor, wenn man mit Hertz die magnetische Kraft und die elektrische Kraft in's Auge fasst, und wenn man das System der Hertz'schen Einheiten annimmt, welches in der Mitte zwischen den beiden gebräuchlichen Systemen steht, dem elektrostatischen und dem elektromagnetischen. Die Gleichungen (3) und (4) lassen sich dann schreiben:

$$\frac{1}{v} \cdot \frac{\partial \alpha}{\partial t} = -\left(\frac{\partial \mathrm{Z}}{\partial y} - \frac{\partial \mathrm{Y}}{\partial z}\right),$$

$$\frac{1}{v} \cdot \frac{\partial \mathrm{X}}{\partial t} = \left(\frac{\partial \gamma}{\partial y} - \frac{\partial \beta}{\partial z}\right).$$

51. Diese von Hertz nachgewiesene Reciprocität lässt sich in einer von Blondlot[1]) gefundenen Form wiedergeben.

Eine elektrische Masse möge sich verschieben; dann zeigen die Untersuchungen von Rowland, dass eine solche Verschiebung die elektrodynamischen Wirkungen eines Stromes hervorbringt; man erhält also ein magnetisches Feld. Verschiebt sich andrerseits ein beweglicher Magnetpol in der Nähe von Leitern, so gibt er zu Induktionswirkungen Veranlassung. Nach der Ansicht von Maxwell lässt die Verschiebung dieses Poles in einem Dielektrikum auch in letzterem elektromotorische Induktionskräfte entstehen, mit dem einzigen Unterschiede, dass diese Induktionskräfte im Dielektrikum eine elektrische Verschiebung anstatt eines Leiterstromes hervorbringen; die Bewegung des Magnetpoles erzeugt also ein elektrisches Feld. Man kann die Wechselbeziehung zwischen den elektrischen und den magnetischen Erscheinungen folgendermaassen aussprechen: Wenn zwei Pole, ein elektrischer und ein magnetischer, dieselbe Verschiebung erleiden, so bringen sie das gleiche Feld hervor.

Ein elektrischer Strom verursacht dieselben elektromagnetischen Wirkungen, wie ein elektrischer Konvektionsstrom; ebenso lassen sich magnetische Ströme herstellen, welche dieselbe Wirkung haben, wie die Bewegung eines magnetischen Pols. Nimmt nämlich der Magnetismus eines Magnets AB ab, so wirkt das ebenso, wie wenn eine gewisse Quantität des südlichen Fluidum vom Südpole A nach dem Nordpole B übergeführt worden wäre. Nun waren die Komponenten des elektrischen Stromes gegeben durch die Derivirten der Komponenten der dielektrischen Polarisation

$$u = \frac{\partial f}{\partial t}; \qquad v = \frac{\partial g}{\partial t}; \qquad w = \frac{\partial h}{\partial t};$$

ebenso werden hier die Komponenten des magnetischen Stromes als die Derivirten der Komponenten der magnetischen Polarisation A, B, C dargestellt werden; sie sind also

$$\frac{\partial A}{\partial t}, \quad \frac{\partial B}{\partial t}, \quad \frac{\partial C}{\partial t}.$$

Dieser Magnet, dessen Magnetismus sich vermindert, lässt sich auffassen als ein nicht geschlossenes Solenoid, das von einem elektrischen Strom mit abnehmender Intensität durchflossen wird.

52. Ein geschlossenes Solenoid mit abnehmendem Strome ist also gleichwerthig mit einem geschlossenen magnetischen Strome; andərer-

[1]) Journal de physique (2) IX p. 177.

seits wird ein geschlossener elektrischer Strom dieselbe Wirkung haben wie ein magnetisches Blatt; ein geschlossener magnetischer Strom kann endlich eine Doppelschicht von Elektricität repräsentiren, welche auf einer ringsum begrenzten Oberfläche vertheilt ist, d. h. ein elektrisches Blatt.

So wird ein von einem veränderlichen Strome durchlaufenes geschlossenes Solenoid dasselbe elektrostatische Feld erzeugen, wie ein geschlossener magnetischer Strom oder ein elektrisches Blatt; wir wollen dies durch eine direkte Rechnung bestätigen. Das von einem System elektrischer Elemente herrührende Potential, von denen jedes aus zwei absolut genommen gleichen positiven und negativen Elektricitätsmengen besteht, ist gegeben durch die Formel

$$\int \frac{\mu}{\lambda} d\tau \left(l' \frac{\partial \frac{1}{r}}{\partial x'} + m' \frac{\partial \frac{1}{r}}{\partial y'} + n' \frac{\partial \frac{1}{r}}{\partial z'} \right);$$

hierbei ist $\mu d\tau$ das elektrische Moment des Elements und l', m', n' die Richtungskosinus der Polarisationsrichtung im Punkte x', y', z'. Nun ist nach der Definition ein elektrisches Blatt nichts anderes, als ein System von elektrischen Elementen, welche normal zur Oberfläche des Blattes gelagert sind; auf diese Weise entspricht jedem Oberflächenelemente ein elektrisches Element. Auf einem Blatte gibt es eine unendlich grosse Anzahl von Oberflächenelementen; das Moment eines Elements ist $H d\omega'$, wenn man unter $d\omega'$ die Fläche des Elementes versteht und unter H eine Konstante, welche die Stärke des Blattes definirt. Demnach ist

$$\varphi = \frac{H}{\lambda} \int \left(l' \frac{\partial \frac{1}{r}}{\partial x'} + m' \frac{\partial \frac{1}{r}}{\partial y'} + n' \frac{\partial \frac{1}{r}}{\partial z'} \right) d\omega', \tag{7}$$

wobei l', m', n' die Richtungskosinus der Normalen auf $d\omega'$ bedeuten.

53. Hat man andererseits ein geschlossenes Solenoid, dessen Leitlinie mit der Umgrenzung des Blattes zusammenfällt, so ist die Komponente dF des Vektorpotentials, welches von einem der Partialelemente mit der Oberfläche $d\omega_1$ herrührt, nach § 37

$$dF = i\, d\omega_1 \left(m_1 \frac{\partial \frac{1}{r}}{\partial z'} - n_1 \frac{\partial \frac{1}{r}}{\partial y'} \right),$$

wobei l_1, m_1, n_1 die Richtungskosinus der zum Elemente $d\omega_1$ gehörigen Normalen, d. h. die Richtungskosinus der Tangente an die Leitlinie des Solenoids im Punkte (x', y', z') bedeuten.

Es gilt also

$$l_1 = \frac{dx'}{\varepsilon}; \qquad m_1 = \frac{dy'}{\varepsilon}; \qquad n_1 = \frac{dz'}{\varepsilon},$$

wenn man unter ε die Entfernung zwischen zwei Elementarströmen des Solenoids versteht. Bezeichnet man mit η die von einem Elementarstrome umschlossene Oberfläche $d\omega_1$, so hat man also:

$$dF = \frac{i\eta}{\varepsilon}\left\{\frac{\partial \frac{1}{r}}{\partial z'} dy' - \frac{\partial \frac{1}{r}}{\partial y'} dz'\right\}.$$

$\frac{\eta}{\varepsilon}$ ist hierbei eine Konstante, denn nach der gewöhnlichen Definition von den Solenoiden nimmt man sowohl η als auch ε als konstant an. Durch Integration erhält man für das gesammte Solenoid:

$$F = \frac{i\eta}{\varepsilon}\int\left\{\frac{\partial \frac{1}{r}}{\partial z'} dy' - \frac{\partial \frac{1}{r}}{\partial y'} dz'\right\},$$

wobei das Integral längs des geschlossenen Umfanges zu nehmen ist.

Man kann dasselbe in ein Oberflächenintegral umformen, das über die Fläche auszudehnen ist, welche durch die geschlossene Kurve begrenzt wird, und erhält dann:

$$F = \frac{i\eta}{\varepsilon}\int d\omega'\left[l'\left\{-\frac{\partial^2 \frac{1}{r}}{\partial y'^2} - \frac{\partial^2 \frac{1}{r}}{\partial z'^2}\right\} + m'\frac{\partial^2 \frac{1}{r}}{\partial y'\partial x'} + n'\frac{\partial^2 \frac{1}{r}}{\partial x'\partial z'}\right]$$

und, da $\frac{\partial^2 \frac{1}{r}}{\partial y'} = \frac{\partial^2 \frac{1}{r}}{\partial y}$, weil r eine Funktion von $y - y'$ ist:

$$F = \frac{i\eta}{\varepsilon}\int d\omega'\left[l'\left\{-\frac{\partial^2 \frac{1}{r}}{\partial y^2} - \frac{\partial^2 \frac{1}{r}}{\partial z^2}\right\} + m'\frac{\partial^2 \frac{1}{r}}{\partial y\,\partial x} + n'\frac{\partial^2 \frac{1}{r}}{\partial x\,\partial z}\right]$$

oder

$$(8) \qquad F = \frac{i\eta}{\varepsilon}\int d\omega'\left\{l'\frac{\partial^2 \frac{1}{r}}{\partial x^2} + m'\frac{\partial^2 \frac{1}{r}}{\partial x\,\partial y} + n'\frac{\partial^2 \frac{1}{r}}{\partial x\,\partial z}\right\},$$

denn $\Delta \frac{1}{r} = 0$. Die X-Komponente der elektromotorischen Induktionskraft, welche von den Intensitätsschwankungen des Solenoids herrührt, ist $= -\frac{\partial F}{\partial t}$; wenn nur die Intensität sich ändert und das Solenoid sich nicht bewegt, so ist das Integral auf der rechten Seite eine Konstante, und wir haben

$$\frac{\frac{\partial F}{\partial t}}{\frac{\partial i}{\partial t}} = \frac{F}{i}.$$

54. Wenn das Blatt ein Potential φ besitzt, so ist die parallel zu OX gerichtete Komponente der elektrischen Kraft bis auf das Vorzeichen (cf. (7) § 52)

$$\frac{\partial \varphi}{\partial x} = \frac{\Pi}{\lambda} \int \left\{ l' \frac{\partial^2 \frac{1}{r}}{\partial x^2} + m' \frac{\partial^2 \frac{1}{r}}{\partial x \partial y} + n' \frac{\partial^2 \frac{1}{r}}{\partial x \partial z} \right\} d\omega'. \tag{9}$$

Das Integral stimmt mit dem Integrale der Gleichung (8) überein. Aus (8) und (9) erhält man:

$$\frac{\partial \varphi}{\partial x} = \frac{\Pi \varepsilon}{\lambda \eta} \cdot \frac{F}{i} = \frac{\Pi \varepsilon}{\lambda \eta} \left(\frac{\partial F}{\partial t} : \frac{\partial i}{\partial t} \right),$$

oder

$$\frac{\partial F}{\partial t} = \frac{\partial i}{\partial t} \cdot \frac{\lambda \eta}{\Pi \varepsilon} \cdot \frac{\partial \varphi}{\partial x}.$$

Das elektrische Blatt bringt eine elektromotorische Kraft

$$\left(-\frac{\partial \varphi}{\partial x}, \; -\frac{\partial \varphi}{\partial y}, \; -\frac{\partial \varphi}{\partial z} \right)$$

hervor, das geschlossene Solenoid mit veränderlichem Strome eine Kraft

$$\left(-\frac{\partial F}{\partial t}, \; -\frac{\partial G}{\partial t}, \; -\frac{\partial H}{\partial t} \right).$$

Die hierdurch erzeugten elektrostatischen Felder unterscheiden sich nur durch einen konstanten Faktor; ist dieser gleich 1, dann sind die Felder identisch; in diesem Falle muss die Stärke Π des Blattes der Gleichung genügen:

$$\Pi = \frac{\lambda \eta}{\varepsilon} \cdot \frac{\partial i}{\partial t}.$$

Wir wollen voraussetzen, dass i variabel ist, aber $\frac{\partial i}{\partial t}$ konstant; dann wird sich das erzeugte Feld nicht mit der Zeit verändern; es wird $\frac{\partial F}{\partial t}$ konstant sein, und ebenso

$$f = -\frac{4\pi}{K-\lambda} \cdot \frac{\partial F}{\partial t}.$$

In diesem Falle ist $\frac{\partial f}{\partial t} = 0$, und es treten keine Verschiebungsströme auf; ist im Gegensatze dazu $\frac{\partial^2 i}{\partial t^2}$ nicht Null, so würde ein Verschiebungsstrom entstehen und die Erscheinungen wären wesentlich komplicirter.

Für ein geschlossenes Solenoid ist $F dx + G dy + H dz$ ein vollständiges Differential; die magnetische Wirkung muss also Null sein, denn wir haben:

$$\alpha = \frac{\partial H}{\partial y} - \frac{\partial G}{\partial z} \quad \text{etc.}$$

Da die elektromotorische Kraft der nach der Zeit genommene Differentialquotient von

$$\int (F\,dx + G\,dy + H\,dz)$$

ist, so ist dieselbe für einen geschlossenen Strom ebenfalls Null.

Die Induktionswirkung eines veränderlichen geschlossene Solenoids auf einen geschlossenen Strom ist also Null, aber es ist kein Grund vorhanden, dass diese Wirkung auf einen offenen Strom ebenfalls Null sein sollte und dass demnach das Solenoid kein elektrisches Feld erzeugte.

55. Die Betrachtung ähnlicher geschlossener, veränderlicher Solenoide, welche Blättern gleichwerthig sind, gestattet uns, eine Entscheidung zwischen den verschiedenen elektrodynamischen Theorien zu treffen, indem wir uns auf eine Hypothese stützen, welcher Hertz den Namen „Princip von der Einheit der elektrischen Kraft“ gegeben hat.

Dies Princip lässt sich an ein anderes anschliessen, das allgemeine Gültigkeit erlangt hat, und welches man das „Princip von der Einheit der magnetischen Kraft“ nennen kann. Ist die magnetische Kraft in einem Punkte ihrer Grösse und Richtung nach gegeben, so kümmert uns ihr Ursprung wenig. Die Kenntniss des magnetischen Feldes genügt zur Bestimmung der Vorgänge daselbst, ohne Rücksicht auf die Ursache, welche das Feld erzeugte. Nun wissen wir, dass sich die Wirkung eines geschlossenen elektrischen Stromes durch diejenige eines gleichwerthigen magnetischen Blattes ersetzen lässt; ersetzt man nun zwei Blätter durch zwei Ströme, welche diesen hinsichtlich ihrer Wirkung äquivalent sind, so wird diese Gleichwerthigkeit auch in einem magnetischen Felde gültig bleiben, und demnach werden die beiden Ströme auf einander genau dieselben Wirkungen ausüben, wie die beiden Blätter.

Dies Princip könnte zu selbstverständlich erscheinen, als dass man noch nöthig hätte, es besonders zu betonen. Man wird nämlich sagen: „Da doch jeder Strom wie eines dieser Blätter auf das andere Blatt wirkt, ist es dann nicht ganz ausser Zweifel, dass auch ihre gegenseitige Wirkung dieselbe sein wird wie diejenige der beiden Blätter?“ Alle, die zu solchen Schlussfolgerungen geneigt sind, möchte ich nur an die Anektode von den Arago'schen Schlüsseln erinnern, welche Bertrand in der Vorrede zu seiner Thermodynamik so geistvoll erzählt[1]).

Wir wollen nun für die Elektricität dies Princip anwenden, welches für den Magnetismus allgemein im Gebrauch ist. Ein ringförmiger Magnet, dessen Magnetismus sich verändert, oder was auf dasselbe hinauskommt, ein geschlossenes Solenoid, das von einem veränderlichen Strome durchlaufen wird, hat hinsichtlich des von ihm hervorgebrachten elektrischen Feldes die gleiche Wirkung wie ein elektrisches Blatt von bestimmter Stärke. Es wird also ebenso wie das Blatt auf ein anderes elektrisches Blatt einwirken, und nach dem Principe von der Actio und Reactio auch von dem zweiten Blatte eine gleich grosse, aber entgegengesetzte Einwirkung erfahren. So erleidet also ein geschlossenes veränderliches Solenoid in einem elektrischen Felde eine mechanische Wirkung; und, da ein ähnliches Solenoid ein elektrisches Feld hervorbringt, so wirken auch zwei geschlossene, veränderliche Solenoide mechanisch ebenso auf einander ein, wie zwei gleichwerthige elektrische Blätter. Dies ist das Princip von der „Einheit der elektrischen Kraft“.

---

[1]) Als Ampère die gegenseitige Anziehung der Ströme entdeckt hatte, erntete er verdientermaassen die allseitigste Bewunderung, es fehlte aber natürlich auch nicht an Missgünstigen, die sein Verdienst zu schmälern suchten. „Da man wusste“, äusserte einer der Letzteren, „dass zwei Ströme auf ein und denselben Magneten eine Einwirkung ausüben, war es doch wohl von vornherein klar, dass sie auch eine Einwirkung auf einander äussern würden.“ Da zog Arago, der dies hörte, zwei Schlüssel aus der Tasche und sagte: „Jeder von diesen Schlüsseln zieht einen Magnet an; glauben Sie wohl, dass sie sich deshalb auch gegenseitig anziehen werden?“

Nun ist von allen elektrodynamischen Theorien, — derjenigen, bei welcher $\lambda = K_0$ ist, d. h. gleich dem specifischen Induktionsvermögen des leeren Raumes oder der Luft, ferner der Maxwell'schen, wo $\lambda = 0$ ist, und den neueren, nach welchen λ einen zwischen diesen beiden liegenden Werth besitzen soll, — die Maxwell'sche Theorie die einzige, welche mit dem Principe von der Einheit der elektrischen Kraft übereinstimmt. Nach der alten elektrodynamischen Theorie würde nämlich die Wirkung zweier geschlossenen Solenoide auf einander thatsächlich immer Null sein, ob nun die Ströme, welche die Solenoide durchfliessen, konstant oder veränderlich sein mögen. In den neueren Theorien aber, wo λ einen zwischen 0 und K_0 liegenden Werth hat, erhält man für die gegenseitige Wirkung zweier geschlossenen veränderlichen Solenoide einen Koefficient, der von demjenigen abweicht, welcher die Wirkung zweier den Solenoiden gleichwerthiger elektrischer Blätter auf einander charakterisirt.

56. Wir wollen jetzt die Arbeit τ berechnen, welche bei der relativen Lagenveränderung der beiden Blätter geleistet wird; sie ist gleich der Variation $d\mathrm{U}$ der elektrostatischen Energie. In gleicher Weise bestimmen wir die bei der Verschiebung der beiden Solenoide geleistete Arbeit; dieselben werden von Strömen i und i' durchflossen, welche von Elementen mit den elektromotorischen Kräften E und E' unterhalten werden; die Widerstände seien R und R'. Die Variation der Energie setzt sich zusammen aus der Variation $d\mathrm{T}$ der elektrokinetischen Energie, vermehrt um die Variation $d\mathrm{U}'$ der elektrostatischen Energie. Wir haben also:

$$\tau' + \mathrm{E}\,i\,dt + \mathrm{E}'\,i'\,dt - \mathrm{R}\,i^2\,dt - \mathrm{R}'\,i'^2\,dt = d\mathrm{T} + d\mathrm{U}';$$

ferner

$$\mathrm{T} = \frac{1}{2}(\mathrm{L}\,i^2 + 2\,\mathrm{M}\,i\,i' + \mathrm{N}\,i'^2) \text{ und hier } = \frac{1}{2}(\mathrm{L}\,i^2 + \mathrm{N}\,i'^2),$$

denn $\mathrm{M} = 0$, da ein geschlossenes Solenoid auf einen ausserhalb befindlichen geschlossenen Strom keine Wirkung ausübt.

Das Ohm'sche Gesetz liefert die Beziehungen (cf. Bd. I § 157):

$$\begin{cases} \mathrm{E} - \mathrm{R}i = \dfrac{\partial(\mathrm{L}i)}{\partial t}, \\[2ex] \mathrm{E}' - \mathrm{R}'i' = \dfrac{\partial(\mathrm{N}i')}{\partial t}. \end{cases}$$

Wir setzen voraus, dass die Solenoide *sich verschieben, ohne gleichzeitig eine Gestaltsänderung zu erleiden.* Dann ist $dT = Lidi + Ni'di'$ und somit

$$\tau' + Lidi + Ni'di' = Lidi + Ni'di' + dU',$$

also

$$\tau' = dU',$$

d. h. die geleistete Arbeit ist gleich der Variation der elektrostatischen Energie.

Wir vergleichen nun U und U'. Im Allgemeinen haben wir (§ 43)

$$U = \frac{\lambda}{8\pi}\int\left[\left(\frac{\partial\varphi}{\partial x}\right)^2 + \left(\frac{\partial\varphi}{\partial y}\right)^2 + \left(\frac{\partial\varphi}{\partial z}\right)^2\right] d\tau + \frac{2\pi}{K-\lambda}\int (f^2 + g^2 + h^2)\, d\tau .$$

Andrerseits ist

$$f = -\frac{K-\lambda}{4\pi}\left(\frac{\partial F}{\partial t} + \frac{\partial\varphi}{\partial x}\right).$$

Es wird also:

$$U = \frac{\lambda}{8\pi}\int \varepsilon^2\, d\tau + \frac{K-\lambda}{8\pi}\int \zeta^2\, d\tau ,$$

indem wir setzen

$$\varepsilon^2 = \left(\frac{\partial\varphi}{\partial x}\right)^2 + \left(\frac{\partial\varphi}{\partial y}\right)^2 + \left(\frac{\partial\varphi}{\partial z}\right)^2 ,$$

wobei ε die elektrostatische elektromotorische Kraft bezeichnet, und

$$\zeta^2 = \left(\frac{\partial\varphi}{\partial x} + \frac{\partial F}{\partial t}\right)^2 + \left(\frac{\partial\varphi}{\partial y} + \frac{\partial G}{\partial t}\right)^2 + \left(\frac{\partial\varphi}{\partial z} + \frac{\partial H}{\partial t}\right)^2 ,$$

wobei ζ die gesammte elektromotorische Kraft bedeutet, nämlich die elektrostatische elektromotorische Kraft, vermehrt um die Induktionskraft.

Im ersteren Falle, wo es sich um zwei Blätter handelt, ist $\varepsilon = \zeta$, und

$$U = \frac{K}{8\pi}\int \zeta^2\, d\tau .$$

Im anderen Falle tritt ausser der Induktionskraft keine elektromotorische Kraft auf; es ist also

$$\frac{\partial\varphi}{\partial x} = 0; \quad \varepsilon = 0 .$$

Die Solenoide sollen nun unserer Annahme nach den Blättern gleichwerthig sein, d. h. der Werth der gesammten elektromotorischen Kraft ζ in einem Punkte ist in beiden Fällen der gleiche. Demnach wird:

$$U' = \frac{K - \lambda}{8\pi} \int \zeta^2 d\tau ;$$

es folgt also

$$\frac{U}{U'} = \frac{K}{K - \lambda} ; \qquad \frac{\tau}{\tau'} = \frac{dU}{dU'} = \frac{K}{K - \lambda} .$$

Ist das angenommene Princip richtig, d. h. üben die beiden Solenoide auf einander die gleiche Wirkung aus, wie die beiden ihnen gleichwerthigen Blätter, dann muss $\tau = \tau'$ sein, d. h. auch $dU = dU'$ und somit $\lambda = 0$. *Die Maxwell'sche Theorie ist also die einzige, welche sich mit dem Principe von der Einheit der elektrischen Kraft verträgt.*

Ein anderer, interessanter, aber komplicirterer Fall ist derjenige, wo man es mit einem veränderlichen Solenoid und einem Blatte zu thun hat.

Um die Arbeit zu berechnen, welche durch die gegenseitige Wirkung dieses Solenoids und des Blattes geleistet wird, kann man ebenfalls das Princip von der Erhaltung der Energie anwenden; aber die Rechnung wird weit schwieriger, als in den beiden oben behandelten Fällen. Man muss dann nämlich auch noch die elektrodynamische Wirkung der Konvektionsströme berücksichtigen, welche von der Verschiebung der das Blatt bildenden elektrischen Massen herrühren (cf. Kap. XII Zusatz I).

Nach der Ansicht von Hertz findet ausser der elektrodynamischen Wirkung, welche zwischen zwei Strömen auftritt, auch noch eine elektrostatische Wirkung statt, vorausgesetzt, dass die Ströme veränderliche Stärke haben. Es ist nicht unmöglich, dass es gelingt, diese Wirkung auch experimentell nachzuweisen. Kann man nicht auf diese Weise die von Elihu Thomson gefundenen eigenthümlichen Erscheinungen erklären? In der leitenden Masse entstehen Induktionsströme unter dem Einflusse des wechselnden Feldes, in welchem sie sich befindet; man kann nun mit Hertz annehmen, dass eine direkte elektrostatische Wirkung des inducirenden Wechselstromes auf die geschlossenen oder offenen veränderlichen Ströme auftritt, welche durch Induktion in der leitenden Masse entstehen.

Kapitel VII.

Kurze Beschreibung der Hertz'schen Versuche[1]).

57. Die weite Ausbreitung der Maxwell'schen Ideen hatte auf den Fortschritt unserer Wissenschaft den glücklichsten Einfluss. Sie rief eine grosse Anzahl von Untersuchungen hervor, welche darauf hinzielten, die Theorien des englischen Gelehrten und speciell die elektromagnetische Lichttheorie, eine der kühnsten Schöpfungen seines gewaltigen Geistes, experimentell zu bestätigen.

Aber bis in die letzten Jahre bezogen sich diese Bestätigungen auf Punkte, welche den fundamentalen Hypothesen ziemlich fern lagen, und es wäre vermessen gewesen, auf Grund derselben die Möglichkeit der Entstehung des Lichtes aus elektrischen Störungen behaupten zu wollen. Erst als im Jahre 1888 Hertz Störungen hervorrief, deren Periode nur einige Hundertmillionstel der Sekunde betrug, trat diese Entstehungsweise in das Stadium der Wahrscheinlichkeit. So eröffnete Hertz den Forschern ein neues Gebiet für ihre Untersuchungen, das ihnen gestattete, einer direkten Bestätigung der elektromagnetischen Lichtheorie näher zu kommen. Man kann nun zwar noch nicht entscheiden, ob die jüngsten nach dieser Richtung hin angestellten Versuche die Theorie in allen ihren Einzelheiten beweisen oder nicht, da die Genauigkeit der Messungen noch viel zu wünschen übrig lässt, jedenfalls aber liefern die Untersuchungen von Hertz, durch welche er die Uebereinstimmung zwischen der

[1]) Dies Kapitel ist vollständig von Herrn Blondin verfasst. Vergleiche: Hertz, Wiedem. Ann. XXXI S. 421: „Ueber sehr schnelle elektrische Schwingungen". XXXIV S. 155: „Ueber die Einwirkung einer geradlinigen elektrischen Schwingung auf eine benachbarte Strombahn". XXXIV S. 273: „Ueber Induktionserscheinungen, hervorgerufen durch die elektrischen Vorgänge in Isolatoren", XXXIV S. 551: „Ueber die Ausbreitungsgeschwindigkeit der elektrodynamischen Wirkungen". XXXIV S. 609: „Ueber elektrodynamische Wellen im Luftraume und deren Reflexion". XXXVI S. 1: „Die Kräfte elektrischer Schwingungen, behandelt nach der Maxwell'schen Theorie". XXXVI S. 769: „Ueber Strahlen elektrischer Kraft".

Fortpflanzungsart von Licht und von elektrischen Störungen nachwies, eine glänzende Bestätigung für die Hypothese, welche der Theorie zur Grundlage dient.

58. Beschreibung der Apparate. Der von Hertz zum Hervorbringen von sehr kurzen Störungen verwendete Apparat erhielt den Namen Erreger (primärer Leiter). Er besteht aus einer starken Ruhmkorff'schen Spule, deren Pole P und P' (Fig. 9) mit zwei horizontalen kupfernen Drähten *l* und *l'* von etwa 0,5 cm Durchmesser verbunden sind. Die zwei einander gegenüberstehenden Enden dieser Drähte laufen in zwei Kugeln *b* und *b'* von vollkommen polirtem Messing aus, deren Durchmesser ca. 3 cm und deren Abstand von einander ungefähr 0,75 cm beträgt. An den beiden anderen Enden

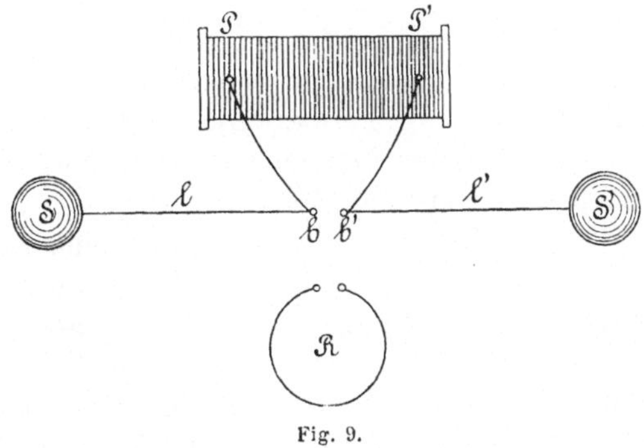

Fig. 9.

befinden sich zwei Zinkkugeln S und S' von 30 cm Durchmesser; die Entfernung ihrer Mittelpunkte, welche man willkürlich variiren kann, beträgt ungefähr einen Meter.

Aus Bequemlichkeitsrücksichten änderte Hertz bei bestimmten Experimenten diese Anordnung einigermaassen ab. Bei einigen derselben ersetzte er die beiden Kugeln durch quadratische Messingplatten von 40 cm Seitenlänge, welche bald horizontal, bald senkrecht zur Axe der Drähte *l* und *l'* aufgestellt waren; die Entfernung der Mitten dieser Platten betrug etwa einen Meter. Bei anderen Versuchen endlich wurden die Pole der Spule einfach mit zwei Messingcylindern von 13 cm Länge und 3 cm Durchmesser verbunden; an den beiden einander gegenüberliegenden Enden waren dann Kugelflächen von 2 cm Krümmungsradius angeschliffen.

59. Die Art der Thätigkeit des Erregers ist eine recht verwickelte.

Wir nehmen zunächst an, die Kugeln seien von der Spule getrennt und auf verschieden hohe Potentiale gebracht; ist diese

Potentialdifferenz genügend, um zu einem Funken zwischen den Kugeln *b* und *b'* Veranlassung zu geben, dann entladen sich die letzteren, und wenn die Werthe für den Widerstand R, die Selbstinduktion L und die Kapacität C der Ungleichung

$$R^2 < \frac{4L}{C}$$

genügen[1]), dann ist diese Entladung oscillatorisch. Da nun die letztere Bedingung in Folge der Dimensionen des Apparates erfüllt ist, so entsteht eine Reihe von Oscillationen und damit auch von elektrischen Störungen, deren Periode nach der Formel von Sir W. Thomson durch den Ausdruck

$$2\pi\sqrt{LC}$$

gegeben ist.

Die Werthe von L und C in elektromagnetischen Einheiten sind sehr gering; daher ist die Periode von der Ordnung des Hundertmillionstel der Sekunde. Bei der zuletzt beschriebenen Modifikation ist sie sogar noch ungefähr zehn Mal kleiner.

Nun ist aber die Dauer dieser oscillatorischen Entladung eine ungeheuer kurze, man muss also, um die Erscheinungen der Beobachtung zugänglich zu machen, die Kugeln ungemein oft laden; diese Aufgabe erfüllt die Spule. Der von diesem Apparate gelieferte Induktionsstrom ist selbst oscillatorisch, und zwar ist die Periode desselben nach den Untersuchungen von Bernstein und Mouton von der Ordnung des Hunderttausendstel der Sekunde. Verbindet man also die Kugeln mit den Polen der Spule, so werden dieselben ungefähr hunderttausend Mal in der Sekunde geladen.

60. Bringt man nun in die Nähe des Erregers einen fast geschlossenen Stromkreis, dessen Enden etwa um Bruchtheile eines Millimeters von einander abstehen, dann sieht man im Allgemeinen an der Unterbrechungsstelle eine Reihe von Funken überspringen. Aber für eine und dieselbe Stellung des Kreises wechselt die Länge und der Glanz der Funken mit der Form und den Dimensionen des Kreises. Für jede Gestalt, z. B. die kreisförmige, gibt es eine Grösse, bei welcher der Funken ein sehr deutliches Maximum zeigt. In der Akustik begegnet man einer ähnlichen Erscheinung: Ein kugelförmiger Resonator geräth unter dem Einflusse eines Tones von gegebener Periode nur dann in Schwingungen, wenn der Radius desselben eine passende Grösse besitzt. Auf Grund dieser Analogie hat

---

[1]) Die Ableitung siehe § 69.

man dem sekundären Stromkreise, in welchem der Erreger Entladungen hervorruft, den Namen Resonator gegeben; man sagt, er sei auf den Erreger gestimmt, wenn er nach Form und Grösse so beschaffen ist, dass er das Maximum der Funken zeigt.

Bei den ersten Untersuchungen von Hertz bestand der Resonator aus einem Drahte von 2 mm Durchmesser, der in ein Quadrat von 60 cm Seitenlänge gebogen war; ein an der Unterbrechungsstelle angebrachtes Funkenmikrometer (Funkenstrecke) gestattete, die Funkenlänge mit äusserster Genauigkeit zu messen. In Folge der glücklichen Wahl der Dimensionen war der Resonator fast vollkommen auf den Erreger gestimmt; man vollendete die Justirung des Apparates mittels zweier kleinen Metallblätter, welche an den Enden des Resonators angelöthet waren und die Oberfläche zu vergrössern und verringern gestatteten, so dass man die Kapacität verändern konnte, bis man ein Funkenmaximum erhielt.

Bei den meisten späteren Versuchen wandte Hertz die Kreisform an. Für den mit Kugeln oder Platten versehenen Erreger besteht der darauf abgestimmte Resonator R (Fig. 10) aus einem 2 mm dicken Drahte, der zu einem Kreise von 35 cm Radius zusammengebogen war. Bei der letzten Modifikation des Erregers, für welche die Vibrationen eine kürzere Dauer besitzen, ist der Resonatordraht nur 1 mm dick und bildet einen Kreis von nur 7,5 cm Radius. Für diesen selben Erreger wandte Hertz auch noch einen Resonator an, der folgendermaassen hergestellt war: Zwei gerade Drähte von 5 mm Durchmesser und 50 cm Länge waren so aufgestellt, dass der eine die Verlängerung des anderen bildete und zwischen beiden nur ein Zwischenraum von 5 cm blieb; von den einander gegenüberliegenden Endpunkten gingen zwei Drähte von 1 mm Durchmesser und 15 cm Länge ab, welche zu den ersteren senkrecht und unter einander parallel gerichtet waren und in ein Funkenmikrometer ausliefen.

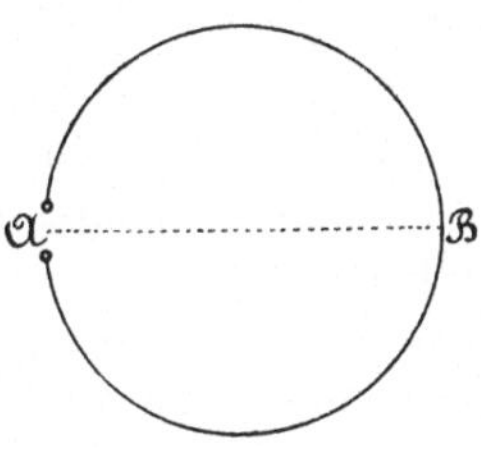

Fig. 10.

61. Untersuchung des von dem Erreger erzeugten Feldes. In Folge der Symmetrie des Erregers in Bezug auf die Gerade, welche die Mittelpunkte der beiden Kugeln verbindet, müssen die Erscheinungen in allen Ebenen, welche durch diese Axe gehen, die gleichen sein. Es genügt also, eine dieser Ebenen zu untersuchen; am bequemsten ist die Horizontalebene. Aber die durch die Mitte des Erregers gelegte Vertikalebene ist ebenfalls eine Symmetrieebene für diesen Apparat; der Schnitt dieser Ebene mit der Horizontalebene liefert also eine Symmetrieaxe, welche Hertz die Grundlinie für die Erscheinungen nennt, welche in der letzteren Ebene hervorgebracht werden. In Folge dessen hat sich die Untersuchung auf den Quadranten der Horizontalebene zu beschränken, welcher zwischen der Axe des Erregers und der Grundlinie liegt.

Hertz verwendete zu diesem Zwecke den kreisförmigen Resonator von 35 cm Radius; vermittelst eines passend gewählten Trägers konnte er demselben jede beliebige Lage geben, wobei der Mittelpunkt des Kreises immer in der durch die Axe des Erregers gehenden Horizontalebene liegen musste. Die hierbei erhaltenen Resultate lassen sich folgendermaassen zusammenfassen:

1. Ist die Resonatorebene vertikal, und man dreht den Apparat um seinen Mittelpunkt, so dass der durch die Unterbrechungsstelle gehende Durchmesser, den wir Symmetrieaxe des Resonators nennen wollen, einen vollständigen Kreisbogen beschreibt, dann ändern die Funken ihre Länge. In den beiden Stellungen, bei denen die Symmetrieaxe vertikal gerichtet ist, zeigen die Funken das Maximum der Länge; sie verschwinden dagegen, wenn die Axe horizontal liegt. In den Zwischenstellungen ist die Funkenlänge um so grösser, je mehr sich die Symmetrieaxe der Vertikalen nähert.

2. Die Länge der Funken hängt in dem Augenblicke, wo dieselben ihr Maximum erreichen, für ein und dieselbe Stellung des Resonatormittelpunktes von dem Azimut der Resonatorebene ab. Dies lässt sich dadurch nachweisen, dass man den Resonator um seine vertikal gehaltene Symmetrieaxe dreht; während einer ganzen Umdrehung zeigen dann die Funken zwei Maxima und zwei Minima. Die Azimute, bei denen die Maxima auftreten, liegen um 180° von einander entfernt, dasselbe gilt für die Minima; der Unterschied des Azimuts für ein Maximum und ein Minimum beträgt 90°.

3. In welcher Lage des Resonators die Funkenentladungen ein Maximum oder ein Minimum zeigen, hängt von der Stellung des Resonatormittelpunktes in Bezug auf den Erreger ab.

Bezeichnen wir mit α den Winkel zwischen der Axe SS' (Fig. 11) des Erregers und der Geraden OC, welche die Mitte dieser Axe mit dem Mittelpunkte des Resonators verbindet, und mit β den Neigungswinkel der Resonatorebene und der Geraden OC für den Fall, dass ein Minimum stattfindet, dann wächst der Werth von β von 90° bis zu 180°, wenn der $\angle\, \alpha$ von 0° bis zu 90° zunimmt, vorausgesetzt, dass die Entfernung OC weniger als 3 Meter beträgt. Bei grösseren Entfernungen sind die Stellungen des Resonators einander nahezu parallel und senkrecht zu SS'. In jeder Entfernung aber werden die

Minima Null, wenn sich das Centrum des Resonators auf der Grundlinie Oy befindet und seine Ebene mit dieser Grundlinie zusammenfällt.

4. Wenn die Ebene des Resonators horizontal ist, dann hängt die Länge der Funken auch von der Stellung der Symmetrieaxe ab. Die Fig. 12 zeigt in a_1, a_1', a_2, a_2' ..... die Lagen der Unterbrechungsstelle, welchen die Funkenmaxima entsprechen, in b_1, b_1', b_2, b_2' ..... diejenigen, bei welchen Funkenminima stattfinden. Geht man von der Stellung I zur Stellung II des Resonators über, so nähern sich diejenigen Lagen der Unterbrechungsstelle einander, welche den Funkenminima entsprechen, wobei sie die einem Maximum entsprechende Lage einschliessen. In der Stellung III fallen diese drei Lagen der Unterbrechungsstelle zusammen und man bemerkt nur noch ein Maximum in a_3'.

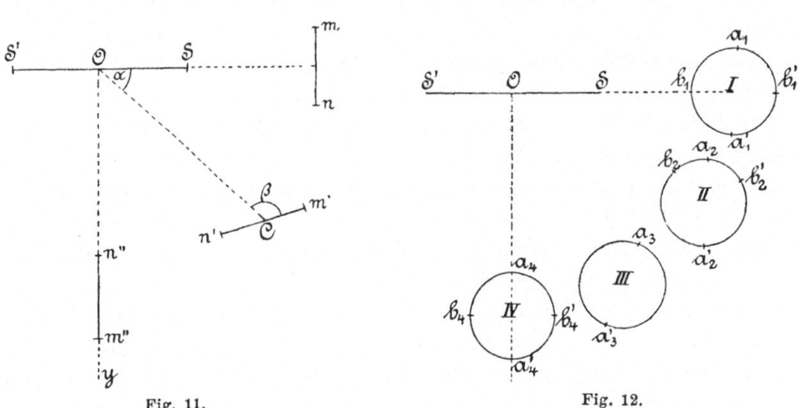

Fig. 11. Fig. 12.

5. In einer Entfernung von ungefähr 3 Metern vom Erreger gibt es eine Reihe von Punkten, welche eine geschlossene Zone bilden; in dieser kann man weder Maximum noch Minimum der Funkenlänge konstatiren, wie auch die Stellungen der Ebene des Resonators und seiner Symmetrieaxe beschaffen sein mögen.

Dies letztere Resultat hat eine grosse theoretische Wichtigkeit; Hertz zeigte nämlich auf Grund dieser Erscheinung, dass die elektrischen Wirkungen sich in der Luft mit einer endlichen Geschwindigkeit fortpflanzen.

62. Aenderung des Feldes durch Dielektrika. Damit aber die eben erörterten Resultate zu Stande kommen, muss der Erreger sich in einem unendlich grossen Raume befinden, oder wenigstens, wie dies bei den Untersuchungen von Hertz der Fall war, in einem vollständig leeren Saale von sehr grossen Dimensionen. Das Feld wird nämlich durch das Vorhandensein von Leitern in der Nähe des Erregers wesentlich beeinflusst.

Dieser störende Einfluss von leitenden Körpern, den Hertz gleich beim Beginne seiner Untersuchungen beobachtete, muss zweifelsohne der Einwirkung zugeschrieben werden, welche die in diesen Leitern durch den Erreger erzeugten Induktionsströme auf den Resonator ausüben. Nun werden nach Maxwell auch die Verschiebungsströme, welche in den Dielektrika entstehen, ebenso wie die Leitungsströme, durch Induktionswirkungen beeinflusst. Um diese Annahme zu bestätigen, genügte es also, zu untersuchen, ob auch ein in der Nähe des Erregers befindliches Dielektrikum eine störende Wirkung auszuüben vermag, wie es bei den Leitern der Fall ist.

Die einzige Schwierigkeit bei diesen Untersuchungen ergab sich aus der Nothwendigkeit, eine beträchtliche Masse der dielektrischen Materie zu verwenden. Hertz wählte zuerst Papier, und zwar setzte er ein rechtwinkeliges Parallelepipedon von 1,5 m Länge, 0,5 m Breite und 1 m Höhe aus Büchern zusammen, auf welches er einen Erreger mit horizontalen Platten legte. Er fand hierbei, dass die Maxima und Minima der Funken nicht mehr bei den gleichen Stellungen der Ebene des Resonators und seiner Symmetrieaxe eintraten, wie bei den vorhergehenden Untersuchungen. Stellt man beispielsweise die Ebene des Resonators vertikal, so erhält man Funken, wenn die Symmetrieaxe horizontal liegt. Sie erreichen ein Minimum, wenn man die Oeffnung um einen Winkel gegen die Grundlinie verschiebt, welcher bei bestimmten Stellungen des Resonators 23° beträgt; aber die Funken hören nicht vollständig auf. Die beiden Maxima treten noch bei der vertikalen Stellung der Symmetrieaxe auf, aber sie sind nicht mehr gleich gross; liegt die Unterbrechungsstelle unten, dann sind die Funken weniger lang, als wenn sie sich oben befindet.

Wurde das Papier durch ein Parallelepipedon von Asphalt oder Pech von den gleichen Dimensionen ersetzt, so blieben die Resultate ebenso unzweifelhaft.

Da man nun hätte behaupten können, dass die beobachteten Einwirkungen von leitenden Materien herrührten, welche in den verwendeten unreinen Substanzen vertheilt waren, so wiederholte Hertz dieselben Versuche mit Dielektrika, welche vollständig rein hergestellt werden konnten, wie Schwefel, Paraffin, Petroleum. Um jedoch die Verwendung zu grosser Massen dieser Substanzen zu umgehen, bediente er sich eines Erregers und eines Resonators, welche um die Hälfte kleiner waren, als die bei den vorhergehenden Untersuchungen angewandten Apparate. Die Beobachtung der Funken wurde viel schwieriger, aber die Resultate blieben ebenso beweiskräftig. Die Induktionswirkung der Verschiebungsströme war damit vollständig nachgewiesen.

63. Fortpflanzung in metallischen Drähten. Durch eine neue Serie von Untersuchungen gelang es Hertz, einen anderen wichtigen Beweis zu führen, nämlich den, dass die Fortpflanzungsgeschwindigkeit der elektrischen Störungen in einem Metalldrahte endlich ist.

Bei diesen Untersuchungen verwandte Hertz einen Erreger mit vertikalen Platten (cf. Fig. 13); hinter einer dieser Platten war eine weitere Platte P von den gleichen Dimensionen aufgestellt, welche durch einen Draht *mn* mit einem 12 m langen, isolirten Drahte verbunden wurde, der 40 cm weit von der Grundlinie entfernt horizontal in der vertikalen Symmetrieebene des Erregers aufgespannt war.

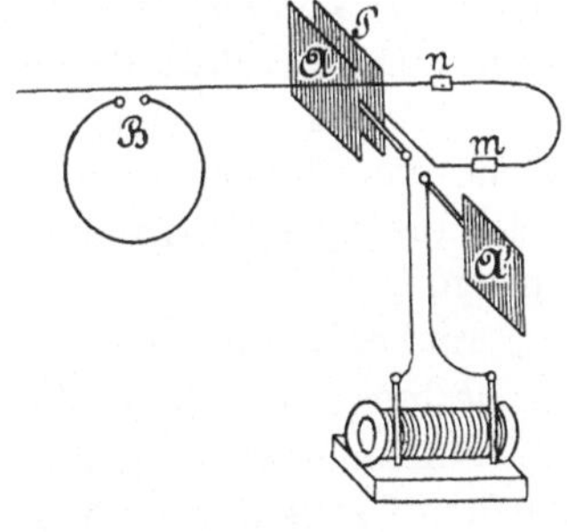

Fig. 13.

Der Resonator B möge nun so aufgestellt sein, dass sich sein Centrum auf der Grundlinie und seine Unterbrechungsstelle am höchsten Punkte befinde, während seine vertikal gestellte Ebene durch den Draht geht, dann würde unter diesen Bedingungen kein Funken entstehen, wenn der Draht nicht vorhanden wäre. Hier jedoch findet man, dass im Allgemeinen lebhafte Funken an der Oeffnung überspringen; sie sind also einzig auf die Wirkung des Drahtes zurückzuführen.

Verschiebt man den Resonator immer in derselben Ebene vom freien Ende des Drahtes an bis zum Erreger hin, dann beobachtet man, dass Funken nicht entstehen am Ende des Drahtes und an allen Punkten, welche um Vielfache von 2,8 m von diesem Ende entfernt sind. Bei allen anderen Stellungen springen Funken über, und zwar nimmt die Länge derselben zu, je mehr man sich den Mitten der durch die vorhergenannten Punkte bestimmten Intervalle nähert. Diese letzteren entsprechen also den Knotenpunkten einer schwingenden Saite und haben daher auch denselben Namen erhalten. Uebrigens lässt sich diese Analogie noch weiter verfolgen, denn wenn man den Draht in einem Knotenpunkte durchschneidet, dann bleiben die Erscheinungen auf der ganzen Länge zwischen dem Erreger und dem Schnittpunkte die gleichen; auch über den letzteren Punkt hinaus, in dem abgeschnittenen Stücke, treten noch dieselben Erscheinungen auf, wenn auch mit verminderter Intensität.

Aber diese Analogie ist nicht nur eine scheinbare, sie ist vielmehr thatsächlich vorhanden, wenn man annimmt, dass die Fortpflanzungsgeschwindigkeit der elektrischen Störungen endlich ist. Die Knoten entstehen aus der Interferenz der direkt durch den Draht fortgepflanzten, mit den an seinem Ende reflektirten Wellen; die Einfachheit der Erklärung ist ein Beweis für das Vorhandensein einer endlichen Fortpflanzungsgeschwindigkeit.

Auch die Grösse dieser letzteren lässt sich berechnen, wenn man die Periode der Störung kennt. Hertz nahm eine Periode von $1{,}4\ 10^{-8}$ Sekunden an; dann würde einer halben Wellenlänge von 2,8 m eine Geschwindigkeit von 200,000 Kilometern entsprechen. Dieser Werth ist von derselben Grössenordnung wie diejenigen, welche von Fizeau und Gounelle und von W. v. Siemens für die Fortpflanzungsgeschwindigkeit in Eisen- und Kupferdrähten gefunden wurden.

Ausserdem muss die Geschwindigkeit unabhängig von der Natur des Drahtes sein, denn Hertz zeigte, dass die Entfernung zwischen zwei auf einander folgenden Knotenpunkten die gleiche bleibt, wenn man den Draht durch einen anderen von verschiedenem Durchmesser oder anderem Materiale ersetzt.

64. Fortpflanzungsgeschwindigkeit in der Luft. Im Verlaufe dieser Experimente untersuchte Hertz auch die bei einem unendlich langen Drahte auftretenden Erscheinungen, bei dem natürlich die Reflexion der Wellen fortfällt. Dieser unendlich lange Draht wurde praktisch dadurch hergestellt, dass man den bei den vorher beschriebenen Untersuchungen verwendeten Draht um 60 m verlängerte und das Ende desselben ausserhalb des Saales in die Erde versenkte.

Bringen wir die Resonatoren in die durch den Draht gehende Vertikalebene, so, dass die Oeffnung am höchsten Punkte, und das Centrum auf der Grundlinie des Apparates liegt, dann wird die Wirkung des Drahtes allein bemerkbar. Dreht man nun den Resonator aus dieser Lage um 90° um seine vertikale Axe, so muss aus Gründen der Symmetrie die Einwirkung des Drahtes verschwinden, da der Resonator dann senkrecht zum Drahte gerichtet ist; in dieser Stellung werden die Funken also nur vom Erreger hervorgerufen. Die Wirkung des Drahtes und des Erregers auf die Mitte des Resonators werden demnach gleich sein, wenn die Funken in beiden senkrecht auf einander gerichteten Lagen, die wir soeben betrachtet haben, die gleiche Länge besitzen. Diese Bedingung lässt sich leicht dadurch realisiren, dass man die Platte P der Platte A nähert oder sie von ihr entfernt. Wir wollen diese Bedingung als erfüllt annehmen.

Für jede dazwischen liegende Stellung des Resonators setzen sich beide Wirkungen zusammen, und die Länge der Funken muss für eine bestimmte Stelle ein Maximum, für eine andere ein Minimum zeigen. Dies Maximum und Minimum sucht man auf; das Maximum möge stattfinden, wenn die Normale zur Resonatorebene auf einer bestimmten Seite der Vertikalebene liegt, welche den Draht enthält, z. B. auf der Seite der Platte A; das Minimum dagegen, wenn die Normale nach der entgegengesetzten Seite gerichtet ist, z. B. nach der Seite von A'. Da nun die auf den Erreger allein zurückzuführenden Erscheinungen symmetrisch in Bezug auf die durch den Draht gehende Vertikalebene sind, so zeigen diese Resultate, dass die Erscheinungen, welche vom Drahte allein herrühren, nicht dieselbe Symmetrie besitzen.

Ausserdem wechseln die Erscheinungen mit der Lage des betrachteten Punktes. Verschiebt man nämlich den Resonator längs des Drahtes, so beobachtet man, dass die Maxima ihre Grösse ändern und nicht mehr einem und demselben Winkel zwischen Normale und Grundlinie entsprechen. Bei bestimmten Theilen des Drahtes treten die Maxima auf, wenn die Normale gegen A hin gerichtet ist; bei den dazwischen liegenden Theilen finden sie sich, wenn die Normale nach A' gerichtet ist. Unter einander gleich werden die Maxima nur für Punkte, deren Entfernung 7,5 m beträgt.

So nimmt also alle 7,5 m die Erscheinung wieder dieselbe Intensität an, aber bei einer verschiedenen Lage der Normale gegenüber der Grundlinie. Was ist der Grund hierfür?

Wie wir wissen, beträgt die halbe Wellenlänge in dem Drahte 2,8 m; zwei um 2,8 m von einander entfernte Punkte des Drahtes üben also verschiedene Wirkungen aus. Wäre die Fortpflanzungsgeschwindigkeit der Wirkungen des Erregers unendlich gross, dann würde die Aenderung der Richtung der Normalen bei den Stellungen, welche den Maxima entsprechen, einzig und allein durch den Draht bedingt sein, und zwar müsste diese Aenderung alle 2,8 m eintreten. Das Gleiche würde stattfinden, wenn die Fortpflanzungsgeschwindigkeit in der Luft dieselbe wäre, wie im Drahte. Da nun das Experiment ein von diesen Schlüssen abweichendes Resultat liefert, so müssen wir annehmen, dass die Fortpflanzungsgeschwindigkeit in der Luft endlich ist und von derjenigen in den Metallen abweicht. Der Interferenz der direkt durch die Luft und der durch den Draht übertragenen Wellen müssen wir das Zustandekommen der beobachteten Erscheinungen zuschreiben.

Hieraus lässt sich die Grösse der Fortpflanzungsgeschwindigkeit in der Luft berechnen; man hat dabei nur zu berücksichtigen, dass die Interferenzen stets ihr Vorzeichen wechseln, wenn eine der Bewegungen einen Vorsprung von einer halben Wellenlänge vor der anderen gewonnen hat. Nennt man λ die halbe Wellenlänge in der Luft, λ' dieselbe Grösse im Drahte, und d die gefundene Entfernung, dann muss gelten

$$n\lambda = (n+1)\lambda' = d.$$

Hierbei ist $\lambda' = 2{,}8$ m und $d = 7{,}5$ m; wir finden also daraus $\lambda = 4{,}5$ m, und, indem man immer den gleichen Werth für die Periode der Schwingungen annimmt, erhält man für die Fortpflanzungsgeschwindigkeit in der Luft 320,000 Kilometer. Wie man erkennt, ist diese Geschwindigkeit ungefähr gleich derjenigen des Lichtes; jedenfalls ist sie von derselben Grössenordnung[1]).

65. Reflexion der Wellen. Da die vorangehenden Betrachtungen Veranlassung zur Kritik geben konnten, suchte Hertz nach einer experimentellen Anordnung, welche unmittelbar erkennen liess, dass die Fortpflanzung in der Luft mit einer endlichen Geschwindigkeit erfolgt. Dies erreichte er dadurch, dass er die Wellen reflektiren liess und die direkten und reflektirten Wellen zur Interferenz brachte.

Die Reflexion gelang an einem Zinkblech von sehr grosser Ausdehnung, das an einer der Wände des Untersuchungsraumes befestigt und mit der Erde in leitende Verbindung gebracht war. Der Erreger, dessen Axe vertikal gerichtet war, stand in einer Entfernung von 13 m vom Metallspiegel.

Bringt man den Mittelpunkt des Resonators auf diejenige Normale zur Spiegelfläche, welche durch die Mitte des Erregers geht, eine Linie, die wir das Einfallsloth nennen wollen, und stellt die Resonatorebene senkrecht zu diesem Loth, dann sieht man, dass in unmittelbarer Nähe des Spiegels keine oder doch nur äusserst schwache Funken auftreten, welches auch die Richtung der Symmetrieaxe sein mag; dasselbe ist der Fall in Entfernungen von

[1]) Nach einem Briefe, den Herr Hertz an mich zu richten die Liebenswürdigkeit hatte, hält dieser hervorragende Gelehrte die in obigem Paragraphen beschriebenen Untersuchungen nicht mehr für absolut beweisfähig. Er betrachtete nämlich die beobachteten Knoten als das Produkt aus der Interferenz der durch den Draht und der direkt durch die Luft übertragenen Wellen. Man müsste aber noch den Einfluss der von den Wänden des Saales reflektirten Wellen berücksichtigen, und dass solche reflektirte Wellen existiren, zeigten ihm seine neuesten Untersuchungen. H. P.

4,1 und 8,5 m. Bei den dazwischen liegenden Entfernungen erreicht die Funkenlänge ein Maximum, wenn die Symmetrieaxe horizontal liegt.

Behalten wir diese Stellung der Symmetrieaxe bei und verschieben vom Spiegel anfangend den Resonator parallel zu sich, während sein Mittelpunkt stets auf dem Einfallsloth bleibt, dann beobachtet man, dass die zuerst sehr kleinen Funken an Länge zunehmen und in einer Entfernung von 1,72 m ein Maximum erreichen; sodann nehmen sie ab, werden bei 4,10 m Null, wachsen wieder und zeigen von Neuem ein Maximum bei ungefähr 6,30 m; bei Punkten, die um ca. 4,5 m von einander entfernt sind, treten also die gleichen Erscheinungen auf.

Wir bringen nun den Resonator in die durch das Einfallsloth gehende Vertikalebene und stellen die Symmetrieaxe parallel zum Einfallsloth; im Allgemeinen haben dann die Funken nicht die gleiche Länge, wenn die Unterbrechungsstelle nach dem Spiegel zu gerichtet ist, wie wenn sie nach dem Erreger zu liegt. Verschiebt man den Resonator parallel zu sich selbst, dann entstehen die längsten Funken, wenn die Oeffnung nach dem Spiegel zu liegt, während der Abstand von diesem geringer ist als 1,72 m. Für einen Abstand zwischen 1,72 und 4,10 findet das Maximum auf der vom Spiegel abgewendeten Seite statt; ein neuer Wechsel tritt ungefähr in der Entfernung von 6,30 ein; die Erscheinungen wiederholen sich ungefähr alle 4,5 m.

Es scheint also nach diesen Resultaten, dass die Wellenlänge in der Luft 4,50 m beträgt. Hertz gelangte nun durch verschiedene Ueberlegungen, denen wir nicht folgen wollen, zu dem Schlusse, dass diese Grösse einer halben Wellenlänge entspricht; die oben gefundene Zahl wäre also auf diese Weise bestätigt. Immerhin muss man bemerken, dass die Entfernungen des Resonators von der Wand im Augenblicke, wo die Erscheinung ihr Zeichen wechselt, sehr ungenügend bestimmt sind, und dass man also zu den numerischen Werthen, welche Hertz daraus ableitet, kein besonderes Zutrauen haben kann. So viel aber ist sicher, dass die Wellenlänge von einer Grössenordnung ist, welche der Fortpflanzungsgeschwindigkeit des Lichtes entspricht.

66. Strahlen der elektrischen Kraft. Ob nun aber Gleichheit zwischen beiden Fortpflanzungsgeschwindigkeiten herrscht oder nicht, ein Zweifel über die wellenförmige Fortpflanzungsweise der elektrischen Störungen kann nicht bestehen. Man darf also mit demselben Rechte von Strahlen elektrischer Kraft sprechen, wie von Lichtstrahlen, und darf erwarten, dass diese Strahlen elektrischer

Kraft denselben Reflexions- und Brechungsgesetzen folgen, wie die letzteren. Hertz hat diese Uebereinstimmung nachgewiesen.

Die Störungen wurden mit dem früher von uns als dritte Form erwähnten Erreger hervorgerufen; die beiden Cylinder standen vertikal in der Brennlinie eines parabolischen Zinkspiegels von 2 m Höhe und 1,2 m Oeffnung. Die Erscheinungen wurden mit Hülfe des kreisförmigen Resonators von 7,5 cm Durchmesser oder besser noch mit Hülfe des geradlinigen Resonators untersucht. Die beiden vertikalen Drähte dieses Resonators standen in der Brennebene eines parabolischen Spiegels von den gleichen Dimensionen, wie der vorhergehende, und die beiden horizontalen Drähte, die daran befestigt sind, durchsetzten den Spiegel; auf diese Weise kam das Funkenmikrometer hinter den Spiegel zu stehen und liess sich bequem beobachten.

Geradlinige Fortpflanzung. Die von dem parabolischen Spiegel reflektirten Strahlen des Erregers pflanzen sich geradlinig fort; dies beweisen verschiedene Experimente.

In erster Linie findet man, dass der Funken des Resonators sehr schwach wird, wenn die Symmetrieebene des zu ihm gehörigen Spiegels mit der Symmetrieebene des anderen Spiegels nicht zusammenfällt.

Lässt man beide Ebenen zusammenfallen und setzt zwischen die Spiegel eine Zinkplatte von 2 m Höhe und 1 m Breite, dann verschwindet der Funke; das Gleiche findet statt, wenn sich ein Mensch zwischen die Spiegel stellt. Die Einschaltung einer isolirenden Materie, eines Brettes beispielsweise, bringt dagegen keinerlei Störung hervor.

Polarisation. In Folge der Gestalt des Erregers gehen die Schwingungen des Strahles elektrischer Kraft in einer Ebene vor sich, welche den Strahl enthält. Dieser Strahl ist also analog einem geradlinig polarisirten Lichtstrahle und zeigt ähnliche Eigenthümlichkeiten.

Dreht man den Aufnahmespiegel um eine horizontale Axe, dann werden die Funken allmählich kürzer und verschwinden, wenn die Symmetrieebenen senkrecht auf einander stehen. Eine ähnliche Erscheinung tritt ein, wenn ein durch Reflexion an einem Spiegel vollständig polarisirter Lichtstrahl auf einen zweiten Spiegel fällt; stehen die beiden Einfallsebenen senkrecht auf einander, dann tritt Dunkelheit ein.

Wir denken uns nun wieder die Symmetrieebene der Spiegel zum Zusammenfallen gebracht und setzen zwischen beide Spiegel einen Holzrahmen, auf welchem parallele, metallische Drähte gespannt sind. Wenn diese senkrecht zu den Brennlinien stehen, ändern die Funken ihre Länge nicht; sind sie ihnen dagegen parallel, dann verschwinden die Funken. Bei einer Zwischenstellung erscheinen zwar die Funken wieder, jedoch sind sie kürzer, als wenn der Rahmen ganz weggenommen wäre. Der Rahmen wirkt also auf den elektrischen Strahl ebenso, wie ein Turmalin auf einen geradlinig polarisirten Strahl.

Reflexion. Nachdem Hertz die beiden Spiegel Seite an Seite so aufgestellt hatte, dass ihre Symmetrieebenen sich in einer Entfernung von ungefähr 3 m schnitten, stellte er in der Durchschnittslinie einen Zinkspiegel vertikal auf, dessen Ebene auf der Halbirungslinie des Winkels zwischen beiden Symmetrieebenen senkrecht stand. Dann entstanden in dem Resonator Funken, sie verschwanden jedoch wieder, wenn man die reflektirende Ebene um einen Winkel von ungefähr 15 Grad um eine vertikale Axe drehte. Die Reflexionsgesetze des Lichtes lassen sich also auch auf die elektrischen Wellen anwenden. Verschiedene andere Experimente, welche unter abweichenden Bedingungen angestellt wurden, bestätigen diese Uebereinstimmung.

Brechung. Um nachzuweisen, dass die elektrischen Wellen auch eine Brechung erleiden, bediente sich Hertz eines grossen Asphaltprisma von 1,50 m Höhe mit einem brechenden Winkel von 30°; dies Prisma stand in einer Entfernung von 2,6 m vom Erreger. Der auf der anderen Seite befindliche Resonator gab das Maximum der Funkenlänge, wenn der Winkel, den seine Symmetrieebene mit derjenigen des Erregers bildete, 22° betrug. Die Funken verschwanden, wenn man einen Metallschirm entweder vor oder hinter dem Prisma in den Weg des Strahles brachte; die Uebertragung erfolgte also in der That durch das Prisma hindurch.

67. Untersuchungen von Sarasin und de la Rive. Während Hertz neue Experimente unternahm, wurden die soeben auseinandergesetzten Fundamentaluntersuchungen von einer grossen Zahl von Gelehrten wiederholt.

Diese zahlreichen Untersuchungen führten zur Entdeckung interessanter Thatsachen; so erkannte man beispielsweise, dass man Geissler'sche Röhren als Resonnatoren verwenden kann, und Lodge gelang es, die elektrischen Wirkungen in der Brennlinie einer abgeplatteten Cylinderlinse zu vereinigen. Aber diese Resultate sind weniger wesentlicher Art; anders verhält es sich mit demjenigen, welches im Januar 1890 von Sarasin und de la Rive veröffentlicht wurde.

Bei der Wiederholung der Hertz'schen Experimente mit den an ihren Enden nicht isolirten Leitungsdrähten fanden diese Physiker, dass die Lage der Knoten mit Resonatoren von verschiedenen Dimensionen bestimmt werden kann. Für jeden Resonator bleibt die Entfernung der Knoten längs des ganzen Drahtes dieselbe, abgesehen vom Ende, wo man auf eine Störung trifft, die derjenigen entspricht, welche tönende Röhren zeigen; aber diese Entfernung der Knoten von einander ist eine verschiedene, je nach dem angewendeten Resonator, sie wächst mit den Dimensionen dieses Apparates.

Die Wichtigkeit dieses Resultates liegt auf der Hand. Hängt die Wellenlänge $\lambda = V \cdot T$ von dem verwendeten Resonator ab, so muss einer der beiden Faktoren V oder T variiren. Die Annahme, dass die Fortpflanzungsgeschwindigkeit V von der Art der Beobachtung abhängt, wäre offenbar unsinnig; es bleibt also nur die Annahme, dass die Schwingungsperiode T variirt. Diese Hypothese machen auch Sarasin und de la Rive. Sie glauben, dass das von dem Erreger hervorgebrachte Wellensystem alle zwischen bestimmten Grenzen möglichen Wellenlängen enthält, und dass jeder Resonator aus dieser Vereinigung diejenige Schwingung herausgreift, deren Periode mit seiner eigenen übereinstimmt.

Aus diesem Schlusse folgt unmittelbar, dass die numerischen Werthe, welche Hertz für die Fortpflanzungsgeschwindigkeit der elektrischen Störungen in der Luft und in Drähten abgeleitet hat, keinerlei Bedeutung besitzen, da diese Werthe von der Lage der Knoten und demnach auch von dem verwendeten Resonator abhängen. Gleichwohl bleibt immerhin der Nachweis bestehen, dass die Fortpflanzung durch Wellenbewegung erfolgt und zwar nothwendiger Weise mit einer endlichen Geschwindigkeit, welche von derselben Grössenordnung ist, wie die Lichtgeschwindigkeit. Die Experimente von Hertz behalten also eine bedeutende Wichtigkeit und verdienen vollauf das ungeheure Aufsehen, das sie erregten. Wir werden übrigens später auf die oben angekündigten Abweichungen in einzelnen Punkten sowie auf die Schwierigkeiten zurückkommen, welche in Folge der unerwarteten Resultate von Sarasin und de la Rive auftreten[1]).

[1]) cf. die Besprechung dieser Experimente im Kapitel XII.

Kapitel VIII.

Der Erreger von Hertz.

68. Geleitet von theoretischen Ueberlegungen, die wir oben wiedergegeben haben[1]), stellte Hertz Untersuchungen an, welche eine Entscheidung zwischen der alten Elektrodynamik und derjenigen von Maxwell herbeiführen sollten, und es gelang ihm in der That, die Fortpflanzung der elektromagnetischen Wellen sichtbar zu machen. Diese Experimente sind im Kapitel VII beschrieben; wir haben jetzt die Schlüsse zu besprechen, welche Hertz daraus zog, ebenso wie die Einwürfe, welche man gegen seine Methode erheben kann.

69. Zunächst untersuchen wir den Apparat, vermittelst dessen Hertz sehr rasche elektromagnetische Schwingungen hervorrief, seinen Erreger. Derselbe besteht aus einem 5 Millimeter starken Kupferdrahte, an dessen Enden zwei Zinkkugeln von 15 cm Radius angelöthet sind; die Entfernung ihrer Mittelpunkte betrug bei dem ersten Apparate von Hertz 1,50 m. In der Mitte ist der Draht auf einige Millimeter unterbrochen, und es können daher zwischen diesen Enden Funken überspringen; beide Enden stehen mit den Polen einer Ruhmkorff'schen Spule in Verbindung.

Wir wollen nun mit Hertz die Dauer der elektrischen Schwingung in diesem Systeme berechnen.

Vereinigt man bei einem Kondensator, dessen Belegungen auf die Potentiale V_1 und V_2 gebracht sind, dessen Ladung q und dessen Kapacität C ist, die beiden Belegungen durch einen Leiter vom Widerstande R, dann erhält man in diesem Leiter einen Strom i; bedeutet ferner L den Koefficient der Selbstinduktion des Systems, dann gilt für jeden Augenblick:

$$R\,i = -L\frac{\partial i}{\partial t} + V_1 - V_2,$$

---

[1]) Kap. VI § 50—56.

gleichzeitig ist:

$$\text{(1)} \qquad V_1 - V_2 = -\frac{q}{C}$$

und

$$i = \frac{\partial q}{\partial t}.$$

Eliminirt man hieraus i und $(V_1 - V_2)$, so erhält man die Differentialgleichung

$$\text{(2)} \qquad LC\frac{\partial^2 q}{\partial t^2} + RC\frac{\partial q}{\partial t} + q = 0.$$

Setzen wir das unbestimmte Integral dieser Differentialgleichung $= A \,.\, e^{ht}$, so erhält man für h aus der Gleichung

$$LC h^2 + RC h + 1 = 0$$

die Werthe

$$h = -\frac{R}{2L} \pm \frac{\sqrt{R^2 C^2 - 4LC}}{2LC}.$$

Die Wurzeln sind reell, wenn

$$R > 2\sqrt{\frac{L}{C}}.$$

Dann wird das allgemeine Integral von (2)

$$q = A_1 e^{h_1 t} + A_2 e^{h_2 t}$$

und es finden keine Schwingungen statt.

Ist dagegen $R < 2\sqrt{\frac{L}{C}}$, dann sind die Wurzeln imaginär. Setzen wir

$$h = -\alpha \pm i\beta,$$

wobei also:

$$-\alpha = -\frac{R}{2L}, \qquad \beta = \frac{\sqrt{4LC - R^2C^2}}{2LC},$$

dann ist das allgemeine Integral:

$$q = A e^{-\alpha t} \cos(\beta t + \gamma);$$

hierbei sind A und γ zwei willkürliche Konstanten.

Die Schwingungsperiode T ist gegeben durch

$$\beta T = 2\pi$$

oder

$$T = \frac{2\pi}{\beta};$$

für den Fall, dass man R vernachlässigen kann, wird

$$\beta = \frac{1}{\sqrt{LC}}$$

und

$$T = 2\pi\sqrt{LC}.$$

Für das logarithmische Dekrement erhalten wir

$$\alpha T = \pi R \sqrt{\frac{C}{L}}.$$

70. Wir wollen nun den Erreger mit einem Kondensator vergleichen und, um die Kapacität desselben zu finden, die Kapacität des Drahtes vernachlässigen. Die gegenseitige Wirkung der beiden Kugeln kann gleichfalls vernachlässigt werden; Hertz beschränkt sich auf die Angabe, dass dann die Kapacität des Kondensators derjenigen einer jeden der beiden Kugeln gleich ist; diese wird im elektrostatischen Maasse durch den in Centimetern gemessenen Kugelradius ausgedrückt; hier würde also $C = 15$ sein[1]).

Dieser Werth ist indessen nicht richtig; betrachtet man nämlich das System der beiden Kugeln als einen Kondensator, so ist nach der Definition die Kapacität dieses Kondensators das Verhältniss der Ladung einer der Kugeln zur Potentialdifferenz der beiden Kugeln. Nennt man q und $-q$ die Ladungen der beiden Kugeln, V und $-V$ ihre Potentiale, dann erhält man für die Ladung q einer Kugel in elektrostatischem Maasse:

$$q = V \,.\, 15 \text{ cm}.$$

Da nun die Potentialdifferenz beider Kugeln 2 V ist, so wird die Kapacität des Kondensators gegeben durch

$$\frac{q}{2V} = \frac{V \,.\, 15 \text{ cm}}{2V} = 7{,}5 \text{ cm}.$$

71. Bei der Berechnung der Selbstinduktion L kann man die beiden Kugeln ausser Acht lassen, die ja nur einen geringen Theil

[1]) Wied. Ann. XXXI S. 444.

der Länge des Apparates repräsentiren; die Dichtigkeit des elektrischen Stromes ist dort ausserdem viel geringer, als in dem Drahte. Wir haben also die Selbstinduktion eines Cylinders von einem halben Centimeter Durchmesser und 150 Centimeter Länge zu bestimmen.

Es ist (Bd. I § 140—146)

$$T = L\frac{i^2}{2} = \frac{1}{2}\int (Fu + Gv + Hw)\, d\tau .$$

Wählen wir die Cylinderaxe als X-Axe, so ist

$$v = w = 0$$

und

$$L i^2 = \int F u\, d\tau .$$

Der Strom fliesst nicht gleichmässig in dem Querschnitt des Drahtes, wir haben also:

$$i = \int u\, d\omega ,$$

wobei das Integral sich über alle Oberflächenelemente eines normalen Querschnittes des Drahtes erstreckt.

Nun ist (cf. § 25 (7) und (9))

$$F = \int \frac{u'\, d\tau'}{r} + \frac{1-k}{2}\cdot\frac{\partial\psi}{\partial x} = F' + \frac{1-k}{2}\cdot\frac{\partial\psi}{\partial x},$$

$$\psi = \int \frac{\partial\varrho'}{\partial t}\, r\, d\tau' ;$$

hierbei bedeutet ϱ die Dichtigkeit der freien Elektricität. In unserem Falle tritt freie Elektricität im Wesentlichen nur an den beiden Enden auf, demnach ist

$$\psi = \frac{\partial q_1}{\partial t} r_1 + \frac{\partial q_2}{\partial t} r_2 ,$$

wobei r_1 und r_2 die Entfernungen des betrachteten Punktes des Drahtes von den beiden Kugeln bedeuten, und q_1 und q_2 die Ladungen der beiden Kugeln. Nun ist

$$\frac{\partial q_1}{\partial t} = -\frac{\partial q_2}{\partial t},$$

da die Elektricität sich von einer Kugel zur anderen bewegt.

Wählen wir als Koordinatenanfang das eine Ende und nennen l die Länge des Drahtes, dann ist

$$r_1 = x\,; \quad r_2 = l - x\,;$$

$$r_1 - r_2 = 2x - l$$

und

$$\psi = \frac{\partial q_1}{\partial t}(2x - l) = -i(2x - l)\,,$$

$$\frac{\partial \psi}{\partial x} = -2i\,.$$

72. Wir berechnen nun $F' = \int \frac{u'\,d\tau}{r}$.

Es sei (x', y', z') der Schwerpunkt des Elementes $d\tau'$, r seine Entfernung vom Punkte (x, y, z), δ der Abstand des Punktes (x, y, z) von der durch (x', y', z') zur X-Axe parallel gezogenen Geraden, so dass (cf. Fig. 14)

$$\delta^2 = (y - y')^2 + (z - z')^2\,.$$

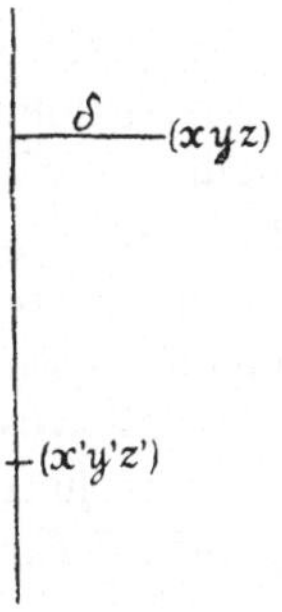

Wir denken uns nun den cylindrischen Leiter in eine unendlich grosse Anzahl von Elementarcylindern zerlegt, und zwar so, dass das Element $d\tau'$ einen Cylinder darstellt, dessen Erzeugenden parallel zur X-Axe verlaufen, dessen normaler Querschnitt $d\omega'$ und dessen Höhe dx' ist; dann haben wir

δ (xyz)

(x'y'z')

Fig. 14.

$$d\tau' = d\omega'\,dx'$$

und

$$F' = \int \frac{u'\,d\omega'\,dx'}{r} = \int u'\,d\omega' \int \frac{dx'}{r}\,,$$

denn, da u' nicht von x' abhängt, kann man bei der Integration nach x' die Grösse u' vor das Integral setzen. Weiter ist

$$r^2 = \delta^2 + (x - x')^2\,,$$

also

$$\int_0^l \frac{dx'}{\sqrt{\delta^2 + (x' - x)^2}} = \Big[ln\left(x' - x + \sqrt{\delta^2 + (x' - x)^2}\right)\Big]_0^l$$

$$= ln\,\frac{l - x + \sqrt{\delta^2 + (l - x)^2}}{-x + \sqrt{\delta^2 + x^2}}$$

$$= ln\,\frac{\left(l - x + \sqrt{\delta^2 + (l - x)^2}\right)\left(x + \sqrt{\delta^2 + x^2}\right)}{\delta^2}$$

und, wenn man δ gegen x und l vernachlässigt:

$$= ln \frac{4x(l-x)}{\delta^2}.$$

Es ist also

$$F' = \int u' d\omega' \, ln \frac{4(xl-x^2)}{\delta^2}.$$

Wir können nun annehmen, dass die Dichtigkeit des Stromes u' im Querschnitte $d\omega'$ nur von der Entfernung von der Axe abhängt.

Legen wir durch den Punkt x, y, z eine Ebene normal zur X-Axe, dann wird dieselbe den Draht in einem Kreise schneiden. Diesen Kreis C wollen wir in eine unendliche Anzahl von Elementen zerlegen und zwar möge das Element $d\omega'$ zu den Koordinaten x', y', z' gehören; seine Entfernung von (x, y, z) wird dann $= \delta$ sein. Wir denken uns nun über die Oberfläche dieses Kreises C eine anziehende Masse so vertheilt, dass ihre Dichtigkeit in x', y', z', dem Schwerpunkt von $d\omega'$, gerade $= u'$ ist; diese Materie wird dann in koncentrischen, kreisförmigen Lagen vertheilt sein. Ferner nehmen wir an, dass diese fingirte Materie den Punkt x, y, z nach einem passenden Gesetze anziehe, das noch definirt werden muss.

F' wird offenbar das Potential der von der Materie im Punkte x, y, z herrührenden Anziehung sein, wenn man das Anziehungsgesetz derartig annimmt, dass das von der Masse 1 in der Entfernung δ herrührende Potential $= ln \frac{4(xl-x^2)}{\delta^2}$ ist; dies ist also ein logarithmisches Potential, und bekanntlich ist das logarithmische Potential einer in ringförmigen, homogenen Schichten vertheilten Materie auf einen äusseren Punkt dasselbe, als wenn die ganze Materie im Mittelpunkte vereinigt wäre. Man hat also für einen äusseren Punkt

$$F' = \int u' d\omega' \, ln \frac{4(xl-x^2)}{\delta_0^2},$$

wenn man mit δ_0 die Entfernung dieses äusseren Punktes x, y, z vom Mittelpunkte des Kreises, d. h. vom Punkte $(x, 0, 0)$ bezeichnet. Für einen Punkt auf der Oberfläche, also für $\delta_0 = \frac{d}{2}$, wird

$$F' = i \, ln \frac{16(xl-x^2)}{d^2}.$$

Dieser Werth gilt für einen Punkt der Oberfläche; ist das auch noch für einen inneren Punkt der Fall? Wenn es sich um einen über den ganzen Querschnitt des Drahtes verbreiteten Strom handelt, nicht; aber ein rascher Wechselstrom verläuft fast vollständig auf der Oberfläche. Man kann in diesem Falle annehmen, dass der ganze Strom sich auf der Oberfläche befindet und im Innern $u'=0$ ist; F' hat dann einen konstanten Werth, der gleich demjenigen ist, welcher für einen Punkt der Oberfläche gegeben wurde. Folglich wird

$$F = i\left[ln\frac{16(xl - x^2)}{d^2} + k - 1\right],$$

und

$$\int F u\, d\tau = \int d\omega\, u\, F\, dx = \int d\omega\, u \int_0^l F\, dx = i\int_0^l F\, dx,$$

also

$$L\, i^2 = i^2 \int_0^l \left[ln\frac{16(xl - x^2)}{d^2} + k - 1\right] dx.$$

Das unbestimmte Integral ist:

$$x\left[ln\frac{16}{d^2} + k - 1\right] + x\,[ln\, x - 1] - (l - x)\,[ln\,(l - x) - 1],$$

folglich

$$L = 2\,l\left[ln\frac{4}{d} + \frac{k-1}{2}\right] + 2\,l\,(ln\, l - 1) = 2\,l\left[ln\frac{4\,l}{d} - 1 + \frac{k-1}{2}\right].$$

Hertz gibt an:

$$2\,l\left[ln\frac{4\,l}{d} - 0{,}75 + \frac{1-k}{2}\right].$$

Der Grund für diese Abweichung ist meines Erachtens darin zu suchen, dass Hertz die Rechnung unter der Voraussetzung durchführt, dass die Dichtigkeit des Stromes im Innern des Leiters konstant ist. Aus diesem Grunde wenigstens erhält Hertz als zweites Glied $-0{,}75$ statt -1; wenn er als drittes Glied $\frac{1-k}{2}$ statt $\frac{k-1}{2}$ findet, so ist dies wahrscheinlich auf einen Zeichenfehler bei der Berechnung von ψ zurückzuführen. Diese Abweichungen betreffen übrigens nur Grössen, die zu vernachlässigen sind.

Ersetzt man l und d durch ihre Werthe und macht nach der Neumann'schen Annahme $k=1$, so erhält man

$$L = 1902\text{ cm}.$$

Würde man $k = 0$ setzen, so erhielte man für L einen um 150 cm grösseren Werth.

Diese Werthe von L und C führen wir in den für T in elektromagnetischen Einheiten berechneten Ausdruck

$$T = 2\pi \sqrt{LC}$$

ein; bedeutet C′ die Kapacität in elektrostatischem Maasse, dann ist

$$C = \frac{C'}{V^2}$$

oder

$$V\,T = 2\pi \sqrt{LC'} = 2\pi \sqrt{1902 \,.\, 7{,}5} = 7{,}51 \text{ m},$$

wobei V das Verhältniss der Einheiten bedeutet. Hertz findet eine davon abweichende Zahl 5,31 m, weil er nur die einfache Schwingung berücksichtigt und weil er andererseits in der Berechnung der Kapacität den oben erwähnten Fehler beging. Für die Grösse T gibt er 1,77 in Zehnmillionstel der Sekunde an; für eine vollständige Schwingung würde man statt dessen, unter Berücksichtigung des oben Erwähnten, 2,51 erhalten.

Alles dies setzt voraus, dass R zu vernachlässigen ist. Sollen überhaupt Schwingungen auftreten, dann muss $R < 2\sqrt{\frac{L}{C}}$ sein, d. h. < 969 Ohm. Damit also die vorhergehende Formel gültig bleibt, muss nur R^2 im Verhältniss zu 969^2 Ohm zu vernachlässigen sein; das logarithmische Dekrement wird $\frac{R}{308 \text{ Ohm}}$ betragen[1]).

73. Die Funktion des Unterbrechers. Vergleicht man den Erreger mit einem schwingenden Pendel, dann würde die Rolle des Unterbrechers nur darin bestehen, das Pendel aus seiner Gleichgewichtslage zu entfernen, und zwar mittels einer Kraft, welche während einer im Verhältnisse zur Dauer der Schwingung sehr kurzen Zeit verschwindet. Eine solche Kraft, die in einer selbst gegen eine hundertmillionstel Sekunde noch sehr kurzen Zeit verschwindet, kann durch keine mechanische Vorrichtung hervorgerufen werden, wohl aber leistet dies eine Ruhmkorff'sche Spirale. Hier laden sich die beiden Pole mit entgegengesetzter Elektricität, und zwar sehr langsam im Vergleich mit der Schwingungsdauer des Erregers. Dann kommt ein Augenblick, wo die Potentialdifferenz

---

[1]) Hertz gibt 686 und 213 anstatt 969 und 308 in Folge des bei der Berechnung der Kapacität begangenen Fehlers.

einen bestimmten Werth von ungefähr 100 elektrostatischen Einheiten erreicht, und ein Funke überspringt. Die elektromotorische Gegenkraft, welche sich dem kontinuirlichen Uebergang der Elektricität von dem einen Theile des Drahtes zum anderen entgegensetzte, verschwindet plötzlich, alles geht so vor sich, als ob man eine Art von Reibung beim Anfange der Bewegung aufhöbe, und die Schwingungen beginnen.

Die kurze Dauer bis zum Verschwinden hängt von einer Menge nur ungenügend bekannter Umstände ab, von der Beleuchtung des Unterbrechers durch ultraviolette Strahlen, vom Grade der Politur der Poloberflächen u. s. w. In einem neuerdings erschienenen Artikel, der viel Aufsehen erregt hat[1]), stellt sich Brillouin auf einen anderen Standpunkt als Hertz. Er vergleicht den Unterbrecher mit der Zunge einer Pfeife, und danach würde der Apparat nur gut funktioniren, wenn die Periode des Unterbrechers mit derjenigen des Erregers übereinstimmte.

Um den Unterschied zwischen den beiderseitigen Gesichtspunkten klar hervortreten zu lassen, kann ich mich auf die Bemerkung beschränken, dass nach der Ansicht von Brillouin ein für einen gegebenen Erreger justirter Funkengeber nicht bei einem Erreger von längerer oder kürzerer Periode funktioniren würde, während derselbe nach Hertz's Ansicht bei allen Erregern funktioniren muss, welche eine längere Periode besitzen, als er selbst.

Es ist schwierig, diese Frage endgiltig zu entscheiden; immerhin scheint es wenig wahrscheinlich zu sein, dass Brillouin Recht hat, und es ist natürlicher, sich der Ansicht von Hertz anzuschliessen. In jedem Falle hat man den Unterbrecher bei der Berechnung der Periode nicht mit zu berücksichtigen; es genügt, dass der gesammte Widerstand des Drahtes, einschliesslich des Unterbrechers, immer gegenüber der Grösse $2\sqrt{\frac{L}{C}}$ zu vernachlässigen ist.

74. Einwürfe gegen die Rechnung von Hertz. Die vorhergegangene Berechnung fordert mancherlei Einwürfe heraus. Bei der Berechnung von L wurde die Ruhmkorff'sche Spirale überhaupt nicht berücksichtigt, und doch besitzt dieselbe eine ungeheuer grosse Selbstinduktion. Der Strom kann ferner nicht von einem Ende des Drahtes zum anderen fliessen; endlich wurden die in dem Dielektrikum erzeugten Verschiebungsströme ausser Acht gelassen: Es findet nämlich eine elektrische Strahlung statt, und die Energie verschwindet nicht nur durch Umsetzung in Wärme im Drahte, sondern auch

[1]) Revue générale des sciences pures et appliquées I pag. 141.

durch elektrische Strahlung; so wurde auch bei der Bestimmung des logarithmischen Dekrements nur der Wärmeverlust in Rechnung gezogen, das Dekrement ist jedoch thatsächlich viel grösser.

75. Hertz berücksichtigt die Ruhmkorff'sche Spirale bei der Bestimmung der Periode gar nicht, und in der That ist der störende Einfluss, der von der Spirale auf die Schwingungsdauer des Erregers ausgeübt wird, vollständig zu vernachlässigen. Wir wollen den in DE unterbrochenen Erreger AB näher in's Auge fassen; i möge den

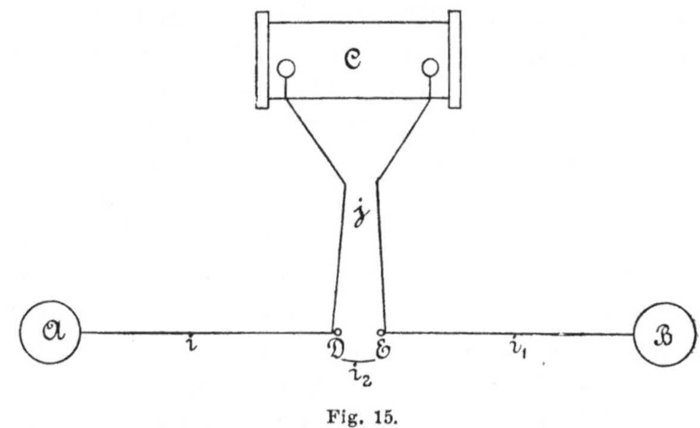

Fig. 15.

Strom bedeuten, welcher den Arm AD durchfliesst, i_1 den entsprechenden in EB, i_2 den Strom zwischen D und E und j den Strom, welcher die sekundäre Spirale ECD der Spule C durchläuft; dann liefern die Kirchhoff'schen Gesetze:

$$i_2 = i + j,$$

$$i_1 = i_2 - j,$$

folglich

$$i_1 = i.$$

Wir haben demnach zwei Ströme: den einen, i, der von A nach B geht, den anderen, von der Intensität j, welcher dem geschlossenen Stromkreise DECD folgt; beide Stromkreise haben also ein gemeinsames Stück, DE.

Wir wenden nun das Ohm'sche Gesetz an: Bezeichnet L die Selbstinduktion von AB, N diejenige der Spule und M die gegenseitige Induktion der beiden Stromkreise, ferner C die Kapacität der Kugeln, R den Widerstand von AB und S denjenigen des Stromkreises DECD, endlich q die Ladung der einen der beiden Kugeln, dann gilt:

$$\left\{\begin{aligned} \mathrm{R}\,i &= -\mathrm{L}\frac{\partial i}{\partial t} - \mathrm{M}\frac{\partial j}{\partial t} - \frac{q}{\mathrm{C}}, \\ \mathrm{S}\,j &= -\mathrm{M}\frac{\partial i}{\partial t} - \mathrm{N}\frac{\partial j}{\partial t}. \end{aligned}\right.$$

Bekanntlich ist $i = \frac{\partial q}{\partial t}$, folglich erhalten wir

$$\left\{\begin{aligned} & \mathrm{C\,L}\frac{\partial^2 q}{\partial t^2} + \mathrm{C\,R}\frac{\partial q}{\partial t} + \mathrm{C\,M}\frac{\partial j}{\partial t} + q = 0, \\ & \mathrm{N}\frac{\partial j}{\partial t} + \mathrm{S}\,j + \mathrm{M}\frac{\partial^2 q}{\partial t^2} = 0. \end{aligned}\right.$$

Als Integrale finden wir:

$$\left\{\begin{aligned} q &= e^{\alpha t}, \\ j &= \lambda\, e^{\alpha t}. \end{aligned}\right.$$

Setzen wir diese Werthe ein, so folgt:

$$\left\{\begin{aligned} & \mathrm{C\,L}\,\alpha^2 + \mathrm{C\,R}\,\alpha + \mathrm{C\,M}\,\lambda\,\alpha + 1 = 0, \\ & \lambda\,(\mathrm{N}\,\alpha + \mathrm{S}) + \mathrm{M}\,\alpha^2 = 0. \end{aligned}\right.$$

Durch Elimination von λ ergibt sich:

$$(\mathrm{C\,L}\,\alpha^2 + \mathrm{C\,R}\,\alpha + 1)(\mathrm{N}\,\alpha + \mathrm{S}) - \mathrm{C\,M}^2\,\alpha^3 = 0.$$

L, C und R sind kleine Grössen, N und S dagegen gross; M ist sehr klein, selbst im Vergleich mit L. In erster Annäherung darf man also den zweiten Term vernachlässigen; setzt man dann den ersten Faktor des ersten Gliedes Null, dann erhält man:

$$\mathrm{L\,C}\,\alpha^2 + \mathrm{C\,R}\,\alpha + 1 = 0. \tag{1}$$

Dies ist die früher untersuchte Gleichung, die sich ergibt, wenn man die Selbstinduktion der Spule vernachlässigt. Man hat also angenähert

$$\alpha = \frac{\pm\sqrt{-1}}{\sqrt{\mathrm{C\,L}}}.$$

Führen wir diesen Werth von α ein, dann erhalten wir eine zweite Annäherung; wir können schreiben:

$$\mathrm{C\,L}\,\alpha^2 + \mathrm{C\,R}\,\alpha + 1 = \frac{\mathrm{C\,M}^2\,\alpha^3}{\mathrm{N}\,\alpha + \mathrm{S}}. \tag{2}$$

Ersetzen wir hierin auf der rechten Seite α durch den soeben gefundenen Werth $\frac{\pm\sqrt{-1}}{\sqrt{LC}}$, dann ergibt sich eine Gleichung, bei der das absolute Glied 1 beträgt, weniger einer gewissen Konstanten, und der Fehler, den wir dadurch begingen, dass wir als Wurzeln unserer ursprünglichen Gleichung diejenigen der Gleichung (1) wählten, ist von der Grössenordnung des Gliedes auf der rechten Seite. Dies Glied wird, da α sehr gross ist, näherungsweise $= \frac{C M^2 \alpha^2}{N}$, d. h. $-\frac{M^2}{NL}$, und die Vernachlässigung desselben ist ganz ohne Belang, gerade weil die Selbstinduktion der Spirale so ungemein gross ist.

Der ganze Vorgang lässt sich damit vergleichen, dass man an die Linse eines Pendels ein zweites Pendel anheftet. Haben die Linsen beider Pendel nahezu die gleiche Masse, dann werden die Schwingungsperioden wesentlich beeinflusst; ist aber das erste Pendel sehr lang und die Masse seiner Linse sehr beträchtlich, das zweite dagegen kurz und leicht, dann wird die Schwingungsperiode des letzteren durch die Bewegung des ersten Pendels nur wenig gestört werden.

Die vorhergehende Rechnung ist ungemein oberflächlich, da wir die bedeutenden Wirkungen der Kapacität, welche in der Spule auftreten, gar nicht berücksichtigten. Aber das Resultat würde auch gar nicht davon beeinflusst werden, denn die Kapacität würde dieselbe Rolle spielen, wie die Selbstinduktion, und die Dauer der Periode nicht verändern, g e r a d e, w e i l s i e s e h r g r o s s i s t.

Wir sahen, dass in Folge eines Fehlers, den Hertz bei der Bestimmung der Kapacität beging, der Werth, den er für die Periode T erhielt, durch $\sqrt{2}$ zu dividiren ist, und, da die Wellenlänge in der Luft der Zahl gleich bleibt, welche Hertz experimentell bestimmte, so muss die Fortpflanzungsgeschwindigkeit, welche er daraus herleitete, mit $\sqrt{2}$ multiplicirt werden. Nun fand er eine Fortpflanzungsgeschwindigkeit in der Luft, welche derjenigen des Lichtes sehr nahekommt, nämlich 300,000 Kilometer in der Sekunde. Die Fortpflanzungsgeschwindigkeit, welche aus diesen Experimenten hergeleitet werden kann, wenn sie richtig interpretirt werden, würde also nicht mehr 300,000 betragen, sondern $300{,}000 \,.\, \sqrt{2}$. Wir werden später noch auf diesen Punkt zurückkommen.

Darf man nun nicht wenigstens die Hoffnung hegen, dass eine andere Korrektion diese kompensiren wird? Das ist wenig wahrscheinlich. Bei der Berechnung der Selbstinduktion sind allerdings die Verschiebungsströme unberücksichtigt geblieben, die durch das Dielektrikum von einer Kugel zu anderen gehen; aber J. J. Thomson hat gezeigt, dass die Periode hiervon wenig beeinflusst wird. Der Term nämlich, welcher sich in dem Ausdrucke von F ändert, wird F' sein, während $\frac{\partial \psi'}{\partial x}$ unverändert bleibt. F' aber ist das Integral $\int \frac{u' \, d\tau'}{r}$, das sich über alle Verschiebungsströme und Leiterströme erstreckt; wir haben es jedoch nur auf die Leiterströme ausgedehnt. Aber es scheint in der That, dass das den letzteren entsprechende Glied weitaus das wichtigere ist. Der Draht hat nämlich nur einen geringen Durchmesser; irgend ein Punkt der Oberfläche oder des Innern liegt daher viel mehr in der Nähe der Leiterströme, als der Verschiebungsströme, die sich über den ganzen Raum verbreiten; und was diejenigen betrifft, welche sich sehr nahe an dem Punkte befinden, so ist ihre Intensität viel schwächer, als diejenige der entsprechenden Leiterströme. Dies ist ohne Zweifel nur ein ziemlich roher Ueberschlag, aber er genügt wohl zum Beweise dafür, dass man die Periode nicht mehr mit einem Faktor von der Grösse $\sqrt{2}$ zu multipliciren haben wird.

76. Eine andere Korrektion kann vielleicht nöthig sein, wie dies J. J. Thomson gezeigt hat. Der Strom geht nicht vollständig von einer Kugel zur anderen, sondern ein Bruchtheil des Stromes geht durch die Oberfläche des Drahtes nach Aussen. Thomson nimmt willkürlich an, dass die Aenderung des Stromes längs des Drahtes durch eine Sinusfunktion dargestellt wird. Die Periode würde dann grösser sein, als diejenige, welche Hertz angibt, und zwar würde dies eine Korrektion im richtigen Sinne bedeuten, um die Uebereinstimmung zwischen der Geschwindigkeit der elektromagnetischen Wellen in der Luft und derjenigen des Lichtes wiederherzustellen; nur ist der Faktor, mit welchem man die Periode zu multipliciren hat, nicht grösser, als 1,05, und dies genügt also noch keineswegs, um eine Uebereinstimmung herbeizuführen.

So ist also eines der Resultate von Hertz, welche allgemein für die wichtigsten gehalten werden, nur auf einen Rechenfehler zurückzuführen. Wir werden jedoch späterhin noch sehen, dass, selbst wenn man dasselbe gänzlich verwerfen müsste, die Hertz'schen Versuche nichtsdestoweniger ein sehr grosses Interesse behalten, und dass die Schlüsse, welche man in Bezug auf die elektrodynamischen Theorien daraus ziehen kann, darum nicht minder streng sind.

77. Die elektrische Kraft steht senkrecht zu den Leitern. Eine wichtige Frage ist auch noch in Betreff des Erregers zu beantworten: Wie ist der Strom im Querschnitte des Drahtes vertheilt? Wir wollen nachweisen, dass, wenn in einem Leiter ungemein rasch wechselnde Ströme verlaufen, diese Leitungsströme fast vollständig auf der Oberfläche des Leiters bleiben. Ich werde bei der Diskussion der linearen Differentialgleichungen, welche bei diesen Fragen auftreten und deren Integrale periodische Funktionen sind, stets die Methode der Einführung von imaginären Exponentialgrössen anwenden[1]).

Diese Methode beruht darauf, dass man den Gleichungen des elektromagnetischen Feldes durch imaginäre Funktionen zu genügen sucht, welche als Faktor eine imaginäre Exponentialgrösse enthalten. Da die Gleichungen linear sind und reelle Koefficienten besitzen, so werden sie von den reellen Theilen dieser Funktionen stets erfüllt. Es wird also nach Ausführung der Rechnungen genügen, die reellen Theile der Funktionen, zu denen man gelangt ist, beizubehalten. Diese Methode vereinfacht überall da, wo man es mit einer periodischen Erscheinung zu thun hat, die Schreibweise ungemein.

Die Komponente F des Vektorpotentials beispielsweise ist eine periodische Funktion der Zeit mit einer Periode $= \frac{2\pi}{p}$. Wir setzen also:

$$F = F_0 e^{ipt};$$

dann ist

$$\frac{\partial F}{\partial t} = ipF,$$

$$\frac{\partial^2 F}{\partial t^2} = -p^2 F.$$

Da die Periode sehr klein ist, so ist p eine sehr grosse Zahl, ein Umstand, der die Rechnung sehr vereinfachen wird.

Wir wollen μ stets $= 1$ voraussetzen. In der That ist für fast alle Körper μ sehr nahezu gleich 1, und auch beim Eisen geht alles, wie Hertz experimentell nachgewiesen hat[2]), ebenso vor sich, wie bei einem beliebigen sonstigen Leiter; offenbar erfolgt die Magnetisirung durch Induktion nicht momentan, und die Zeit, welche zu ihrem Entstehen erforderlich sein würde, genügt nicht bei so rasch verlaufenden Induktionsströmen.

---

[1]) cf. Théorie mathématique de la Lumière § 50 etc.

[2]) Wied. Ann. XXXIV S. 558.

X, Y, Z seien nun die Komponenten der elektrischen Kraft, also

$$X = -\frac{\partial F}{\partial t} - \frac{\partial \varphi}{\partial x};$$

bei einem Leiter ist $X = \frac{u}{C}$; für die Integration längs einer geschlossenen Linie gilt

$$\int (X\,dx + Y\,dy + Z\,dz) = \frac{1}{C}\int (u\,dx + v\,dy + w\,dz), \tag{1}$$

und ferner

$$\int \left(\frac{\partial \varphi}{\partial x}\,dx + \frac{\partial \varphi}{\partial y}\,dy + \frac{\partial \varphi}{\partial z}\,dz\right) = 0.$$

Demnach wird die linke Seite:

$$-\int \left(\frac{\partial F}{\partial t}\,dx + \frac{\partial G}{\partial t}\,dy + \frac{\partial H}{\partial t}\,dz\right) = -\,i\,p\int (F\,dx + G\,dy + H\,dz).$$

Hieraus folgt in Verbindung mit (1)

$$\int (F\,dx + G\,dy + H\,dz) = \frac{i}{p\,C}\int (u\,dx + v\,dy + w\,dz).$$

p ist sehr gross, in Folge dessen wird die rechte Seite sehr klein. Wäre sie Null, dann erhielte man

$$\int (F\,dx + G\,dy + H\,dz) = 0,$$

d. h. im Innern eines Leiters wäre dann $F\,dx + G\,dy + H\,dz$ ein vollständiges Differential.

Ausserdem haben wir nach den Theorien von Maxwell

$$\alpha = \frac{a}{\mu} = a = \frac{\partial H}{\partial y} - \frac{\partial G}{\partial z} = 0;$$

α, β, γ sind also Null, und ebenso u, v, w, da

$$4\,\pi\,u = \frac{\partial \gamma}{\partial y} - \frac{\partial \beta}{\partial z} \text{ u. s. w.}$$

Im Innern eines Leiters verlaufen also keine Ströme; dieselben treten nur im Dielektrikum und auf der Oberfläche der Leiter auf.

Zu demselben Resultate würde man gelangen, wenn man C unendlich gross annähme, d. h. voraussetzte, dass man es mit einem vollkommenen Leiter zu thun hätte. Aus diesem Grunde also kann man sagen, dass sich die Leiter in diesem Falle verhalten wie vollkommene Leiter.

78. Es lässt sich hiergegen allerdings der Einwurf erheben, dass ja $\int (u\,dx + v\,dy + w\,dz)$ sehr gross sein könnte; dann würde in der That die rechte Seite der Gleichung (1) nicht mehr sehr klein bleiben. Dieser Einwurf wird jedoch hinfällig, wenn man bedenkt, dass dann auch $\int \frac{u^2 + v^2 + w^2}{C}$, der Ausdruck, der die Joule'sche Wärme repräsentirt, sehr gross werden müsste. Dies ist aber unmöglich, denn dann würde ein derartiger Energieverlust eintreten, dass ein solcher Zustand sich nur während einer sehr kurzen Zeit halten könnte.

Ausserdem bestätigt das Experiment unser Resultat vollständig, da man einen Leiter durch einen anderen von abweichender Beschaffenheit und folglich auch abweichender Leitungsfähigkeit ersetzen kann, ohne die Erscheinungen irgendwie zu verändern.

Lässt sich nun die Ueberlegung, die wir soeben anstellten, um nachzuweisen, dass die linke Seite der Gleichung (1) sehr klein ist, nicht auch auf die Dielektrika anwenden? In diesem Falle haben wir

$$\int (\mathrm{F}\,dx + \mathrm{G}\,dy + \mathrm{H}\,dz) = \frac{4\pi i}{p\mathrm{K}} \int (f\,dx + g\,dy + h\,dz),$$

und durch Differentiation nach der Zeit (da $\frac{\partial \mathrm{F}}{\partial t} = ip\mathrm{F}$ cf. § 77)

$$\int (\mathrm{F}\,dx + \mathrm{G}\,dy + \mathrm{H}\,dz) = \frac{4\pi}{p^2\mathrm{K}} \int (u\,dx + v\,dy + w\,dz).$$

Ist p sehr gross, dann würde auch $p^2\mathrm{K}$ sehr gross sein. Es könnte also scheinen, als ob auch in dem Dielektrikum kein Strom aufträte. Hier aber ist diese Ueberlegung nicht mehr stichhaltig; denn einmal ist $p^2\mathrm{K}$ nicht ebenso gross, wie es $p\mathrm{C}$ war. Bei hundert Millionen Schwingungen in der Sekunde ist nämlich

$$p = 2\pi \, . \, 10^8.$$

C ist für ein Metall, wie das Kupfer, von der Ordnung $\frac{1}{10^4}$, und K bedeutet im C. G. S.-Systeme das Reciproke des Quadrats der Lichtgeschwindigkeit.

Demnach ist

$$\frac{p^2 K}{4\pi} = \frac{\pi}{9} \cdot 10^{-4}$$

dagegen

$$p\,C = 2\pi \,.\, 10^4 .$$

Ausserdem würde auch, wenn $p^2 K$ sehr gross wäre, nichts gegen die Annahme sprechen, dass auch $\int (u\,dx + v\,dy + w\,dz)$ sehr gross sein könnte, denn in diesem Falle hat man nicht, wie bei Leitern, zu befürchten, dass die Joule'sche Wärme unendlich gross würde.

79. So tritt also im Innern eines Leiters weder ein Strom, noch eine elektromotorische Kraft auf. Die Funktion φ ist stetig, wenn man durch die Oberfläche hindurchgeht; und, falls man die Normale zur Z-Axe wählt, gilt dies auch für die Differentialquotienten $\frac{\partial \varphi}{\partial x}$ und $\frac{\partial \varphi}{\partial y}$ und deren Derivirten nach der Zeit; $\frac{\partial \varphi}{\partial z}$ dagegen ist unstetig.

Die Komponenten F, G, H sind stetig, denn $F = \int \frac{u'\,d\tau}{r}$ ist das Potential einer anziehenden Masse von der Dichtigkeit u, und dies Potential ist selbst dann noch stetig, wenn die Materie nur auf der Oberfläche vertheilt ist; aber dies gilt nicht mehr für die nach den Koordinaten genommenen Differentialquotienten dieser Grössen; ihre Derivirten nach der Zeit dagegen sind stetig.

Die Induktionskraft ist also stetig, wenn man die Oberfläche durchschreitet, die elektrostatische Kraft dagegen unstetig in demselben Sinne, in dem ihre normale Komponente unstetig ist. Dies gilt in Folge dessen auch für die gesammte elektromotorische Kraft; da nun in einem Punkte im Innern diese totale Kraft Null ist und die tangentialen Komponenten stetig sind, so folgt daraus, dass im äusseren Raume die elektrische Kraft auf der Oberfläche des Leiters senkrecht steht. In dem Falle, wo wir es mit ungeheuer raschen Schwingungen zu thun haben, müssen wir also für die Enden der elektrischen Kraftlinien die Bedingung aufstellen, dass dieselben normal zu den Leitern gerichtet sind; dies ist eine nothwendige und zwar sehr wichtige Folge der Thatsache, dass der Leitungsstrom auf die Oberfläche der Leiter beschränkt bleibt. Das Experiment hat dies übrigens nicht vollständig bestätigt oder lässt wenigstens noch Zweifel darüber aufkommen; wir werden späterhin Gelegenheit haben, diesen Punkt nochmals zu berühren.

Die magnetischen Kraftlinien dagegen sind tangentiell zur Oberfläche des Leiters gerichtet. Um dies zu zeigen, genügt der Nachweis, dass der Strom der magnetischen Kraft, welcher durch einen beliebigen Theil der Leiteroberfläche geht, Null ist. Dieser Strom ist gleich dem Integrale

$$\int (\mathrm{F}\,dx + \mathrm{G}\,dy + \mathrm{H}\,dz) = \frac{1}{ip}\int \left(\frac{\partial \mathrm{F}}{\partial t}\,dx + \frac{\partial \mathrm{G}}{\partial t}\,dy + \frac{\partial \mathrm{H}}{\partial t}\,dz\right)$$

genommen längs der Peripherie dieses Oberflächentheiles.

Nun ist

$$\mathrm{X} = -\frac{\partial \mathrm{F}}{\partial t} - \frac{\partial \varphi}{\partial x} \quad \text{und} \quad \int \left(\frac{\partial \varphi}{\partial x}\,dx + \frac{\partial \varphi}{\partial y}\,dy + \frac{\partial \varphi}{\partial z}\,dz\right) = 0\,.$$

Der gesuchte Strom ist also gleich

$$-\frac{1}{ip}\int (\mathrm{X}\,dx + \mathrm{Y}\,dy + \mathrm{Z}\,dz)\,.$$

Da nun die elektrische Kraft normal zum Leiter gerichtet war, so hat man

$$(\mathrm{X}\,dx + \mathrm{Y}\,dy + \mathrm{Z}\,dz) = 0\,,$$

der gesuchte Strom ist also in der That Null.

Kapitel IX.

Untersuchung des durch den Erreger hervorgebrachten Feldes.

80. Wir wollen nach Hertz die Berechnung des durch den Erreger hervorgebrachten elektromagnetischen Feldes durchführen.

Nehmen wir einen durch Rotation um die Z-Axe entstandenen Erreger an, so wird das Feld eine dementsprechende Symmetrie aufweisen; die elektrischen und magnetischen Kraftlinien, die von einem gegebenen Punkt ausgehen, verlaufen symmetrisch zu einer diesen Punkt enthaltenden Meridianebene; es folgt daraus, dass alle Kraftlinien entweder in Meridianebenen liegen, oder senkrecht zu allen Meridianebenen sind, die sie schneiden, d. h. dass sie Parallele sind.

Die elektrischen Kraftlinien stehen nach der vorhergehenden Theorie senkrecht zu den Leitern und können also nicht parallel zu einander sein. Demnach sind dieselben in Meridianebenen enthalten und die Parallelen müssen magnetische Kraftlinien darstellen.

Man hat also

$$\gamma = 0$$

und danach reducirt sich die Gleichung (6) § 50 auf

$$\frac{\partial \alpha}{\partial x} + \frac{\partial \beta}{\partial y} = 0 .$$

Diese Gleichung drückt aus, dass $\alpha\, dy - \beta\, dx$ ein vollständiges Differential darstellt, wenn x und y allein als veränderlich betrachtet werden. Bezeichnen wir mit $\frac{\partial \Pi}{\partial t}$ die Integralfunktion, so ist:

$$\alpha\, dy - \beta\, dx = d\, \frac{\partial \Pi}{\partial t} ,$$

folglich

$$(1)\qquad \begin{cases} \alpha = \dfrac{\partial^2 \Pi}{\partial y\, \partial t}, \\[2ex] \beta = -\dfrac{\partial^2 \Pi}{\partial x\, \partial t}, \\[2ex] \gamma = 0. \end{cases}$$

Für die Komponenten der elektrischen Verschiebung erhält man aus den Gleichungen (2) § 50:

$$(2)\qquad \begin{cases} 4\pi \dfrac{\partial f}{\partial t} = \dfrac{\partial \gamma}{\partial y} - \dfrac{\partial \beta}{\partial z} = \dfrac{\partial^3 \Pi}{\partial x\, \partial z\, \partial t}, \\[2ex] 4\pi \dfrac{\partial g}{\partial t} = \dfrac{\partial \alpha}{\partial z} - \dfrac{\partial \gamma}{\partial x} = \dfrac{\partial^3 \Pi}{\partial y\, \partial z\, \partial t}, \\[2ex] 4\pi \dfrac{\partial h}{\partial t} = \dfrac{\partial \beta}{\partial x} - \dfrac{\partial \alpha}{\partial y} = -\dfrac{\partial^3 \Pi}{\partial x^2\, \partial t} - \dfrac{\partial^3 \Pi}{\partial y^2\, \partial t}. \end{cases}$$

Die erste der Gleichungen (2) zeigt, dass

$$4\pi f - \frac{\partial^2 \Pi}{\partial x\, \partial z}$$

eine von der Zeit unabhängige Funktion ist; sie spielt also bei der zu untersuchenden periodischen Erscheinung keine Rolle und man kann sie als Null annehmen, ebenso die beiden anderen.

Wir erhalten demnach:

$$(3)\qquad \begin{cases} 4\pi f = \dfrac{\partial^2 \Pi}{\partial x\, \partial z}, \\[2ex] 4\pi g = \dfrac{\partial^2 \Pi}{\partial y\, \partial z}, \\[2ex] 4\pi h = -\dfrac{\partial^2 \Pi}{\partial x^2} - \dfrac{\partial^2 \Pi}{\partial y^2}. \end{cases}$$

81. Ersetzen wir in den Gleichungen (3) des § 50 α, g, h durch ihre Werthe als Funktion von Π, so liefert uns die Gleichung

$$\frac{\partial \alpha}{\partial t} = -\frac{4\pi}{\mathrm{K}} \left(\frac{\partial h}{\partial y} - \frac{\partial g}{\partial z} \right):$$

$$\mathrm{K} \frac{\partial^3 \Pi}{\partial y\, \partial t^2} = \frac{\partial^3 \Pi}{\partial x^2\, \partial y} + \frac{\partial^3 \Pi}{\partial y^3} + \frac{\partial^3 \Pi}{\partial z^2\, \partial y} = \frac{\partial \Delta \Pi}{\partial y},$$

oder

$$\frac{\partial}{\partial y}\left(\mathrm{K}\frac{\partial^2 \Pi}{\partial t^2} - \Delta\Pi\right) = 0 .$$

Ebenso ist

$$\frac{\partial}{\partial x}\left(\mathrm{K}\frac{\partial^2 \Pi}{\partial t^2} - \Delta\Pi\right) = 0 .$$

Hieraus folgt

$$\mathrm{K}\frac{\partial^2 \Pi}{\partial t^2} - \Delta\Pi = f(z, t) ;$$

es ist also dieser Ausdruck unabhängig von x und von y. Man kann die Funktion f als Null annehmen, denn wenn man zu Π eine beliebige Funktion von z und t hinzufügt, so wird dadurch das Feld in keiner Weise geändert; alle Komponenten $\alpha, \beta, \gamma, f, g, h$ enthalten nämlich die wenigstens einmal nach x oder y genommenen Differentialquotienten von Π als Faktor.

Demnach wird

$$\mathrm{K}\frac{\partial^2 \Pi}{\partial t^2} = \Delta\Pi . \tag{4}$$

Hierbei ist zu bemerken, dass Π keine beliebige Funktion von x, y, z darstellt, da das Feld durch eine Drehung um O Z hervorgebracht wird. Π ist eine Funktion von z und von

$$\varrho = \sqrt{x^2 + y^2}$$

oder wenn man will, von z und

$$r = \sqrt{\varrho^2 + z^2} .$$

82. Wir wollen nun die Gleichungen der elektrischen Kraftlinien aufstellen; die Differentialgleichungen lauten:

$$\frac{dx}{f} = \frac{dy}{g} = \frac{dz}{h} . \tag{5}$$

Für die in der ZX-Ebene liegende Linie ist $y = 0$, $x = \varrho$, sodass die Gleichungen (5) werden:

$$y = 0 ,$$

$$h\,dx - f\,dz = 0 ,$$

oder

$$\frac{\partial^2 \Pi}{\partial x\,\partial z}\,dz + \left(\frac{\partial^2 \Pi}{\partial x^2} + \frac{\partial^2 \Pi}{\partial y^2}\right) dx = 0\,.$$

Nehmen wir z und ϱ zu Koordinaten, so wird diese Gleichung

$$\frac{\partial^2 \Pi}{\partial \varrho\,\partial z}\,dz + \left(\frac{\partial^2 \Pi}{\partial \varrho^2} + \frac{1}{\varrho}\cdot\frac{\partial \Pi}{\partial \varrho}\right) d\varrho = 0\,.$$

Durch Multiplikation mit ϱ erhalten wir das vollständige Differential

$$\varrho\,\frac{\partial^2 \Pi}{\partial \varrho\,\partial z}\,dz + \left(\varrho\,\frac{\partial^2 \Pi}{\partial \varrho^2} + \frac{\partial \Pi}{\partial \varrho}\right) d\varrho = 0\,,$$

und durch Integration

$$\varrho\,\frac{\partial \Pi}{\partial \varrho} = \text{Const.}$$

Bei Anwendung der Koordinaten x und y erhält man also für eine in einer Meridianebene liegende Kraftlinie

(6) $$x\,\frac{\partial \Pi}{\partial x} + y\,\frac{\partial \Pi}{\partial y} = \text{Const.}$$

83. Ein besonders interessanter Fall ist derjenige, bei dem Π nur eine Funktion des Abstands r vom Anfangspunkt ist; eine bekannte Umformung ergibt:

$$\Delta\,\Pi = \frac{\partial^2 \Pi}{\partial r^2} + \frac{2}{r}\cdot\frac{\partial \Pi}{\partial r}\,.$$

Π ist dann durch die Gleichung definirt (cf. 4):

$$\mathrm{K}\,\frac{\partial^2 \Pi}{\partial t^2} = \frac{\partial^2 \Pi}{\partial r^2} + \frac{2}{r}\cdot\frac{\partial \Pi}{\partial r}\,;$$

dieselbe nimmt eine einfachere Form an, wenn man setzt

$$\Pi = \frac{\theta}{r}\,;$$

es folgt dann

(7) $$\frac{\partial^2 \theta}{\partial r^2} = \mathrm{K}\,\frac{\partial^2 \theta}{\partial t^2}\,;$$

dies ist aber die Gleichung der schwingenden Saiten, deren Integral lautet:

$$\theta = \theta_1\left(r + \frac{t}{\sqrt{K}}\right) + \theta_2\left(r - \frac{t}{\sqrt{K}}\right). \tag{8}$$

84. Kugelerreger von Lodge. Wir wollen eine Anwendung der vorhergehenden Rechnung auf ein Beispiel machen, das sich vollständig behandeln lässt. Nehmen wir an, eine leitende Kugel befinde sich ganz in einem gleichförmigen elektrischen Felde, so ist die positive Elektricität auf der einen Halbkugel, die negative auf der anderen ausgebreitet; weiter setzen wir voraus, dass im Anfang der Zeit Gleichgewicht vorhanden sei. Zerstört man dann plötzlich das Feld, so entstehen elektrische Schwingungen in dem Leiter und dem umgebenden Dielektrikum. Lodge hat diesen Fall experimentell untersucht.

Die in einem gleichmässigen Felde befindliche Kugel verhält sich wie ein mit Elektricität geladenes Element, das nach dem Feld orientirt ist, also gilt

$$4\pi f = -K\frac{\partial\varphi}{\partial x}.$$

Da nämlich hier kein Strom vorhanden ist, so sind F, G, H Null. Wir haben ferner

$$\varphi = C\frac{\partial\frac{1}{r}}{\partial z},$$

wo C eine Konstante bedeutet, die wir gleich $-\frac{1}{K}$ setzen können, so dass keine Koefficienten in den Formeln mehr vorkommen; demnach wird

$$4\pi f = \frac{\partial^2\frac{1}{r}}{\partial x\,\partial z},$$

$$4\pi g = \frac{\partial^2\frac{1}{r}}{\partial y\,\partial z},$$

$$4\pi h = \frac{\partial^2\frac{1}{r}}{\partial z^2} = -\frac{\partial^2\frac{1}{r}}{\partial x^2} - \frac{\partial^2\frac{1}{r}}{\partial y^2},$$

denn $\Delta\frac{1}{r}$ ist $= 0$.

Durch Vergleichung mit (3) sehen wir, dass der Anfangswerth von Π gleich $\frac{1}{r}$ ist, der von $\theta = 1$, der Anfangswerth von $\frac{\partial \theta}{\partial t}$ ist Null, da anfangs Gleichgewicht herrscht und auch weiter bestehen bleibt.

Zerstört man nun das elektrische Feld, so fängt θ an, sich zu verändern nach der Formel

$$\frac{\partial^2 \theta}{\partial r^2} = \mathrm{K} \frac{\partial^2 \theta}{\partial t^2}.$$

Wir wollen nun die Grenzbedingungen hierfür aufstellen. Im Anfang ist eine Kugel vom Radius a vorhanden; drücken wir aus, dass die elektrischen Kraftlinien senkrecht zur Kugel stehen, so gilt:

$$\frac{f}{x} = \frac{g}{y} = \frac{h}{z}.$$

Betrachten wir nur die beiden äussersten Glieder, so haben wir

$$\frac{4\pi f}{x} = \frac{4\pi h}{z}. \tag{9}$$

In der folgenden Entwicklung bezeichnen wir die Differentialquotienten von θ nach r durch gestrichelte Buchstaben.

Aus $\Pi = \frac{\theta}{r}$ folgt

$$\frac{\partial \Pi}{\partial x} = \left(\frac{\theta'}{r} - \frac{\theta}{r^2}\right)\frac{x}{r} = \left(\frac{\theta'}{r^2} - \frac{\theta}{r^3}\right)x,$$

$$\frac{\partial^2 \Pi}{\partial x \partial z} = \left(\frac{\theta''}{r^2} - \frac{3\theta'}{r^3} + \frac{3\theta}{r^4}\right)\frac{xz}{r} = 4\pi f,$$

$$\frac{4\pi f}{x} = \frac{z}{r}\left(\frac{\theta''}{r^2} - \frac{3\theta'}{r^3} + \frac{3\theta}{r^4}\right).$$

Ebenso

$$\frac{\partial^2 \Pi}{\partial x^2} = \left(\frac{\theta'}{r^2} - \frac{\theta}{r^3}\right) + \frac{x^2}{r}\left(\frac{\theta''}{r^2} - \frac{3\theta'}{r^3} + \frac{3\theta}{r^4}\right).$$

Diesen Ausdruck können wir zur Abkürzung schreiben

$$\mathrm{B} + \frac{x^2}{r}\mathrm{A}.$$

Auf dieselbe Weise würde man erhalten

$$\frac{\partial^2 \Pi}{\partial y^2} = \mathrm{B} + \frac{y^2}{r}\mathrm{A},$$

und die Gleichung (9) wird (cf. 3)

$$\frac{z}{r}\mathrm{A} = -\frac{2}{z}\mathrm{B} - \frac{x^2 + y^2}{r z}\mathrm{A} = -\frac{2}{z}\mathrm{B} - \frac{r}{z}\mathrm{A} + \frac{z}{r}\mathrm{A},$$

oder

$$2\mathrm{B} + r\mathrm{A} = 0.$$

Durch Einsetzen der Werthe A und B und Multiplikation mit r folgt

$$\theta'' - \frac{\theta'}{r} + \frac{\theta}{r^2} = 0.$$

Diese Gleichung muss auch gültig sein für $r = a$, also

$$\theta'' - \frac{\theta'}{a} + \frac{\theta}{a^2} = 0. \tag{10}$$

85. Nach diesen Bedingungen bestimmen wir θ, d. h. die Funktionen θ_1 und θ_2, welche in Gleichung (8) eingehen. Im Anfang der Zeit ist $t = 0$, $\theta = 1$ und $\frac{\partial \theta}{\partial t} = 0$; folglich

$$\theta_1(r) + \theta_2(r) = 1;$$

aus (8) ergibt sich ferner durch Differentiation nach t

$$\theta_1'(r) - \theta_2'(r) = 0,$$

woraus folgt

$$\theta_1(r) - \theta_2(r) = \text{const.}$$

$\theta_1(r)$ und $\theta_2(r)$ sind also gleich bis auf eine Konstante. Wenn man eine Konstante zu θ_1 hinzufügt und gleichzeitig von θ_2 abzieht, so ändert man nichts an θ; man kann also am Anfang der Zeit annehmen

$$\theta_1 = 0, \qquad \theta_2 = 1.$$

Dies gilt für ein beliebiges r, so lange $r > a$ ist.

Nun lassen wir t von 0 an wachsen; zur Zeit t besitzt die Funktion $\theta_1\left(r + \frac{t}{\sqrt{\mathrm{K}}}\right)$ denselben Werth für den Abstand r, den sie zur Zeit 0 für die Entfernung $r' = r + \frac{t}{\sqrt{\mathrm{K}}}$ besass. Für $r > a$ wird erst recht $r' > a$, da t positiv ist; somit bleibt θ_1 für jeden ausserhalb der Kugel gelegenen Punkt Null. θ_2 behält denselben konstanten Werth 1, so lange $r - \frac{t}{\sqrt{K}} > a$. Für die zwischen a und $a + \frac{t}{\sqrt{K}}$ gelegenen Werthe von r reducirt sich θ auf θ_2, aber θ_2 ist dann nicht mehr gleich 1, sondern wird nun durch die Differentialgleichung (10) bestimmt.

86. Setzen wir nun $r - \frac{t}{\sqrt{K}} = \xi$ und suchen der Gleichung (10) zu genügen durch

$$\theta = e^{\alpha \xi},$$

so erhalten wir:

$$\alpha^2 - \frac{\alpha}{a} + \frac{1}{a^2} = 0,$$

also

$$\alpha = \frac{1}{2a} \pm \frac{i}{2a} \sqrt{3}$$

und

$$\theta = e^{\frac{\xi}{2a} \pm \frac{i\xi}{2a}\sqrt{3}}.$$

Für einen gegebenen Werth von r folgt hieraus, wenn man für ξ seinen obigen Ausdruck und $A = e^{\frac{r}{2a}(1 \pm i\sqrt{3})}$ setzt:

$$\theta = A e^{-\frac{t}{2a\sqrt{K}} \pm \frac{it}{2a\sqrt{K}}\sqrt{3}}$$

Die Schwingungsdauer T ist dann definirt durch

$$\frac{T\sqrt{3}}{2a\sqrt{K}} = 2\pi$$

und die Wellenlänge durch

$$\lambda = \frac{4\pi a}{\sqrt{3}}.$$

Das logarithmische Dekrement wird durch den reellen Theil des Exponenten von e dargestellt; er ist hier $= \frac{1}{2a\sqrt{K}} T = \frac{2\pi}{\sqrt{3}}$, ein sehr beträchtlicher Werth; die Amplitude wird dadurch nach einer Oscillation auf einen kleinen Theil ihres ursprünglichen Betrages zurückgeführt. Aus diesem Grunde scheinen die kugelförmigen Erreger von Lodge wenig zur Ausführung von Interferenzversuchen geeignet zu sein, da die zweite Vibration zu schwach ist, um mit der vorhergehenden interferiren zu können.

Für die Werthe des Arguments, die kleiner als a sind, reducirt sich also θ auf eine Exponentialfunktion, deren reeller Theil in die Form gebracht werden kann

$$e^{-h\xi} \cos m\xi .$$

Man hat es mit einer schwingenden Bewegung zu thun, deren Amplitude beständig abnimmt, und das Problem ist damit vollständig gelöst. Fassen wir das Vorhergehende zusammen, so besteht ausserhalb einer Kugel, deren Radius fortwährend mit der Zeit wächst, keine Störung. Es existirt also eine Reihe Kugelwellen, die sich mit der Lichtgeschwindigkeit fortpflanzen.

Wir setzten bei unseren Betrachtungen einen bestimmten Anfangszustand voraus; in Wirklichkeit kann der Kugelerreger Schwingungen von verschiedener Periode hervorrufen. Jeder Kugelfunktion H entspricht eine besondere Schwingung von kürzerer Periode, als die vorangehende und gleichzeitig von grösserem logarithmischen Dekrement; diese harmonischen Schwingungen verschwinden also sogleich wieder.

87. Anwendung auf den Erreger von Hertz. Die Rechnung ist der vorigen vollständig analog. Hertz behandelt das folgende Problem: Ein veränderliches elektrisches Element befindet sich im Anfangspunkt und ist nach OZ gerichtet; zwei Massen + E und — E sind um die unendlich kleine Länge l entfernt und das Moment E . l ist eine periodische Funktion der Zeit. Wie ist nun das erzeugte elektromagnetische Feld beschaffen?

Um den Erreger einem solchen Element anpassen zu können, müsste man l als sehr klein betrachten dürfen; nun hat aber l die Grössenordnung von einem Meter; da indessen die Versuche wenig genau sind, so wird man, von dieser Hypothese ausgehend, dennoch eine hinreichende Annäherung erhalten.

Im ganzen Raum wird Π ebenso wie seine ersten Differentialquotienten endlich und stetig sein, ausser in der Nähe des Anfangspunktes, wo sich das Element befindet. Wir wollen nun die Vorgänge in dieser Gegend untersuchen; die Gleichungen sind (cf. § 50)

$$\frac{4\pi f}{K} = -\frac{\partial F}{\partial t} - \frac{\partial \varphi}{\partial x} \tag{11}$$

$$F = \int \frac{u' \, d\tau'}{r}.$$

Man hat unter u' den Verschiebungsstrom im Dielektrikum und den im Erreger selbst cirkulirenden Strom zu verstehen; der letztere, dessen Intensität $\frac{\partial (El)}{\partial t}$ ist, verläuft in Richtung der OZ-Axe; er besitzt demnach keine Komponente u', und F reducirt sich somit auf die Glieder, welche von den Verschiebungsströmen herrühren; F ist also endlich, ebenso wie G.

Dagegen für $H = \int \frac{w' \, d\tau'}{r}$ ist das Glied $\frac{\partial (E\,l)}{\partial t}$ des Erregerstroms unendlich; folglich ist auch H im Anfangspunkt unendlich:

$$H = \text{endliche Grösse} + \frac{1}{r} \cdot \frac{\partial (E\,l)}{\partial t}.$$

Ebenso gilt für φ:

$$\varphi = C \frac{\partial \frac{1}{r}}{\partial z} E\,l,$$

$$\frac{\partial \varphi}{\partial x} = C \frac{\partial^2 \frac{1}{r}}{\partial x \partial z} E\,l;$$

$\frac{\partial \varphi}{\partial x}, \frac{\partial \varphi}{\partial y}, \frac{\partial \varphi}{\partial z}$ sind daher im Anfangspunkt unendlich.

Dasselbe gilt also auch für $4\pi f$, $4\pi g$, $4\pi h$; aber bei diesen Funktionen kennt man den Werth der Glieder, die im Anfangspunkt unendlich werden.

88. Nehmen wir also an, dass $E\,l$ eine periodische Funktion der Zeit ist, so können wir schreiben:

$$E\,l = \mu \sin pt,$$

und

$$\varphi = -\frac{\mu \sin pt}{K} \cdot \frac{\partial \frac{1}{r}}{\partial z}.$$

Alle Funktionen Π, f, g, h werden dann auch zu periodischen Funktionen von der Form $A \sin (pt + k)$ und man wird z. B. erhalten

$$\frac{\partial^2 f}{\partial t^2} = - p^2 f.$$

Die dritte der Gleichungen (3) kann man unter Beachtung von (4) schreiben:

$$4 \pi h = \frac{\partial^2 \Pi}{\partial z^2} - K \frac{\partial^2 \Pi}{\partial t^2}.$$

Nun ist aber

$$\frac{\partial^2 \Pi}{\partial t^2} = - p^2 \Pi,$$

so dass man erhält

$$4 \pi h = \frac{\partial^2 \Pi}{\partial z^2} + K p^2 \Pi.$$

Wir müssen nun die folgenden Gleichungen befriedigen cf. (11)

$$\left| \begin{aligned} 4 \pi f &= - K \frac{\partial F}{\partial t} - K \frac{\partial \varphi}{\partial x}, \\ 4 \pi g &= - K \frac{\partial G}{\partial t} - K \frac{\partial \varphi}{\partial y}, \\ 4 \pi h &= - K \frac{\partial H}{\partial t} - K \frac{\partial \varphi}{\partial z}. \end{aligned} \right.$$

F ist das Potential einer anziehenden Masse von der Dichte u, und da parallel zu OX kein Leiterstrom vorhanden ist, so bestehen nur Verschiebungsströme, also ist $u = \frac{\partial f}{\partial t}$. Wir wollen eine neue Bezeichnung anwenden, indem wir durch

$$(12) \qquad \left| \begin{aligned} F &= P \left(\frac{\partial f}{\partial t} \right) \\ G &= P \left(\frac{\partial g}{\partial t} \right) \end{aligned} \right.$$

ausdrücken, dass F das Potential einer anziehenden Masse von der Dichte $u = \frac{\partial f}{\partial t}$ bedeutet.

Für H muss man dagegen den Leiterstrom berücksichtigen; nimmt man an, dass er auf den Anfangspunkt beschränkt ist, so hat derselbe die Masse

$$i\,l = l\,\frac{\partial \mathrm{E}}{\partial t}.$$

Hieraus folgt

$$\text{(13)} \qquad \mathrm{H} = \mathrm{P}\left(\frac{\partial h}{\partial t}\right) + \frac{l\,\frac{\partial \mathrm{E}}{\partial t}}{r}.$$

89. Um diesen Bedingungen zu genügen, setzt Hertz:

$$\text{(14)} \qquad \Pi = \frac{\mu \sin\left(pt - pr\sqrt{\mathrm{K}}\right)}{r}.$$

Die Funktion Π genügt zunächst der Gleichung (4), da sie von der Form $\dfrac{f\left(r - \frac{t}{\sqrt{\mathrm{K}}}\right)}{r}$ ist.

Setzen wir jetzt $\Pi = \Pi_1 + \Pi_2$ und

$$\Pi_2 = \frac{\mu \sin pt}{r},$$

$$\Pi_1 = \frac{\mu}{r}\left[\sin\left(pt - pr\sqrt{\mathrm{K}}\right) - \sin pt\right],$$

so verschwindet der Klammerausdruck für $r = 0$, so dass Π_1 im Anfangspunkt nicht unendlich wird; man kann es also nach wachsenden Potenzen von r entwickeln.

Wir haben nun

$$q = -\frac{1}{\mathrm{K}} \cdot \frac{\partial \Pi_2}{\partial z},$$

woraus folgt:

$$\text{(15)} \qquad \begin{cases} -\mathrm{K}\,\dfrac{\partial q}{\partial x} = \dfrac{\partial^2 \Pi_2}{\partial x\,\partial z}, \\[2ex] -\mathrm{K}\,\dfrac{\partial q}{\partial z} = \dfrac{\partial^2 \Pi_2}{\partial z^2}. \end{cases}$$

Demnach erhalten wir (cf. 3 u. 11)

$$4\pi f = \frac{\partial^2 \Pi}{\partial x\,\partial z} = -\mathrm{K}\,\frac{\partial \mathrm{F}}{\partial t} - \mathrm{K}\,\frac{\partial q}{\partial x} = -\mathrm{K}\,\frac{\partial \mathrm{F}}{\partial t} + \frac{\partial^2 \Pi_2}{\partial x\,\partial z};$$

hieraus ergibt sich:

$$-K \frac{\partial F}{\partial t} = \frac{\partial^2 \Pi_1}{\partial x \partial z}.$$

Ebenso erhält man

$$\frac{\partial^2 \Pi}{\partial z^2} + K p^2 \Pi = -K \frac{\partial H}{\partial t} + \frac{\partial^2 \Pi_2}{\partial z^2},$$

und hieraus

$$-K \frac{\partial H}{\partial t} = \frac{\partial^2 \Pi_1}{\partial z^2} + K p^2 \Pi_1 + K p^2 \Pi_2.$$

Wir wollen zeigen, dass diese Formeln gut mit (12), (13) und (14) übereinstimmen.

Es ist

$$(16) \quad \begin{cases} -K \dfrac{\partial F}{\partial t} = -K P\left(\dfrac{\partial^2 f}{\partial t^2}\right) = K p^2 P(f) \text{ und} \\ -K \dfrac{\partial H}{\partial t} = -K P\left(\dfrac{\partial^2 h}{\partial t^2}\right) - K \dfrac{l \dfrac{\partial^2 E}{\partial t^2}}{r} = +K p^2 P(h) + K p^2 \Pi_2, \end{cases}$$

denn wir haben:

$$\frac{l \dfrac{\partial^2 E}{\partial t^2}}{r} = -\frac{p^2 l E}{r} = -\frac{p^2 \mu \sin pt}{r} = -p^2 \Pi_2.$$

Nun müssen folgende Gleichungen erfüllt sein:

$$(17) \quad \begin{cases} K p^2 P(f) = \dfrac{\partial^2 \Pi_1}{\partial x \partial z}, \\ K p^2 P(h) = \dfrac{\partial^2 \Pi_1}{\partial z^2} + K p^2 \Pi_1. \end{cases}$$

In der That ist, da $\Delta \frac{1}{r} = 0$:

$$\Delta \Pi_2 = 0,$$

$$\Delta \Pi_1 = \Delta \Pi = K \frac{\partial^2 \Pi}{\partial t^2} = -K p^2 \Pi, \quad \text{cf. (4)}$$

$$\Delta \frac{\partial^2 \Pi_1}{\partial x \partial z} = -K p^2 \frac{\partial^2 \Pi}{\partial x \partial z} = -K p^2 . 4\pi f,$$

$$\Delta \frac{\partial^2 \Pi_1}{\partial z^2} = -K p^2 \frac{\partial^2 \Pi}{\partial z^2},$$

und

$$\Delta\left(\frac{\partial^2 \Pi_1}{\partial z^2} + \mathrm{K}\, p^2\, \Pi_1\right) = -\,\mathrm{K}\, p^2 \left(\frac{\partial^2 \Pi}{\partial z^2} + \mathrm{K}\, p^2\, \Pi\right) = -\,\mathrm{K}\, p^2 \,.\, 4\,\pi\, h\,.$$

Nun gilt nach der Poisson'schen Gleichung:

$$\psi = -\,\frac{1}{4\pi}\,\mathrm{P}\,(\Delta\,\psi)\,,$$

wenn ψ und seine Differentialquotienten im ganzen Raum endlich sind. Somit ist

$$\frac{\partial^2 \Pi_1}{\partial x\,\partial z} = -\,\frac{1}{4\pi}\,\mathrm{P}\left(\Delta\,\frac{\partial^2 \Pi_1}{\partial x\,\partial z}\right) = -\,\frac{1}{4\pi}\,\mathrm{P}\,(-\,p^2\,\mathrm{K}\,.\,4\,\pi\, f) = \mathrm{K}\,p^2\,\mathrm{P}\,(f),$$

und ebenso

$$\frac{\partial^2 \Pi_1}{\partial z^2} + \mathrm{K}\, p^2\, \Pi_1 = -\,\frac{1}{4\pi}\,\mathrm{P}\,(-\,p^2\,\mathrm{K}\,.\,4\pi\, h) = \mathrm{K}\, p^2\,\mathrm{P}\,(h)\,,$$

wodurch die Gleichungen (17) befriedigt sind.

Die Vergleichung der Beziehungen (15), (16) und (17) ergibt dann unmittelbar

$$-\,\mathrm{K}\,\frac{\partial \mathrm{F}}{\partial t} - \mathrm{K}\,\frac{\partial \varphi}{\partial x} = \frac{\partial^2 \Pi_2}{\partial x\,\partial z} + \frac{\partial^2 \Pi_1}{\partial x\,\partial z} = \frac{\partial^2 \Pi}{\partial x\,\partial z} = 4\,\pi\, f\,,$$

ebenso zwei analoge Gleichungen für g und h.

Die Lösung von Hertz ist also vollständig gerechtfertigt, denn die durch Gleichung (14) definirte Funktion Π genügt vollständig allen Bedingungen des Problems.

Strahlung der Energie.

90. Die elektromagnetische Energie, deren Quelle der Erreger ist, breitet sich in Schwingungen aus, ebenso wie die Energie einer Lichtquelle. Diese Energieverbreitung soll nun näher in's Auge gefasst werden.

Für die Gesammtenergie gilt (Bd. I § 32 und § 144)

$$\mathrm{T} + \mathrm{U} = \int \left(\frac{\Sigma\, \alpha^2}{8\pi} + \frac{2\,\pi}{\mathrm{K}} \sum f^2\right) d\tau\,.$$

Wir wollen zunächst den Vektor betrachten, dessen Komponenten A, B, C durch die Gleichungen definirt sind

$$(1)\qquad \begin{cases} \mathrm{K\,A} = \beta h - \gamma g, \\ \mathrm{K\,B} = \gamma f - \alpha h, \\ \mathrm{K\,C} = \alpha g - \beta f. \end{cases}$$

Diesen Vektor wollen wir den Strahlungsvektor nennen; derselbe ist (bis auf den Faktor K) das geometrische Produkt aus der magnetischen Kraft und der elektrischen Verschiebung und steht senkrecht auf zwei Systemen von Kraftlinien, den elektrischen und den magnetischen.

Die Identität folgender Gleichung ist nun leicht einzusehen:

$$\frac{\partial}{\partial t}\left[\frac{\alpha^2+\beta^2+\gamma^2}{8\pi} + \frac{2\pi}{\mathrm{K}}(f^2+g^2+h^2)\right] = \frac{\partial \mathrm{A}}{\partial x} + \frac{\partial \mathrm{B}}{\partial y} + \frac{\partial \mathrm{C}}{\partial z};^{1)}$$

hieraus folgt

$$\frac{\partial(\mathrm{T}+\mathrm{U})}{\partial t} = \int\left(\frac{\partial \mathrm{A}}{\partial x} + \frac{\partial \mathrm{B}}{\partial y} + \frac{\partial \mathrm{C}}{\partial z}\right) d\tau.$$

Betrachten wir die in einer geschlossenen Oberfläche enthaltene Energiemenge, so lässt sich zunächst das Volumenintegral in ein Flächenintegral über eine geschlossene Oberfläche umformen:

$$\frac{\partial(\mathrm{T}+\mathrm{U})}{\partial t} = \int (l\mathrm{A} + m\mathrm{B} + n\mathrm{C})\, d\omega = \int \mathrm{A}_n\, d\omega,$$

wo A_n die zur Fläche normale Komponente des Radiusvektors bedeutet; alles geht also so vor sich, als wenn in der Zeit dt eine Menge $dt \int \mathrm{A}_n\, d\omega$ durch die Fläche $\int d\omega$ ausstrahlte.

Es ist aber zu bemerken, dass die durch eine Leiterfläche gestrahlte Energie Null ist, da der Radiusvektor fortwährend tangential zur Oberfläche verläuft; derselbe steht nämlich senkrecht zu den Kraftlinien, und diese sind normal zur Fläche gerichtet.

91. Wir wollen nun zur früher bereits untersuchten Funktion Π zurückkehren und die durch eine Kugel von sehr grossem Radius gestrahlte Energie bestimmen.

---

1) Denn es ist

$$\frac{\partial \alpha}{\partial t} = \frac{4\pi}{\mathrm{K}}\left(\frac{\partial g}{\partial z} - \frac{\partial h}{\partial y}\right) \text{ und } \frac{\partial f}{\partial t} = \frac{1}{4\pi}\left(\frac{\partial \gamma}{\partial y} - \frac{\partial \beta}{\partial z}\right) \text{ cf. (3) und (4) § 50.}$$

Das aus den beiden Vektoren: der magnetischen Kraft und der elektrischen Verschiebung konstruirte Parallelogramm ist rechtwinklig; denn die Linien der magnetischen Kraft sind einander parallel und die der elektrischen Kraft liegen in Meridianebenen. Nehmen wir eine Kugel von sehr grossem Radius, so ist die magnetische Kraft in jedem Punkt der Oberfläche stets tangential gerichtet. Die elektrische Kraft bildet im Allgemeinen keine Tangente, sondern schliesst mit der Tangentialebene einen Winkel ein, der um so kleiner ist, je grösser der Radius, und für einen sehr grossen Radius kann sie als Tangente zur Kugel betrachtet werden, der Radiusvektor steht also senkrecht auf derselben; wir müssen nun auch noch seine Grösse berechnen.

Die Komponenten der magnetischen Kraft sind (cf. (1) § 80)

$$\frac{\partial^2 \Pi}{\partial y \partial t} \text{ und } -\frac{\partial^2 \Pi}{\partial x \partial t}.$$

In der Berechnung von Π kommen die Glieder $\frac{1}{r}$, $\frac{1}{r^2}$, $\frac{1}{r^3}$ vor; wir vernachlässigen die höheren Potenzen von $\frac{1}{r}$ und erhalten dann als angenäherten Werth für die magnetische Kraft

$$\frac{\sqrt{x^2+y^2}}{r} p^2 \sqrt{\mathrm{K}} \,.\, \Pi .$$

Die elektrische Verschiebung ist im Falle einer ebenen Welle gleich der magnetischen Kraft multiplicirt mit $\frac{\mathrm{K}}{4\pi}$. Diese hier nicht mehr streng richtige Beziehung ist bis zu dem Annäherungsgrad der Rechnung genau; denn für einen sehr entfernten Punkt geht die Verschiebung annähernd in der Wellenebene vor sich, und die Welle ist mit einer ebenen Welle vergleichbar.

Der Radiusvektor ist das Produkt aus den beiden anderen Vektoren, dividirt durch K und besitzt demnach die Grösse

$$\frac{\mathrm{K}}{4\pi} \cdot \frac{x^2+y^2}{r^2} p^4 \Pi^2 .$$

Hertz hat das erhaltene Integral berechnet, indem er mit $d\omega$ multiplicirte und über die Kugelfläche integrirte; er fand auf diese Weise

$$\frac{2\pi}{3} \mathrm{E}^2 l^2 (p \sqrt{\mathrm{K}})^3$$

für den elektrostatischen Werth der während einer Halbschwingung ausgestrahlten Energie.

92. Wir wollen nun diese Grösse numerisch berechnen; der Radius der Kugeln ist 15, die Länge $l = 100$; die höchste erreichte Ladung für jeden der beiden Theile des Erregers betrug 60 Einheiten; dies gibt für das Potentialmaximum $E_0 = 60 \times 15 = 900$. Nach diesen Angaben hatte man ungefähr 2400 Einheiten C. G. S.-Energie, welche für jede Halbschwingung ausgestrahlt wurde[1]).

Die anfängliche Energie vor jeder Schwingung betrug

$$\frac{1}{2} \cdot 2 \times 900 \times 60 = 54000 \text{ Einheiten.}$$

Daraus geht hervor, wie ungeheuer schnell die Schwingungen abnehmen; ein Theil der Energie wird durch den Widerstand des Erregerdrahtes in Wärme umgewandelt, und zwar ungefähr 100 Einheiten auf das Ohm, also für einen Widerstand von etwa 3 Ohm 300 Einheiten; im Ganzen gehen 2700 Einheiten Energie bei jeder Halbschwingung verloren, d. h. $^1/_{20}$ der anfänglichen potentiellen Energie; man würde also kaum etwa ein Dutzend Schwingungen erhalten. Das logarithmische Dekrement ist trotzdem viel kleiner, als in dem Fall eines Kugelerregers, was uns nicht überraschen darf, da wir bei dem für den Kugelerreger geltenden Dekrement den Faktor p^2 hatten, und die Energiemenge, welche bei einer Halbschwingung verloren geht, um so grösser wird, je kürzer die Periode ist.

Wir haben ferner oben die Zahlen von Hertz mitgetheilt; er erhielt dieselben, indem er von der halben Wellenlänge von 4,80 m ausging. Diese Grösse hatte er einerseits durch eine, wie wir sahen, fehlerhafte Rechnung gefunden, nämlich durch einen Irrthum bei der Kapacitätsbestimmung, andererseits durch direkte Versuche. Wenn es sich herausstellen würde, dass diese Versuche selbst mit Fehlerquellen behaftet sind und die korrigirte Wellenlänge den Werth $4{,}80 \times \frac{1}{\sqrt{2}}$ m annähme, so würde die Strahlung während einer Halbschwingung $2400 \times 2\sqrt{2}$ Einheiten betragen und die Zahl der merkbaren Oscillationen, welche Hertz angenähert auf 10 berechnet, würde nicht mehr als ungefähr $\frac{10}{2\sqrt{2}}$ betragen; unter diesen Bedingungen könnte man übrigens das logarithmische Dekrement nicht mehr als klein ansehen und müsste die ganze Rechnung wieder aufnehmen.

---

[1]) Hertz Wied. Ann. XXXV, S. 12.

Fortpflanzung einer elektromagnetischen Störung in einem geradlinigen Metalldrahte.

93. Die Lücken in den Arbeiten von Hertz sind zahlreich und beträchtlich, und man ist noch weit von der Vollendung entfernt, die man dort anzutreffen wünscht. Einer der dunkelsten Punkte bleibt noch die Fortpflanzung der Wellen in einem Metalldraht; ich will die Versuche darüber auseinandersetzen, ohne die Hypothesen noch zu vermehren und ohne aus meiner Verlegenheit in dieser Hinsicht einen Hehl zu machen.

Wir wählen den Metalldraht zur Z-Axe. Die Störung ist nicht in dem Drahte lokalisirt, es bestehen vielmehr auch in dem Dielektrikum Verschiebungsströme, die sich mit derselben Geschwindigkeit fortpflanzen müssen, wie die im Innern des Drahtes. Die Kenntniss der Eigenschaften des Feldes lässt sich zurückführen auf die Bestimmung einer Funktion Π, welche der Gleichung genügt (cf. (4) § 80)

$$\Delta \Pi = K \frac{\partial^2 \Pi}{\partial t^2}.$$

Setzt man eine periodische Störung voraus und eine konstante Fortpflanzungsgeschwindigkeit derselben, so ist Π proportional $\cos(mz - pt)$; da aber Π nur eine Funktion von z, t und $\varrho = \sqrt{x^2 + y^2}$ ist, so muss Π von der Form sein

$$\Pi = \psi(\varrho) \cos(mz - pt). \tag{1}$$

Man hat also:

$$\left| \begin{aligned} \frac{\partial^2 \Pi}{\partial t^2} &= -p^2 \Pi, \\ \frac{\partial^2 \Pi}{\partial z^2} &= -m^2 \Pi. \end{aligned} \right. \tag{2}$$

$$\frac{\partial^2 \Pi}{\partial x^2} + \frac{\partial^2 \Pi}{\partial y^2} = \Delta \Pi - \frac{\partial^2 \Pi}{\partial z^2} = \frac{\partial^2 \Pi}{\partial \varrho^2} + \frac{1}{\varrho} \cdot \frac{\partial \Pi}{\partial \varrho} = (m^2 - K p^2) \Pi,$$

und folglich, da der mit $\psi(\varrho)$ multiplicirte Faktor von ϱ unabhängig ist:

$$\frac{\partial^2 \psi}{\partial \varrho^2} + \frac{1}{\varrho} \cdot \frac{\partial \psi}{\partial \varrho} = (m^2 - K p^2) \psi. \tag{3}$$

Wir haben ferner zur Bestimmung von ψ die Bedingung, dass ψ für $\varrho = \infty$ Null wird. Diese Funktion gehört zu den Bessel'schen Funktionen.

94. Es sei nun längs O Z eine anziehende Masse derart vertheilt, dass die Menge der zwischen z' und $z' + dz'$ befindlichen Masse $\cos nz' \,.\, dz'$ betrage. Das Potential wird dann sein

$$V = \int_{-\infty}^{+\infty} \frac{\cos nz' \, dz'}{r},$$

wo

$$r^2 = x^2 + y^2 + (z - z')^2 = \varrho^2 + (z - z')^2.$$

Wir wollen setzen

$$z' = z + \zeta,$$

also

$$r^2 = \varrho^2 + \zeta^2$$

und somit

$$V = \int_{-\infty}^{+\infty} \frac{\cos(nz + n\zeta)\, d\zeta}{\sqrt{\varrho^2 + \zeta^2}} = \cos nz \int_{-\infty}^{+\infty} \frac{\cos n\zeta \, d\zeta}{\sqrt{\varrho^2 + \zeta^2}} - \sin nz \int_{-\infty}^{+\infty} \frac{\sin n\zeta \, d\zeta}{\sqrt{\varrho^2 + \zeta^2}}.$$

Das zweite Integral ist Null, da r bei dem Uebergang von ζ zu $-\zeta$ nicht das Zeichen ändert, wohl aber $\sin n\zeta$; deshalb heben sich die Glieder zu zwei und zwei auf.

Das andere Integral

$$\int_{-\infty}^{+\infty} \frac{\cos n\zeta \, d\zeta}{\sqrt{\varrho^2 + \zeta^2}} = \theta(\varrho)$$

ist nur Funktion von ϱ.

Da V ein Potential darstellt, erhält man

$$\Delta V = \frac{\partial^2 V}{\partial \varrho^2} + \frac{1}{\varrho} \cdot \frac{\partial V}{\partial \varrho} - n^2 V = 0,$$

oder weil sich θ nur durch einen von ϱ unabhängigen Faktor von V unterscheidet, hat man ebenso

$$\frac{\partial^2 \theta}{\partial \varrho^2} + \frac{1}{\varrho} \cdot \frac{\partial \theta}{\partial \varrho} - n^2 \theta = 0.$$

Diese Gleichung ist identisch mit der, welche für ψ gilt, wenn man setzt

$$n^2 = m^2 - \mathrm{K}\, p^2.$$

Man hat also Gleichung (3) integrirt und muss für ψ das Integral wählen, welches im Unendlichen Null wird: θ genügt dieser Bedingung, also ist $\psi = \theta$,

$$\psi = \int_{-\infty}^{+\infty} \frac{\cos n\zeta\, d\zeta}{\sqrt{\varrho^2 + \zeta^2}}, \qquad \text{wo} \quad n = \sqrt{m^2 - \mathrm{K}\, p^2}.$$

Es ist hierbei zu bemerken, dass ψ, und folglich auch Π nicht für kleine Werthe von ϱ Null wird; thatsächlich wird es für keinen endlichen Werth Null, besonders wichtig aber ist gerade der Umstand, dass es für sehr kleine ϱ nicht Null ist; wenn sich der angezogene Punkt der anziehenden Substanz sehr nahe befindet, so ist das Potential sehr gross und zwar von der Ordnung von $2\,\delta \log r$, wo δ die Dichte in der Umgebung und r den kürzesten Abstand von der anziehenden Linie bedeutet.

95. Wir wollen die Fortpflanzungsgeschwindigkeit durch die Bedingung bestimmen, dass die elektrischen Kraftlinien senkrecht zur Fläche des Leitungsdrahtes verlaufen. Auf der Oberfläche muss also $h = 0$ sein.

Nun ist

$$4\pi h = \frac{\partial^2 \Pi}{\partial z^2} + \mathrm{K}\, p^2\, \Pi = (\mathrm{K}\, p^2 - m^2)\, \Pi.$$

Da aber Π auf der Oberfläche nicht verschwinden kann, so muss nothwendiger Weise gelten

$$\mathrm{K}\, p^2 - m^2 = 0,$$

also

$$\mathrm{V} = \frac{p}{m} = \frac{1}{\sqrt{\mathrm{K}}}\,[1].$$

---

[1] Durch Einsetzen von $m = \frac{2n\pi}{\lambda}$, $p = \frac{2n\pi \mathrm{V}}{\lambda}$ in Gleichung (1) erhält man

$$\Pi = \psi(\varrho) \cdot \cos \frac{2n\pi}{\lambda}(z - \mathrm{V}t),$$

worin V die Fortpflanzungsgeschwindigkeit und λ die Wellenlänge bedeutet. Es ist demnach

$$\mathrm{V} = \frac{\lambda}{\mathrm{T}} = \frac{p}{m}.$$

Die Fortpflanzungsgeschwindigkeit im Draht ist somit gleich der Lichtgeschwindigkeit und gleich der Fortpflanzungsgeschwindigkeit der Wellen in Luft. Eine unmittelbare Folgerung davon ist, dass h konstant Null bleibt, die elektrischen Kraftlinien liegen also in Ebenen, die rechtwinklig zum Draht stehen.

Der Werth von ψ ist in diesem Fall gegeben durch:

$$\frac{\partial^2 \psi}{\partial \varrho^2} + \frac{1}{\varrho} \cdot \frac{\partial \psi}{\partial \varrho} = 0,$$

woraus folgt

$$\psi = \log \varrho .$$

Unglücklicher Weise scheinen die über diesen Punkt angestellten Versuche widersprechende Resultate zu geben. Hertz[1]) hat die Fortpflanzungsgeschwindigkeit in einem Draht gemessen, indem er die direkte Welle mit der am Drahtende reflektirten Welle interferiren liess. Während man unter denselben Umständen in Luft den Abstand zwischen zwei aufeinanderfolgenden Knotenpunkten zu 4,50 m erhalten würde, findet man hier 2,80 m. Das Verhältniss 45 : 28 ist dasjenige, welches nach den Versuchen von Hertz das Verhältniss der Fortpflanzungsgeschwindigkeit in Luft zu der in einem metallischen Leitungsdraht misst.

96. Man kann diese Abweichung nicht durch das Vorhandensein von harmonischen Obertönen erklären, d. h. durch die Annahme, dass man in dem einen der beiden Fälle eine Wellenlänge gemessen hätte, die einem höheren Ton als dem Grundton entspräche. Diese Erklärung ist ungenügend, denn Hertz hat diese beiden Schwingungen gleichzeitig erhalten, die eine in Luft, die andere in dem Leiter, und diese beiden Schwingungen mussten dieselbe Periode haben, da sie zur Interferenz gebracht wurden.

Der Widerstand des Leiters ist ohne Einfluss, da Hertz nachgewiesen hat, dass die Wellenlänge dieselbe bleibt, wenn man den Durchmesser und das Material des Drahtes variirt.

Muss man also annehmen, dass die Fortpflanzungsgeschwindigkeit im Draht und in der Luft verschieden sein kann? Man möchte dies glauben, wenn man beachtet, dass sich nach Anbringung der oben erwähnten Korrektion für die Fortpflanzungsgeschwindigkeit im Draht (§ 70 und § 75) für diese Geschwindigkeit die Zahl $200.000 \times \sqrt{2} = 282.000$ ergibt, was der Lichtgeschwindigkeit so nahe kommt, wie diejenige Zahl, welche die ersten Bestimmungen des

---

[1]) Wied. Ann. XXXIV S. 556 und XXXVI S. 17.

Verhältnisses der elektrischen Einheiten geliefert haben. Nun sind nach der Maxwell'schen Theorie die Geschwindigkeiten in dem Leitungsdraht und in der Luft einander gleich und ihr gemeinsamer Werth stimmt mit der Lichtgeschwindigkeit überein; dies ist aber nicht mehr bei den anderen Theorien der Fall. Die Theorien von Weber, Neumann und die anderen analogen, bei denen $\lambda = K_0$, sind durch die Hertz'schen Versuche endgültig widerlegt. Aus letzteren geht zweifellos hervor, dass die elektromagnetischen Wellen sich mit einer endlichen Geschwindigkeit fortpflanzen, während die genannten Theorien für die Fortpflanzungsgeschwindigkeiten in den Dielektrika einen unendlich grossen Werth ergeben. Wird man demnach nicht zu vermittelnden Theorien seine Zuflucht nehmen müssen, indem man der Geschwindigkeit in den Dielektrika einen grösseren Werth als der Lichtgeschwindigkeit zuschreibt, und der Geschwindigkeit in Leitungsdrähten einen der Lichtgeschwindigkeit benachbarten Werth? Man scheint in der That darauf geführt zu werden, sich diesen neuen elektrodynamischen Theorien zuzuwenden.

Eine solche Nothwendigkeit wäre sehr unangenehm und würde einem Verzicht auf jede elektromagnetische Lichttheorie gleichkommen; aber wenn wir diese neuen elektrodynamischen Theorien näher betrachten, werden wir sehen, dass sie den Thatsachen noch weniger Rechnung tragen, als die Maxwell'schen. Wir müssen zunächst berücksichtigen, dass in der Frage über die Fortpflanzung in einem Draht viele unbekannte Umstände vorhanden sind. Der Wiener Gelehrte Lecher[1]) hat kürzlich durch eine neue Methode eine Fortpflanzungsgeschwindigkeit erhalten, welche mit derjenigen des Lichtes übereinstimmt. Derselbe verwendet zwei geradlinige parallele Drähte, an deren Enden sich zwei mit verdünntem Gas gefülle Recipienten befinden, welche durch die Entladung aufleuchten. Verbindet man die beiden Drähte durch einen beweglichen Draht und lässt diesen darauf gleiten, so kann man Veränderungen in dem Leuchten des verdünnten Gases konstatiren; die Veränderungen gehen periodisch vor sich, wenn der Draht in kontinuirlicher Bewegung längs der rechtwinkligen Drähte gleitet; dies liefert eine Methode zur Messung der Wellenlänge. Lecher fand für die Fortpflanzungsgeschwindigkeit in einem Leiter eine Zahl, welche der Lichtgeschwindigkeit nahe kommt und glaubt sich deshalb in Gegensatz zu Hertz zu befinden. Wie wir gesehen

[1]) Sitzungsberichte der K. Academie der Wissenschaften in Wien Bd. XCIX, Abth. II, April 1890. Siehe auch Wied. Ann. XLI, S. 850; La Lumière électrique XXXIX, S. 89.

haben, ist dieser Gegensatz aber nur scheinbar und verschwindet, sobald man den Fehler von Hertz bei Berechnung der Kapacität korrigirt. Andererseits konnte Hertz die Wellenlänge durch Aufrollen des Drahtes zu einer Spirale auf 30 cm verringern. Sarrazin und de la Rive haben mit verschiedenen Resonatoren andere Wellenlängen erhalten; vielleicht besteht eine kontinuirliche Reihe in harmonischer Folge, analog wie bei dem Spektrum. Das natürlichste bei dem gegenwärtigen Stand der Dinge ist es, die Maxwell'sche Theorie beizubehalten und unseren Zweifel auf die Frage zu lenken, ob es erlaubt ist, die Grenzbedingungen für die Leiteroberfläche anzuwenden. Man dürfte dann nicht mehr annehmen, dass die elektrischen Kraftlinien senkrecht zu den Leitern stehen.

Kapitel X.

Der Resonator von Hertz.

97. Der Apparat, mit welchem Hertz das Feld untersucht, ist ein im Allgemeinen kreisförmiger Metalldraht, der an einem Punkt eine Funkenstrecke besitzt. Wie verhält sich derselbe nun in einem veränderlichen Feld?

Für einen Punkt im Innern des Drahtes ist $f \doteq 0$, also

$$\frac{\partial F}{\partial t} + \frac{\partial \varphi}{\partial x} = 0. \tag{1}$$

Nehmen wir die Funkenstrecke als Ausgangspunkt und als X-Axe die Tangente in diesem Punkt, so ist $\frac{\partial \varphi}{\partial x} = \frac{\partial \varphi}{\partial s}$, wo s die von der Funkenstrecke aus gerechnete Länge der Drahtaxe bedeutet.

In dem Ausdruck für F muss man mehrere Glieder unterscheiden; eines derselben F' rührt von den im Feld vorhandenen Strömen her, die bestanden, ehe der Resonator durch den primären Erreger in Aktion gesetzt wurde; ein anderes F'' von den sekundären Strömen, die durch die störende Wirkung des Resonators hervorgebracht werden, durch dessen Vorhandensein die benachbarten Kraftlinien abgelenkt werden; ein drittes Glied endlich wird durch die Leiterströme hervorgebracht, die in dem Resonator zu Stande kommen. Von diesen drei Gliedern ist das zweite F'' vollständig zu vernachlässigen.

Das Potential φ wird sich aus zwei Gliedern zusammensetzen: φ' ist der Wirkung des Erregers selbst zuzuschreiben, φ'' der auf der Oberfläche des Resonators vertheilten Elektricität.

Die Gleichung (1) wird also:

$$\frac{\partial F'''}{\partial t} + \frac{\partial \varphi''}{\partial x} = -\frac{\partial F'}{\partial t} - \frac{\partial \varphi'}{\partial x}. \tag{2}$$

Die rechte Seite wollen wir X nennen; dieselbe stellt die dem Erreger zukommende elektrische Kraft dar und besteht in dem Feld bereits vor Einführung des Resonators.

Wir können die Kapacität der die Funkenstrecke begrenzenden Kugelenden vernachlässigen. Wenn $\varrho\, ds$ die auf dem Element von der Länge ds des Drahtes ausgebreitete Elektricität bedeutet, r den als sehr klein vorausgesetzten Radius desselben, so ist das Potential φ'' an einem Punkte seiner Axe $\frac{2\varrho}{K} \log r$; der Werth von F''', welcher das Potential einer anziehenden Masse von der Dichte u darstellt, ist ebenso $2i \log r$[1]), wobei i die Stromintensität bezeichnet. Der Draht kann nämlich mit einem sehr dünnen Cylinder vertauscht werden; das Potential an einem äusseren Punkt ist dann das gleiche, wie wenn die ganze anziehende Masse auf der Axe dieses Cylinders vereinigt wäre. Folglich besitzt das Integral den Ausdruck

$$2 \log r \int u\, d\omega,$$

wobei das Integral über alle Elemente $d\omega$ des Drahtquerschnitts auszudehnen ist. Wenn man die Tangente in dem betrachteten Punkt für den Augenblick als X-Axe nimmt, hat man $v = w = 0$, also

$$i = \int u\, d\omega.$$

Ebenso ist an diesem Punkt $G''' = H''' = 0$, so dass man erhält

$$E = F''' \qquad \text{und} \qquad \frac{\partial E}{\partial s} = \frac{\partial F'''}{\partial x},$$

---

1) Wenn nämlich der Durchmesser des Drahtes sehr klein ist im Verhältniss zu seiner Länge, so kann der Theil des Drahtes, der in der Nähe des betrachteten Punktes liegt, mit einem sehr dünnen Cylinder vertauscht werden. Die obigen Formeln sind nicht homogen, denn r, das unter dem Zeichen log steht, ist eine Länge und keine Zahl. Eine genauere Rechnung würde die homogene Formel ergeben

$$2\, i \log \frac{r}{L} + \text{Glieder, die mit } r \text{ verschwinden.}$$

Hierin ist L eine konstante, im Verhältniss zu r sehr bedeutende Länge. Durch Vernachlässigung der Glieder, die mit r Null werden, bleibt

$$2\, i\, (\log r - \log L)$$

oder da log L gegen log r zu vernachlässigen ist

$$2\, i \log r.$$

wenn man E das Vektorpotential mit den Komponenten F''', G''', H'' nennt.

Die Kontinuitätsgleichung, welche sich in diesem Fall reducirt auf

$$\frac{\partial i}{\partial s} + \frac{\partial \varrho}{\partial t} = 0,$$

ergibt zwischen E und φ'' die Relation

$$\frac{\partial \mathrm{E}}{\partial s} + \mathrm{K}\frac{\partial \varphi''}{\partial t} = 0. \tag{3}$$

Die Gleichung (2) kann man schreiben

$$\frac{\partial \mathrm{E}}{\partial t} + \frac{\partial \varphi''}{\partial s} = \mathrm{X},$$

denn es ist

$$\frac{\partial \varphi''}{\partial s} = \frac{\partial \varphi''}{\partial x}.$$

Wir eliminiren E, indem wir (2) nach t, (3) nach s differentiiren, und diese mit $\frac{1}{\mathrm{K}}$ multiplicirte Gleichung (3) abziehen; dann folgt

$$\frac{\partial^2 \mathrm{E}}{\partial t^2} - \frac{1}{\mathrm{K}} \cdot \frac{\partial^2 \mathrm{E}}{\partial s^2} = \frac{\partial \mathrm{X}}{\partial t}.$$

Aber E ist bis auf den konstanten Faktor $2 \log r$ gleich i; setzt man

$$2 \log r = \mathrm{C},$$

so erhält man

$$\frac{\partial^2 i}{\partial s^2} - \mathrm{K}\frac{\partial^2 i}{\partial t^2} = -\frac{\mathrm{K}}{\mathrm{C}} \cdot \frac{\partial \mathrm{X}}{\partial t}. \tag{4}$$

98. X ist eine Funktion des Bogens s, der auf dem Draht des Resonators von der Unterbrechungsstelle aus gezählt wird. Nehmen wir ausserdem an, dass X mit einer Sinusfunktion der Zeit variirt, so kann es dargestellt werden durch

$$\mathrm{X} = \frac{\mathrm{C}}{p\mathrm{K}} \varphi(s) \cos pt.$$

Dann ist

$$-\frac{\mathrm{K}}{\mathrm{C}} \cdot \frac{\partial \mathrm{X}}{\partial t} = \varphi(s) \sin pt.$$

$\varphi(s)$ ist offenbar eine periodische Funktion von s, wenn man die Gesammtlänge S des Resonators als Periode annimmt, und wird sich also in eine Fourier'sche Reihe entwickeln lassen:

$$\varphi(s) = A + B \cos ms + C \sin ms + \ldots,$$

worin $m = \frac{2\pi}{S}$. Wir wollen nur die drei ersten Glieder beibehalten; allerdings wird man dann nur ein angenähertes Resultat erhalten, aber dies genügt uns vorläufig.

Es wird also

$$\frac{\partial^2 i}{\partial s^2} - K \frac{\partial^2 i}{\partial t^2} = (A + B \cos ms + C \sin ms) \sin pt.$$

Durch Integration erhalten wir

$$i = -\left(\frac{A}{-Kp^2} + \frac{B \cos ms + C \sin ms}{m^2 - Kp^2}\right) \sin pt. \tag{5}$$

Dies ist die Lösung, welche einem permanenten Zustand entspricht.

99. Wir wollen das Resultat diskutiren: Machen wir $s = 0$, d. h. betrachten wir die Funkenstrecke, so wird der Strom an diesem Punkt P durch den Funken gemessen; er ist gegeben durch

$$i = -\left(\frac{A}{-Kp^2} + \frac{B}{m^2 - Kp^2}\right) \sin pt. \tag{6}$$

Das Maximum des Funkens ist proportional der Klammergrösse. Für den Punkt P', welcher P gerade gegenüber liegt, ist $\sin ms = 0$, $\cos ms = -1$, also

$$\varphi(s) = A - B.$$

Die elektromotorische Kraft in P' ist also proportional $A - B$. Wenn man annähme, dass $-Kp^2$ und $m^2 - Kp^2$ gleich wären und entgegengesetztes Zeichen besässen, so würde der Klammerausdruck von (6) proportional $A - B$ sein und die Funkenlänge würde ein gutes Mass darstellen für die elektrische Kraft in dem P gerade gegenüber befindlichen Punkt P'. Thatsächlich gibt es jedoch keinen Grund, warum die Nenner gleich sein sollten, aber sie haben bei den Versuchen von Hertz wenigstens das entgegengesetzte Zeichen, die Klammer der Gleichung (6) ist also proportional $(A - B)$ mal einem bestimmten Koefficienten.

Ich finde keinen Ausdruck, der allgemein genug wäre, um meinen Gedanken wiederzugeben; ich möchte sagen, dass der Funken ein Bestreben hat, wie (A — B) zu variiren. Hertz scheint sich in der That mit der Bemerkung zufrieden zu geben: je stärker der Funken in P ist, desto grösser wird die elektrische Kraft in P' sein[1]).

Wenn aber die beiden Nenner der Klammer (6) dasselbe Zeichen hätten, so würde man (A + B) mal einem Koefficienten erhalten und der Funken würde das Bestreben haben, wie (A + B) zu variiren, d. h. wie die elektrische Kraft im Punkt P.

100. Ausser diesem Mangel an Strenge gibt es noch einen anderen Einwurf gegen diese Theorie. Dieselbe beruht auf der Gleichung $F = \int \frac{u\,d\tau}{r}$ und setzt folglich voraus, dass in dem Fall sehr rascher Schwingungen die elektrische Kraft senkrecht zu den Leitern verläuft; wir haben gesehen, wie vorsichtig man mit dieser Hypothese sein muss.

Wenn man etwas näher zusieht, findet man, dass die Theorie des Resonators nicht geändert wird, wenn man auf diese Hypothese verzichtet; man würde immer im ersten Glied der Gleichung (5) einen linearen Ausdruck erhalten für die partiellen Differentialquotienten von i nach s und t. Die Form des Integrals würde dieselbe bleiben, nur würde man in den Nennern des Klammerausdrucks (6) komplicirtere Polynome von m und p erhalten, was jedoch die vorher angestellte oberflächliche Diskussion nicht erschweren würde.

101. Hertz beschränkt sich im Wesentlichen darauf, zur Charakterisirung der Rolle, die sein Resonator spielt, ein Bild zu gebrauchen; er vergleicht den Resonator mit einer schwingenden Saite, die an beiden Enden befestigt ist (diese beiden Enden entsprechen den Begrenzungen der Funkenstrecke) und welche unter dem Einfluss periodischer Kräfte oscillirt. Dieser Vergleich ist ganz richtig, er übersetzt die vorangegangene Analyse in die gewöhnliche Sprache; Unrecht hat Hertz jedoch, wenn er glaubt, dass die Schwingungen der Saite immer im selben Sinn erfolgen, wie die sie bestimmende Kraft; sie können vielmehr entgegengesetzten Sinn besitzen. Betrachten wir z. B. ein Pendel, welches einer Kraft proportional $\sin pt$ unterworfen ist und es sei θ der immer sehr kleine Winkel, den das Pendel mit seiner Gleichgewichtslage bildet, so haben wir

[1]) Wied. Ann. XXXIV S. 163. — Für gewisse besondere Stellungen des Resonators kann man dies sagen und Hertz leitet es in der That aus genaueren Folgerungen des Studiums des Funkens ab, aber in dem allgemeinen Fall kommt seine Ueberlegung wohl auf das oben Erwähnte hinaus.

$$\frac{d^2\theta}{dt^2} + m^2\,\theta = \mathrm{A}\sin pt,$$

wo m nur von der Periode des schwingenden Pendels abhängt.

Das Integral für den endgültigen Zustand lautet

$$\theta = \frac{\mathrm{A}\sin pt}{m^2 - p^2}.$$

Um das allgemeine Integral zu erhalten, genügt es, den Ausdruck

$$+\,\mathrm{C}\cos mt + \mathrm{C}'\sin mt$$

zuzufügen.

Hat nun θ immer dasselbe Zeichen, wie $\sin pt$? Dies kommt auf die Frage hinaus, ob $\frac{\mathrm{A}}{m^2 - p^2}$ immer dasselbe Zeichen, wie A besitzt. Ist $m < p$, so erfolgt die Verschiebung im umgekehrten Sinne, wie die Kraft; ebenso hängt bei dem Resonator alles von dem Zeichen des Ausdrucks $m^2 - \mathrm{K}\,p^2$ ab.

Kapitel XI.

Reflexion der elektromagnetischen Wellen.

102. Die Anwendung der Maxwell'schen Theorie auf die Hertz'schen Versuche bringt einige Schwierigkeiten mit sich; die Vermittlungstheorien zwischen der alten elektrodynamischen und der Maxwell'schen Theorie, bei denen λ einen zwischen 0 und dem Reciproken des Quadrats der Lichtgeschwindigkeit liegenden Werth erhält, tragen jedoch den Thatsachen nicht besser Rechnung.

In einem vollkommenen Leiter oder, was auf dasselbe hinauskommt, in einem gewöhnlichen Leiter bei Annahme ausserordentlich rascher Schwingungen, sind die magnetischen Kräfte und der Strom im Innern Null; die Ströme sind nur auf der Oberfläche vorhanden. Die erste dieser Voraussetzungen — dass die magnetische Kraft im Innern Null ist — verträgt sich mit allen Theorien; anders verhält es sich mit der zweiten; im Allgemeinen hat man nämlich ((15) § 29)

$$4\pi u = \frac{\partial \gamma}{\partial y} - \frac{\partial \beta}{\partial z} + \lambda \frac{\partial^2 \varphi}{\partial x \partial t}.$$

Da aber im Innern des betrachteten Leiters $\alpha = \beta = \gamma = 0$ ist, so bleibt

$$4\pi u = \lambda \frac{\partial^2 \varphi}{\partial x \partial t}.$$

Bei Maxwell ist $\lambda = 0$, woraus folgt $u = 0$; aber wenn λ nicht Null ist, verschwindet u im Allgemeinen nicht mehr.

Nun ist eine der am besten bewiesenen experimentellen Thatsachen die Undurchdringlichkeit der Leiter für elektrische Strahlung. Hertz hat dieselbe zur Evidenz dadurch erwiesen, dass er elektromagnetische Wellen an der Fläche einer Metallscheibe reflektiren liess.

103. Betrachten wir eine Metallscheibe, die zwischen den Ebenen $x = 0$ und $x = \varepsilon$ liegt, und stellen uns eine daselbst ankommende elektromagnetische Störung vor, die sich in einer ebenen Transversalwelle fortpflanzt: wird dieselbe hindurchgehen?

Es sind zwei Fälle zu unterscheiden:

1. Die elektrische Schwingung geht senkrecht zur Einfallsebene vor sich, die magnetische Kraft dagegen liegt in dieser Ebene. Alle Theorien stimmen dann darin überein, dass die Schwingung in diesem Fall nicht hindurchgehen wird und dass das elektrostatische Potential φ jenseits der Ebene $x=0$ verschwindet.

2. Die magnetische Kraft steht senkrecht zur Einfallsebene und die elektrische Verschiebung ist ihr parallel. Dieser Fall bildet das experimentum crucis.

Wählen wir zur Ebene $z=0$ die Einfallsebene, so ist

$$\mathrm{H}=h=w=0,$$

denn die elektrische Verschiebung, der Strom und das Vektorpotential liegen in der Einfallsebene; $\mathrm{F}, \mathrm{G}, f, g, u, v$ sind im Allgemeinen von Null verschieden; $\alpha=\beta=0$, da die magnetische Kraft senkrecht zur Einfallsebene steht; die Theorie bietet die grössten Analogien dar mit der optischen Theorie der Reflexion und Refraktion[1]).

Wir wollen uns hier imaginärer Exponenten bedienen, deren reelle Theile die in Betracht kommenden physikalischen Grössen darstellen, und wollen annehmen, dass alle Funktionen einer mit $e^{i(by-pt)}$ multiplicirten Funktion von x proportional seien.

Für F erhalten wir so z. B.

$$\frac{\partial \mathrm{F}}{\partial z}=0, \quad \frac{\partial \mathrm{F}}{\partial t}=-i\,p\,\mathrm{F}, \quad \frac{\partial \mathrm{F}}{\partial y}=i\,b\,\mathrm{F}.$$

Die Funktion von x ist selbst eine Summe reeller und imaginärer Exponentialgrössen. Man wird dann zwei Arten von Ausdrücken erhalten; die einen von der Form

$$e^{i(ax+by-pt)}, \tag{1}$$

die anderen von der Form

$$e^{ax+i(by-pt)}. \tag{2}$$

Die ersten entsprechen einer ebenen Welle (wobei die Gleichung der Ebene $ax+by=$ const. ist), die sich mit einer Geschwindigkeit $\frac{p}{\sqrt{a^2+b^2}}$ fortpflanzt und zwar nach rechts, wenn $a>0$, nach links,

[1]) Théorie mathématique de la lumière § 208.

wenn $a < 0$; die zweiten Ausdrücke entsprechen einer imaginären Wellenebene, d. h. sie kommen nicht in Betracht.

104. Da unsere leitende Scheibe unabhängig von der Grösse ihrer Leitungsfähigkeit jeden elektrischen Strahl zurückhält, so kann man diese Leitungsfähigkeit als unendlich voraussetzen: der Schirm würde übrigens um so undurchdringlicher sein, je grösser seine Leitungsfähigkeit ist.

Aus dieser Hypothese finden wir, indem alles ausser γ eliminirt wird:

$$\Delta \gamma = (\mathrm{K} - \lambda) \frac{\partial^2 \gamma}{\partial t^2} \;{}^{1)}. \tag{3}$$

Eigentlich müsste man setzen $\mu(\mathrm{K} - \lambda)$; aber wir haben gesehen, dass man im Falle sehr rascher Schwingungen für alle Körper $\mu = 1$ annehmen kann.

Für das elektrostatische Potential φ würde man erhalten

$$\Delta \varphi = \frac{k \lambda (\mathrm{K} - \lambda)}{\mathrm{K}} \cdot \frac{\partial^2 \varphi}{\partial t^2}. \tag{4}$$

In der That ist nur der nach der Zeit genommene Differentialquotient der Differenz der beiden Seiten von Gleichung (4) Null; da aber eine derartige Funktion, bis auf einen Faktor $-ip$, ihrem Differentialquotient nach der Zeit gleich ist, so ist auch die Funktion selbst Null und die Gleichung (4) bleibt bestehen.

105. Nun ist

$$4\pi u = 4\pi \frac{\partial f}{\partial t} = \frac{\partial \gamma}{\partial y} + \lambda \frac{\partial^2 \varphi}{\partial x \partial t},$$

$$4\pi v = 4\pi \frac{\partial g}{\partial t} = -\frac{\partial \gamma}{\partial x} + \lambda \frac{\partial^2 \varphi}{\partial y \partial t},$$

und im Dielektrikum hat man

$$\frac{4\pi f}{\mathrm{K} - \lambda} = -\frac{\partial \mathrm{F}}{\partial t} - \frac{\partial \varphi}{\partial x},$$

woraus folgt

$$\frac{\partial^2 \mathrm{F}}{\partial t^2} = -\frac{4\pi \frac{\partial f}{\partial t}}{\mathrm{K} - \lambda} - \frac{\partial^2 \varphi}{\partial x \partial t}$$

$$= -\frac{1}{\mathrm{K} - \lambda} \cdot \frac{\partial \gamma}{\partial y} - \left(\frac{\lambda}{\mathrm{K} - \lambda} + 1\right) \frac{\partial^2 \varphi}{\partial x \partial t},$$

[1]) Siehe § 46.

oder

$$\frac{\partial^2 F}{\partial t^2} = -\frac{1}{K-\lambda} \cdot \frac{\partial \gamma}{\partial y} - \frac{K}{K-\lambda} \cdot \frac{\partial^2 \varphi}{\partial x \, \partial t}. \tag{5}$$

Ebenso:

$$\frac{\partial^2 G}{\partial t^2} = \frac{1}{K-\lambda} \cdot \frac{\partial \gamma}{\partial x} - \frac{K}{K-\lambda} \cdot \frac{\partial^2 \varphi}{\partial y \, \partial t}. \tag{6}$$

Was wird aus diesen Gleichungen in dem Leiter? Man hat für einen inneren Punkt

$$\frac{\partial F}{\partial t} + \frac{\partial \varphi}{\partial x} = 0;$$

alles geht so vor sich, als wenn K unendlich wäre, und die Gleichungen (5) und (6) ergeben demnach

$$\frac{\partial^2 F}{\partial t^2} = -\frac{\partial^2 \varphi}{\partial x \, \partial t},$$

$$\frac{\partial^2 G}{\partial t^2} = -\frac{\partial^2 \varphi}{\partial y \, \partial t}.$$

106. Wir wollen nun die Werthe von φ und γ in den drei Gebieten bestimmen.

Die Gleichung (3) drückt aus, dass die magnetische Kraft sich mit der Geschwindigkeit der Transversalwellen fortpflanzt, die Gleichung (4), dass das elektrostatische Potential die Fortpflanzungsgeschwindigkeit der longitudinalen Schwingungen besitzt (cf. § 46).

Ersetzen wir in (3) und (4) $\frac{\partial^2 \gamma}{\partial y^2}$ und $\frac{\partial^2 \gamma}{\partial t^2}$, sowie $\frac{\partial^2 \varphi}{\partial y^2}$ und $\frac{\partial^2 \varphi}{\partial t^2}$ durch ihre Werthe in Funktion von γ und von φ, so erhalten wir

$$\frac{\partial^2 \gamma}{\partial x^2} + [b^2 - p^2 (K - \lambda)] \gamma = 0, \tag{7}$$

$$\frac{\partial^2 \varphi}{\partial x^2} + \left[b^2 - p^2 \frac{k\lambda(K - \lambda)}{K}\right] \varphi = 0. \tag{8}$$

Setzen wir

$$b^2 - p^2 (K - \lambda) = a^2,$$

so sind die beiden allgemeinen Integrale von (7) e^{iax} und e^{-iax}; für $x < 0$ ist

$$\gamma = Ae^{iax} + Be^{-iax},$$

wo A und B nur Funktionen von y und t darstellen von der Form

$$A = A_0 e^{i(by - pt)};$$

A_0 ist eine Konstante.

Für $0 < x < \varepsilon$ hat man $\gamma = 0$.

Auf der anderen Seite der Scheibe für $x > \varepsilon$ wird gelten

$$\gamma = A' e^{iax} + B' e^{-iax},$$

wo A' und B' ebensolche Funktionen, wie A und B bedeuten, aber andere Werthe besitzen.

Setzen wir in gleicher Weise in der Gleichung für φ

$$b^2 - p^2 \frac{k\lambda(K - \lambda)}{K} = \pm c^2\,[1]),$$

so wird das allgemeine Integral von (8), wenn wir das positive Zeichen wählen

$$\varphi = Ce^{icx} + De^{-icx};$$

für das negative Zeichen dagegen lautet das Integral

$$\varphi = Ce^{cx} + De^{-cx}.$$

In dem Leiter zwischen den Ebenen $x = 0$ und $x = \varepsilon$ ist $K = \infty$ und der Koefficient von φ in Gleichung (8) reducirt sich auf

$$b^2 - p^2 k\lambda = \pm d^2.$$

Das Integral ist dann

$$\varphi = C' e^{idx} + D' e^{-idx},$$

oder

$$\varphi = C' e^{dx} + D' e^{-dx},$$

je nachdem man $+d^2$ oder $-d^2$ nehmen muss.

Für $x > \varepsilon$ endlich, auf der anderen Seite der Scheibe, wird man, je nachdem, erhalten

$$\varphi = C'' e^{icx} + D'' e^{-icx},$$

oder

$$\varphi = C'' e^{cx} + D'' e^{-cx}.$$

---

[1]) Hier kennen wir nicht a priori das Zeichen der linken Seite und sind deshalb genöthigt $\pm c^2$ zu setzen; im Vorhergehenden war immer $b^2 - p^2 (K - \lambda)$ positiv, denn die einfallende Transversalwelle, welche wir betrachten, hat immer eine reelle Geschwindigkeit.

107. Von den beiden Gliedern, welche in den Ausdruck von γ eingehen, entspricht für $x < 0$ das eine Ae^{iax} dem einfallenden Strahl, das andere Be^{-iax} dem reflektirten Strahl. Für $x > \varepsilon$ hat man auch zwei Glieder; davon entspricht dem einen $A'e^{iax}$ der gebrochene Strahl, dem anderen $B'e^{-iax}$ entspricht nichts, folglich muss es Null sein.

Setzen wir ebenso bei φ zunächst den Faktor

$$b^2 - p^2 \frac{k\lambda(K-\lambda)}{K}$$

als positiv voraus, so entspricht das erste Glied Ce^{icx} dem einfallenden Strahl, das zweite De^{-icx} dem reflektirten.

Wenn wir eine einfallende Transversalwelle annehmen, so gibt es keine einfallende Longitudinalwelle und das Glied Ce^{icx} muss Null sein; aber es wird im Allgemeinen eine reflektirte und eine gebrochene Longitudinalwelle bestehen. Im Leiter selbst werden zwei Glieder vorhanden sein, denn es entsteht eine gebrochene und eine an der zweiten Fläche reflektirte Welle. Auf der anderen Seite des Leiters wird nur das Glied $C''e^{icx}$ vorhanden sein, welches einer gebrochenen Longitudinalwelle entspricht.

In dem Falle, wo der Faktor $b^2 - p^2 \frac{k\lambda(K-\lambda)}{K}$ negativ ist, tritt für $x < 0$ nur das Glied Ce^{cx} (wobei c positiv zu nehmen ist) auf; denn das Glied De^{-cx} würde für $x = -\infty$ unendlich werden, es muss also Null sein.

In der Scheibe selbst würden zwei Glieder bestehen bleiben und beim Ausgang würde man nur das Glied $D''e^{-cx}$ behalten, denn $C''e^{cx}$ würde für $x = +\infty$ unendlich werden.

Fassen wir alles zusammen, so sind also zwei Fälle zu unterscheiden

1. $$b^2 - p^2 \frac{k\lambda(K-\lambda)}{K} > 0\,.$$

Man hat dann:

	Transversalwellen	Longitudinalwellen
Links von der Scheibe	$\gamma = Ae^{iax} + Be^{-iax}$	$\varphi = De^{-icx}$
In der Scheibe selbst	$\gamma = 0$	$\varphi = C'e^{idx} + D'e^{-idx}$
	oder	$\varphi = C'e^{dx} + D'e^{-dx}$
Rechts von der Scheibe	$\gamma = A'e^{iax}$	$\varphi = C''e^{icx}$.

2. $$b^2 - p^2 \frac{k\lambda(K-\lambda)}{K} < 0.$$

Dann ist

	Transversalwellen	Longitudinalwellen
Links von der Scheibe	$\gamma = A e^{iax} + B e^{-iax}$	$\varphi = C e^{cx}$
In der Scheibe selbst	$\gamma = 0$	$\varphi = C' e^{dx} + D' e^{-dx}$
Rechts von der Scheibe	$\gamma = A' e^{iax}$	$\varphi = D'' e^{-dx}$.

Man hat übrigens rechts von der Scheibe, je nachdem,

$$4\pi u = i\, b\, A' e^{iax} + \lambda\, C'' c\, p\, e^{icx}$$

oder

$$4\pi u = i\, b\, A' e^{iax} + \lambda\, D'' c\, i\, p\, e^{-cx} \quad \text{(cf. § 105).}$$

108. Was muss nun stattfinden, damit jenseits der Scheibe kein Strom vorhanden ist? Es müssen die für u und v erhaltenen Werthe identisch Null sein. Wir wollen zeigen, dass, wenn man nicht $\lambda = 0$ annimmt, dieses Resultat nur unter der Voraussetzung erhalten wird, dass die einfallende Welle Null ist.

Damit der Strom jenseits der Scheibe identisch Null ist, müssen die Koefficienten A', C'' und D'' Null sein; in der Maxwell'schen Theorie könnte man C'' und D'' von Null verschieden sein lassen, denn der Ausdruck $\lambda \frac{\partial^2 \varphi}{\partial x\, \partial t}$ verschwindet, ohne dass φ nothwendiger Weise Null werden muss. Wir wollen nun beachten, dass F, G und φ kontinuirliche Funktionen sein sollen.

Betrachten wir die Ebene $x = \varepsilon$, so muss in einem rechts von derselben gelegenen Punkt $F = G = 0$ sein; da F und G aber kontinuirlich sind, so haben sie auch in einem der Ebene sehr nahe, aber auf der linken Seite derselben gelegenen Punkt noch den Werth Null.

Wenn F Null ist, so ist auch $\frac{\partial F}{\partial t} = -ipF = 0$, und $\frac{\partial^2 F}{\partial t^2} = -p^2 F = 0$, also $\frac{\partial^2 \varphi}{\partial x \partial t} = 0$; denn im Innern der Scheibe hat man

$$\frac{\partial F}{\partial t} + \frac{\partial \varphi}{\partial x} = 0,$$

woraus folgt

$$\frac{\partial^2 F}{\partial t^2} + \frac{\partial^2 \varphi}{\partial x \partial t} = 0,$$

und $ip \frac{\partial \varphi}{\partial x} = 0$. $\frac{\partial \varphi}{\partial x}$ ist also im Leiter nahe bei der zweiten Oberfläche Null.

Auf dieselbe Weise kann man zeigen, dass $\frac{\partial^2 \varphi}{\partial y \partial t} = 0$ ist. Also ist auch $p\, b\, \varphi = 0$ und folglich $\varphi = 0$. Da φ und $\frac{\partial \varphi}{\partial x}$ an einem Punkt des Leiters Null sind und φ eine Summe zweier Exponentialgrössen darstellt, so sind die beiden Koefficienten nothwendig Null. Also φ wie γ haben im Innern des Leiters den Werth Null.

109. Wir wollen nun ebenso die erste Fläche $x = 0$ betrachten. Für einen dieser Fläche unendlich nahen, aber ausserhalb des Leiters liegenden Punkt sind F und G Null, da sie beim Durchgang durch die Fläche kontinuirlich und im Leiter selbst Null sind. $\frac{\partial^2 F}{\partial t^2}$ und $\frac{\partial^2 G}{\partial t^2}$ sind ebenfalls Null und aus demselben Grund muss φ Null sein. Man kann also schliessen, dass $\frac{\partial \varphi}{\partial x} = 0$, denn es ist $\varphi = C e^{icx}$ oder $C e^{cx}$ und $\frac{\partial \varphi}{\partial x} = i c \varphi$ resp. $= c \varphi$.

Hieraus folgt

$$\frac{\partial^2 \varphi}{\partial y \partial t} = -p\, b\, \varphi = 0,$$

$$\frac{\partial^2 \varphi}{\partial x \partial t} = -i p \frac{\partial \varphi}{\partial x} = 0,$$

also

$$\frac{\partial^2 F}{\partial t^2} = \frac{\partial^2 G}{\partial t^2} = \frac{\partial^2 \varphi}{\partial x \partial t} = \frac{\partial^2 \varphi}{\partial y \partial t} = 0.$$

Durch Vergleichung mit (5) und (6) folgt weiter $\frac{\partial \gamma}{\partial x} = \frac{\partial \gamma}{\partial y} = 0$, also auch $\gamma = 0$. Da nun γ eine Summe zweier Exponentialgrössen ist, kann γ und $\frac{\partial \gamma}{\partial x}$ nicht gleichzeitig Null werden, ohne dass die beiden Koefficienten Null sind; γ ist also identisch Null. Es darf demnach, damit keine gebrochene Welle durch die Scheibe geht, keine einfallende Welle vorhanden sein. Eine beliebige einfallende Transversalwelle durchsetzt immer die Scheibe, wenn nicht $\lambda = 0$ ist.

110. Man könnte vielleicht folgende Vermuthung aufstellen: Im Innern des Leiters haben wir

$$\varphi = C' e^{dx} + D' e^{-dx};$$

wenn nun d sehr gross wäre und C' sehr klein, so würde das Glied $D' e^{-dx}$ in der Nachbarschaft der ersten Fläche ein merkliches Potential liefern, welches aber in der Nähe der zweiten Fläche verschwände. Diese Vermuthung ist jedoch zu verwerfen; K ist nemlich positiv ebenso wie λ, $d < b$ und b ist von derselben Grössenordnung wie das Reciproke der Wellenlänge. Damit also das Potential an der zweiten Fläche unmerklich wäre, müsste man Scheiben von einer merklich grösseren Dicke, als die Wellenlänge beträgt, anwenden und diese ist von der Ordnung von 10 m; die Versuche wurden dagegen mit Scheiben von kaum einigen Millimetern angestellt.

111. Die Experimente von Hertz verurtheilen also die alte Elektrodynamik, sowie die vermittelnden Theorien, und es bleibt nur die Maxwell'sche Theorie übrig. Es ist wenig wahrscheinlich — obgleich das Gegentheil noch nicht erwiesen ist — dass dieselbe allen Thatsachen Rechnung trägt. Ohne Zweifel wird man sie noch modificiren müssen; wahrscheinlich wird dies aber ohne Aenderung des wesentlichsten Punktes geschehen können, d. h. die beiden Systeme von Gleichungen

$$\frac{\partial \alpha}{\partial t} = -\frac{4\pi}{K}\left(\frac{\partial h}{\partial y} - \frac{\partial g}{\partial z}\right),$$

$$4\pi \frac{\partial f}{\partial t} = \frac{\partial \gamma}{\partial y} - \frac{\partial \beta}{\partial z}$$

werden gewahrt bleiben.

Alles Uebrige besteht in der That nur aus sekundären Hypothesen, auf die man verzichten kann. Die eine derselben lässt, wie wir schon erwähnt haben, die elektrischen Kraftlinien senkrecht zur Oberfläche der Leiter auslaufen. Man hat mit einem Wort eine metallische Reflexion der elektromagnetischen Wellen an der Oberfläche der Leiter; Potier wies aber nach, dass die Theorie von Maxwell, auf die Optik angewandt, zur Erklärung der Metallreflexion nicht ausreicht. Jedenfalls ist es schon lange bekannt, dass die Maxwell'sche Theorie nur eine erste Annäherung darstellt, die höchstens für den luftleeren Raum ausreicht, da sie die Dispersion nicht erklärt.

112. Wie kommt es nun, dass wir die Hypothese, die Kraftlinien stehen senkrecht zu den Leitern, so leichten Kaufs fahren lassen können? Deshalb, weil wir uns darauf gestützt haben, dass

$$F = \int \frac{u' \, d\tau'}{r},$$

aber diese letztere Gleichung ist selbst nicht so klar bewiesen.

Setzen wir

$$F' = \int \frac{u' \, d\tau'}{r};$$

so erhalten wir

$$\int (\mathrm{F}\, dx + \mathrm{G}\, dy + \mathrm{H}\, dz) = \int (\mathrm{F}'\, dx + \mathrm{G}'\, dy + \mathrm{H}'\, dz),$$

wenn das Integral über eine beliebige geschlossene Kurve ausgedehnt ist. Bei Helmholtz bleibt die Gleichheit auch für eine beliebige, nicht geschlossene Kurve bestehen; dann folgt daraus unmittelbar $\mathrm{F} = \mathrm{F}'$, $\mathrm{G} = \mathrm{G}'$, $\mathrm{H} = \mathrm{H}'$. Aber wenn wir von der Maxwell'schen Hypothese ausgehen, haben wir nur das Recht, diese Gleichung für eine nicht geschlossene Linie aufzustellen, und dieselbe beweist nur, dass die Differenz der beiden Differentiale ein vollständiges Differential darstellt.

Man hat dann

$$\mathrm{F} = \mathrm{F}' + \frac{\partial \chi}{\partial x},$$

$$\mathrm{G} = \mathrm{G}' + \frac{\partial \chi}{\partial y},$$

$$\mathrm{H} = \mathrm{H}' + \frac{\partial \chi}{\partial z},$$

wo χ eine beliebige Funktion bedeutet. Dies sind in der That die Formeln, auf die man geführt wird, wenn man nicht zur Helmholtz'schen Theorie übergeht. Die Funktion χ spielt bei den gewöhnlichen elektrodynamischen Erscheinungen gar keine Rolle, deshalb wählt Maxwell χ willkürlich Null; aber, wie er ausdrücklich sagt, ist diese Annahme nicht unbedingt nothwendig[1]).

[1]) Siehe Kapitel XII Zusatz 2.

Kapitel XII.

Zusätze und Ergänzungen.

Den vorhergehenden Kapiteln, die meine Vorlesungen des zweiten Semesters 1890 enthalten, glaube ich einige ergänzende Zusätze zufügen zu müssen, die sich auf Punkte beziehen, welche ich in meiner Vorlesung aus Mangel an Zeit nicht entwickeln konnte oder welche durch die Fortschritte der Wissenschaft nöthig geworden sind.

Zusatz I.

Die Theorie von Helmholtz und das Princip von Newton.

Ausgehend von dem Princip der „Einheit der elektrischen Kraft“ haben wir oben gezeigt, dass die gegenseitige Einwirkung zweier veränderlicher geschlossener Solenoide dieselbe sein muss, wie diejenige zweier gleichwerthiger elektrischer Blätter, oder besser, dass sie gleich sein muss der Wirkung eines der Solenoide auf das dem anderen gleichwerthige elektrische Blatt.

Unter Anwendung des Princips von der Erhaltung der Energie berechneten wir die gegenseitige Wirkung zweier geschlossener Solenoide, die in derselben Weise veränderlich sind, wie zwei elektrische Blätter, und zeigten auf diese Weise, dass allein die Theorie von Maxwell mit der Forderung der Einheit der elektrischen Kraft vereinbar ist.

Wollte man in analoger Weise die Wirkung eines elektrischen Blattes auf ein veränderliches Solenoid berechnen, dann würde man bald wahrnehmen, dass das Princip von der Erhaltung der Energie nur mit grosser Vorsicht anzuwenden ist, wenn man dabei nicht wichtige Glieder vergessen will, und dass man besonders den elektrodynamischen Wirkungen der Konvektionsströme Rechnung tragen muss.

Aber selbst unter Anwendung dieser Vorsichtsmassregeln kommt man zu verschiedenen Resultaten, je nachdem man ein festes Blatt und ein bewegliches Solenoid annimmt, oder umgekehrt ein festes Solenoid und ein bewegliches Blatt. Man wird so zu dem Schluss geführt, *dass die Grundhypothesen der Helmholtz'schen Theorie mit der Gleichheit der Wirkung und Gegenwirkung unvereinbar sind.*

Dies ist leicht direkt nachzuweisen.

Die elektrodynamische Energie T ist nämlich durch folgendes Integral gegeben, indem man z. B. $k = 1$ setzt (Theorie von Neumann)

$$T = \frac{1}{2}\int \frac{u u' + v v' + w w'}{r} d\tau\, d\tau',$$

wobei das Integral über alle Elemente $d\tau$ und $d\tau'$ des von den Strömen durchflossenen Körpervolumens zu erstrecken ist.

Stellen wir uns jetzt vor, dass diese Körper, anstatt unbeweglich zu bleiben, eine fortschreitende (translatorische) Bewegung parallel zur X-Axe mit der Geschwindigkeit ξ erhalten, dann wird an jedem Punkt, ausser dem Leiterstrom (oder Verschiebungsstrom) ein Konvektionsstrom entstehen, dessen Komponenten sind

$$\varrho\,\xi,\ 0,\ 0,$$

derart, dass der Ausdruck für T wird

$$\frac{1}{2}\int \frac{(u + \varrho\,\xi)(u' + \varrho'\,\xi) + v v' + w w'}{r} d\tau\, d\tau'.$$

Das Princip von der Gleichheit der Wirkung und Gegenwirkung würde erfordern, dass dieser Ausdruck gleich ist der Summe zweier Glieder, von denen das erste unabhängig von ξ ist, während das zweite nur von ξ abhängt; d. h. das Integral

$$\int \frac{u\,\varrho' + u'\,\varrho}{r} d\tau\, d\tau'$$

müsste Null sein.

Da die Funktionen u und ϱ vollständig willkürlich sind, so ist es klar, dass dies im Allgemeinen nicht der Fall sein kann.

Wenn k nicht gleich 1 ist, so muss man zu dem Ausdruck für T das folgende Integral hinzufügen (cf. (9) § 25)

$$\frac{1-k}{2}\int r\,\frac{d\varrho}{dt}\cdot\frac{d\varrho'}{dt}\, d\tau\, d\tau',$$

welches für bewegliche Leiter wird

$$\frac{1-k}{2}\int\int r\left(\frac{d\varrho}{dt}-\frac{\partial\varrho}{\partial x}\xi\right)\left(\frac{d\varrho'}{dt}-\frac{\partial\varrho'}{\partial x}\xi\right)d\tau\, d\tau'.$$

Wenn also das Princip von Newton anwendbar wäre, so müsste der Koefficient von ξ in dem Ausdruck von T Null sein, d. h. man müsste haben

$$\int\left[\frac{u\varrho'+u'\varrho}{r}-\frac{r}{2}(1-k)\left(\frac{\partial\varrho}{\partial x}\cdot\frac{d\varrho'}{dt}+\frac{\partial\varrho'}{\partial x}\cdot\frac{d\varrho}{dt}\right)\right]d\tau\, d\tau'=0.$$

Offenbar ist aber diese Bedingung nicht erfüllt und *die Theorie von Helmholtz lässt sich mit dem Newton'schen Princip nur vereinigen, wenn man passende Modifikationen anbringt.*

In einem speciellen Fall indessen bietet sich diese Schwierigkeit nicht dar, und dies ist genau derjenige der Maxwell'schen Theorie, wo

$$\varrho=\varrho'=0.$$

Wir haben früher gezeigt, dass die Theorie von Weber nur einen besonderen Fall der Helmholtz'schen Theorie darstellt und dennoch muss die erstere Theorie mit dem Princip von Newton in Uebereinstimmung sein, da sie auf der Annahme beruht, dass die gegenseitige Wirkung zweier elektrischer Moleküle nur von ihrem Abstand und ihrer relativen Bewegung abhängt.

Wie ist dieser scheinbare Widerspruch nun zu lösen?

Hierfür brauche ich nur an folgende Thatsache erinnern. Um die Theorie von Weber mit der Helmholtz'schen in Einklang zu bringen, mussten wir gewisse Annahmen machen, die wir im § 15 durch die folgenden Gleichungen ausgedrückt haben

$$e v^2+e_1 v_1^2=0, \qquad e' v'^2+e_1' v_1'^2=0.$$

Diese Beziehungen können nicht streng erfüllt sein, besonders wenn Konvektionsströme vorhanden sind; aber, wie schon in § 19 auseinandergesetzt ist, sind die ersten Glieder klein genug, um in den Rechnungen vernachlässigt werden zu können, ohne irgend eine der durch den Versuch nachzuweisenden Folgerungen zu beeinträchtigen.

In diesen vernachlässigten Gliedern besteht also der Unterschied zwischen der Theorie von Helmholtz und Weber; ihnen muss man daher den Widerspruch zwischen der Helmholtz'schen Theorie und dem Princip von Newton zuschrieben.

Die Ergänzungsglieder, die man den Gleichungen von Helmholtz zufügen müsste, um sie mit dem Princip der Gleichheit von Wirkung und Gegenwirkung in Uebereinstimmung zu bringen, sind also zu klein, als dass man sie durch irgend ein realisirbares Experiment nachweisen könnte.

Es ist klar, dass man dieselben auf unendlich viel verschiedene Weisen wählen kann; eine derselben besteht, wie wir gesehen haben, darin, dass man die zuerst vernachlässigten Glieder wieder in die Weber'sche Theorie einsetzt.

Diese Frage verdient des Näheren geprüft zu werden.

Nehmen wir die Bezeichnungen wieder auf, deren wir uns beim Studium der Weber'schen Theorie bedient haben; es sind dies dieselben, welche Maxwell in der Auseinandersetzung über denselben Gegenstand angewendet hat.

Der Ausdruck für T ist dann:

$$\sum \frac{e e'}{2 c^2 r} \left(\frac{dr}{dt}\right)^2.$$

Wenn man zwei Elemente beweglicher Ströme betrachtet, so hat man

$$\frac{dr}{dt} = \frac{\partial r}{\partial t} + v \frac{\partial r}{\partial s} + v' \frac{\partial r}{\partial s'},$$

so dass das Potential T der zwei Stromelemente geschrieben werden kann:

$$\sum \frac{e e'}{2 c^2 r} \left(\frac{\partial r}{\partial t} + v \frac{\partial r}{\partial s} + v' \frac{\partial r}{\partial s'}\right)^2.$$

Nimmt man wie früher an:

$$e + e_1 = e' + e_1' = e v^2 + e_1 v_1^2 = e' v'^2 + e_1' v_1'^2 = 0,$$

$$e v + e_1 v_1 = c\, i\, ds, \qquad e' v' + e_1' v_1' = c\, i'\, ds',$$

so verschwinden die von v und v' unabhängigen Glieder, sowie diejenigen mit v, v', v^2, v'^2 und es bleibt

$$\frac{i\, i'\, ds\, ds'}{r} \cdot \frac{\partial r}{\partial s} \cdot \frac{\partial r}{\partial s'},$$

was dem Helmholtz'schen Ausdruck für $k = -1$ gleichkommt.

Betrachten wir jetzt die Wirkung einer beweglichen elektrischen Ladung, die als Konvektionsstrom zu betrachten ist, auf ein bewegliches Stromelement ds.

Es sei v' die Geschwindigkeit des beweglichen Leiters, der die elektrische Ladung e' trägt; ferner bezeichne ds' das Bogenelement der Bahn dieser beweglichen Ladung.

Die Formel

$$\frac{dr}{dt} = \frac{\partial r}{\partial t} + v\,\frac{\partial r}{\partial s} + v'\,\frac{\partial r}{\partial s'}$$

ist noch anwendbar, unter der Bedingung, dass $\frac{\partial r}{\partial t}$ den Theil der Veränderung von r darstellt, welcher der absoluten Verschiebung des beweglichen Stromes zukommt, nicht aber seiner relativen Verschiebung in Beziehung auf das bewegliche Element, da wir der Verschiebung dieser Ladung bereits durch das Glied $v'\,\frac{\partial r}{\partial s'}$ Rechnung getragen haben.

Man wird dann noch zu setzen haben

$$e + e_1 = e\,v^2 + e_1\,v_1^2 = 0\,, \qquad e\,v + e_1\,v_1 = c\,i\,ds\,,$$

aber nicht mehr

$$e' + e_1' = e'\,v'^2 + e_1'\,v_1'^2 = 0\,.$$

Die von v und von v' unabhängigen Glieder werden also verschwinden, wie die Glieder mit v', v^2 und v'^2, diejenigen mit v aber werden nicht mehr Null, und man erhält

$$\mathrm{T} = \frac{e'i}{cr} \cdot \frac{\partial r}{\partial s}\left(\frac{\partial r}{\partial t} + v'\,\frac{\partial r}{\partial s'}\right).$$

Die Formel von Helmholtz würde ergeben

$$\mathrm{T} = \frac{e'i}{cr} \cdot \frac{\partial r}{\partial s}\left(v'\,\frac{\partial r}{\partial s'}\right).$$

In Wahrheit ist das vernachlässigte Glied sehr klein (in Folge des Nenners c), aber es ist von derselben Ordnung, wie das beibehaltene Glied, da v' dieselbe Grössenordnung wie $\frac{\partial r}{\partial t}$ besitzt.

Nun fordert das Princip von Newton, dass T nur von der relativen Verschiebung des beweglichen Leiters, in dem der Strom circulirt, in Bezug auf den beweglichen Leiter mit der Ladung e' abhängt, d. h. von $\frac{\partial r}{\partial t} + v'\,\frac{\partial r}{\partial s'}$. Die Formel von Helmholtz ist also mit diesem Princip unvereinbar; die vollständige Weber'sche Formel kann allein damit in Uebereinstimmung gebracht werden.

So muss also die Helmholtz'sche Theorie, welche sein Urheber, wie er es in dem Titel seines Werkes angibt, nur „für die in Ruhe befindlichen Leiter“ aufgestellt hat, beträchtliche Veränderungen erfahren, wenn die Leiter bewegt werden.

Wir wollen jetzt auf die Frage zurückgehen, von der ich am Anfang dieses Zusatzes gesprochen habe, ich meine die Wirkung eines veränderlichen, geschlossenen Solenoids auf ein elektrisches Blatt. Wenn man diese Wirkung mit Hülfe der vollständigen Weber'schen Formel berechnet, so kommt man zu einem Resultat, das mit dem Princip der „Einheit der elektrischen Kraft“ übereinstimmt. Dies ist nicht mehr der Fall, wenn man dieselbe Weber'sche Formel auf die Wirkung zweier veränderlichen, geschlossenen Solenoide anwendet.

Die so berechnete Wirkung ist wie bei Anwendung der Helmholtz'schen Formel Null. Unsere Folgerungen werden also nicht geändert und die Maxwell'sche Theorie ist allein vereinbar mit „der Einheit der elektrischen Kraft“.

Für die vorangehenden Betrachtungen haben wir uns auf den Standpunkt der Weber'schen Theorie gestellt, d. h. wir setzten voraus $k = -1$. Man würde zu analogen Resultaten mit einem beliebigen Werth von k gelangt sein.

Helmholtz hat in der That gezeigt, dass man seinen Ausdruck des elementaren Potentials (wo k beliebig ist) erhalten kann, indem man von einem der Weber'schen Formel analogen Ausdruck für die Anziehung ausgeht, in welchen aber nicht nur r und seine beiden ersten Differentialquotienten nach t, sondern auch noch der dritte Differentialquotient eingehen.

Zusatz II.

Ueber den Beweis der Thatsache, dass die elektrische Kraft senkrecht zu den Leitern steht.

Es entsteht die Frage, ob es eine nothwendige Folgerung der Maxwell'schen Theorie ist, dass die elektrischen Kraftlinien senkrecht auf der Leiteroberfläche endigen, wenn die Leiter vollkommen sind oder die Schwingungen sehr rasch stattfinden. Hierbei hängt alles davon ab, wie die Theorie verstanden wird; im § 112 haben wir uns auf einen bestimmten Standpunkt gestellt und gezeigt, dass diese Folgerung nicht unbedingt nothwendig ist. Nehmen wir aber einen anderen Standpunkt ein, der vielleicht mehr mit den wahren Gedanken von Maxwell übereinstimmt, so werden wir zu dem entgegengesetzten Resultat gelangen.

Wir wollen der Einfachheit halber voraussetzen, dass man es mit einem System vollkommener Leiter zu thun habe, die von einander durch ein einziges Dielektrikum, z. B. durch Luft getrennt sind. Wir sind berechtigt, die Leiter als vollkommen zu betrachten, da wir wissen, dass in dem Fall sehr rascher Schwingungen sich alle Leiter wie vollkommene verhalten.

Die elektrostatische Energie ist gleich

$$U = \int \frac{2\pi}{K} (f^2 + g^2 + h^2)\, d\tau,$$

und die elektromagnetische

$$T = \int \frac{1}{8\pi} (\alpha^2 + \beta^2 + \gamma^2)\, d\tau,$$

wenn man $\mu = 1$ annimmt. Das erste Integral muss über das Volumen des Dielektrikum, das zweite über den ganzen Raum erstreckt werden.

Andererseits hat man

$$4\pi u = 4\pi \frac{\partial f}{\partial t} = \frac{\partial \gamma}{\partial y} - \frac{\partial \beta}{\partial z},$$

$$4\pi v = 4\pi \frac{\partial g}{\partial t} = \frac{\partial \alpha}{\partial z} - \frac{\partial \gamma}{\partial x},$$

$$4\pi w = 4\pi \frac{\partial h}{\partial t} = \frac{\partial \beta}{\partial x} - \frac{\partial \alpha}{\partial y}.$$

Setzen wir

$$\alpha = \frac{\partial X}{\partial t}, \quad \beta = \frac{\partial Y}{\partial t}, \quad \gamma = \frac{\partial Z}{\partial t},$$

und nehmen an, dass im Zeitanfang alles in Ruhe sei und dass man habe

$$X = Y = Z = f = g = h = 0,$$

so kommt[1])

$$4\pi f = \frac{\partial Z}{\partial y} - \frac{\partial Y}{\partial z},$$

$$4\pi g = \frac{\partial X}{\partial z} - \frac{\partial Z}{\partial x},$$

$$4\pi h = \frac{\partial Y}{\partial x} - \frac{\partial X}{\partial y},$$

und

$$U = \int \frac{2\pi}{K} \sum f^2 d\tau = \int \frac{1}{8\pi K} \sum \left(\frac{\partial Z}{\partial y} - \frac{\partial Y}{\partial z}\right)^2 d\tau,$$

$$T = \frac{1}{8\pi} \int \sum \alpha^2 d\tau = \frac{1}{8\pi} \int \sum \left(\frac{\partial X}{\partial t}\right)^2 d\tau.$$

Sind die Leiter vollkommen, so gibt es keinen Widerstand und keine Wärmeentwicklung und wir können das Princip der kleinsten Wirkung von Hamilton anwenden, ohne die Arbeit der Widerstände berücksichtigen zu müssen, was die Rechnungen sehr verwickeln würde.

Nach der Ansicht von Maxwell stellt die elektromagnetische Energie T die lebendige Kraft, und die elektrostatische Energie U die potentielle Energie des Aethers dar (siehe Bd. I § 152).

---

[1]) Diese Analyse ist nur auf den Fall anzuwenden, wo die totale elektrostatische Ladung aller Leiter Null ist.

Die Hamilton'sche Wirkung wird also durch das Integral

$$\int_{t_0}^{t_1} (\mathrm{T} - \mathrm{U})\, dt$$

angegeben, das nach der Zeit zwischen zwei beliebigen Grenzen zu nehmen ist.

Die Variation:

$$\int_{t_0}^{t_1} (\delta\mathrm{T} - \delta\mathrm{U})\, dt$$

muss also Null sein, vorausgesetzt, dass

$$\delta\mathrm{X} = \delta\mathrm{Y} = \delta\mathrm{Z} = 0$$

für $t = t_0$ und für $t = t_1$.

Bekanntlich besteht ja das Hamilton'sche Princip darin, dass die Wirkung ein Minimum wird, wenn die Koordinaten der verschiedenen Punkte des Systems für $t = t_0$ und $t = t_1$ gegebene Werthe besitzen.

Nun hängen nach Maxwell's Ansicht die Koordinaten der verschiedenen Aethermoleküle von X, Y, Z ab; also müssen die Werthe von X, Y, Z für $t = t_0$ und $t = t_1$ als gegeben betrachtet werden und folglich ihre Variationen als Null.

Man erhält dann durch partielle Integration:

$$\int_{t_0}^{t_1} \delta\mathrm{T}\, dt = \int \frac{d\tau}{4\pi} \int_{t_0}^{t_1} \sum \left(\alpha\, \delta \frac{\partial \mathrm{X}}{\partial t} \right) dt$$

$$= \int \frac{d\tau}{4\pi} \left[\sum \alpha\, \delta\mathrm{X} \right]_{t = t_0}^{t = t_1} - \int \frac{d\tau}{4\pi} \int_{t_0}^{t_1} \sum \left(\frac{\partial \alpha}{\partial t}\, \delta\mathrm{X} \right) dt.$$

Da δX für $t = t_0$ und $t = t_1$ Null ist, bleibt

$$\int_{t^0}^{t_1} \delta\mathrm{T}\, dt = - \int \frac{d\tau}{4\pi} \int_{t_0}^{t_1} \sum \left(\frac{\partial \alpha}{\partial t}\, \delta\mathrm{X} \right) dt.$$

Andererseits haben wir

$$\int_{t_0}^{t_1} \delta \mathrm{U}\, dt = \int_{t_0}^{t_1} \frac{4\pi\, dt}{\mathrm{K}} \int \sum f\, \delta f\, d\tau,$$

wobei die Integration über das Volumen des Dielektrikum auszudehnen ist.

Ferner ist

$$4\pi \int \sum f\, \delta f\, d\tau = \int \sum f \left(\frac{\partial\, \delta \mathrm{Z}}{\partial y} - \frac{\partial\, \delta \mathrm{Y}}{\partial z} \right) d\tau.$$

Durch Anwendung der partiellen Integration findet man

$$\int f \frac{\partial\, \delta \mathrm{Z}}{\partial y}\, d\tau = \int m f\, \delta \mathrm{Z}\, d\omega - \int \delta \mathrm{Z} \frac{\partial f}{\partial y}\, d\tau.$$

Das Integral der linken Seite und das zweite der rechten Seite ist über alle Elemente des Volums $d\tau$ des Dielektrikum zu erstrecken. Das erste Integral der rechten Seite muss über alle Elemente der Oberfläche genommen werden, welche das Dielektrikum von den Leitern trennt; l, m, n bezeichnen die Richtungskosinus des Elements $d\omega$.

Auf dieselbe Weise erhält man:

$$\int f \frac{\partial\, \delta \mathrm{Y}}{\partial z}\, d\tau = \int n f\, \delta \mathrm{Y}\, d\omega - \int \delta \mathrm{Y} \frac{\partial f}{\partial z}\, d\tau.$$

Hieraus folgt

$$\mathrm{K}\, \delta \mathrm{U} = \int \sum (m f\, \delta \mathrm{Z} - n f\, \delta \mathrm{Y})\, d\omega - \int \sum \left(\delta \mathrm{Z} \frac{\partial f}{\partial y} - \delta \mathrm{Y} \frac{\partial f}{\partial z} \right) d\tau.$$

Hierfür kann man auch setzen

$$\mathrm{K}\, \delta \mathrm{U} = \int \sum [\delta \mathrm{X}\, (n g - m h)]\, d\omega - \int \sum \left[\delta \mathrm{X} \left(\frac{\partial g}{\partial z} - \frac{\partial h}{\partial y} \right) \right] d\tau.$$

Die Hamilton'sche Gleichung (welche ausdrückt, dass die Variation der Wirkung Null ist) kann nach Multiplikation mit $4\pi\mathrm{K}$ geschrieben werden

$$\int_{t_0}^{t_1} (\mathrm{H}_1 + \mathrm{H}_2 + \mathrm{H}_3)\, dt = 0,$$

wenn man zur Abkürzung mit H_1, H_2, H_3 die drei folgenden Integrale bezeichnet

$$H_1 = K \int d\tau \sum \left(\delta X \frac{\partial \alpha}{\partial t} \right),$$

$$H_2 = 4\pi \int d\omega \sum \delta X (ng - mh),$$

$$H_3 = 4\pi \int d\tau \sum \delta X \left(\frac{\partial h}{\partial y} - \frac{\partial g}{\partial z} \right).$$

Das Integral H_1 ist dabei über den ganzen Raum zu erstrecken, H_2 über die Oberfläche der Leiter und H_3 über das Dielektrikum.

Da diese Gleichung für alle beliebigen Variationen δX, δY, δZ erfüllt sein muss, so gilt nach den Regeln der Variationsrechnung für alle Zeiten

$$H_1 + H_2 + H_3 = 0,$$

und zwar für jedes beliebige δX, δY, δZ.

Wir wollen nun setzen

$$H_1 = H_1' + H_1'',$$

wo H_1' und H_1'' dasselbe Integral wie H_1 bedeutet und zwar soll sich H_1' über das Volumen der Leiter, H_1'' über das Volumen des Dielektrikum erstrecken.

Da δX, δY, δZ beliebig sind, so wird man nach den Regeln der Variationsrechnung gesondert haben

$$H_1' = 0, \quad H_2 = 0, \quad H_1'' + H_3 = 0.$$

Es werden also nach denselben Regeln immer folgende Bedingungen bestehen:

1. Im Innern der Leiter (da $H_1' = 0$) ist $\frac{\partial \alpha}{\partial t} = 0$, oder da im Zeitanfang alles in Ruhe ist

$$\alpha = \beta = \gamma = 0, \quad u = v = w = 0$$

Es fliesst kein Strom im Innern der Leiter.

2. Im Innern des Dielektrikum (da $H_1'' + H_3 = 0$):

$$K \frac{\partial \alpha}{\partial t} = 4\pi \left(\frac{\partial g}{\partial z} - \frac{\partial h}{\partial y} \right).$$

Dies ist die Gleichung (3) des § 50.

3. Auf der Trennungsoberfläche (da $H_2 = 0$)

$$ng - mh = 0,$$

und ebenso

$$nf - lh = 0,$$

d. h.

$$\frac{f}{l} = \frac{g}{m} = \frac{h}{n};$$

Diese Gleichung drückt aus, dass die elektrischen Kraftlinien senkrecht zur Oberfläche der Leiter stehen.

Zusatz III.

Ueber die Berechnung der Periode.

Die Unsicherheiten, welche hinsichtlich der Berechnung der Periode bestehen und auf die ich am Ende der Vorlesung hinwies, zeigen zur Genüge, welches Interesse es bieten würde, eine Methode zu besitzen, die eine strenge Berechnung der Periode eines gegebenen Erregers zuliesse. Die Wichtigkeit des Gegenstandes veranlasst mich, die von mir in diesem Punkt erhaltenen Resultate zu veröffentlichen, so unvollständig dieselben auch sind.

Das zu lösende Problem kann wie folgt ausgesprochen werden:

Es soll eine Zahl μ gefunden werden, sowie sechs Funktionen X, Y, Z, L, M, N der drei Koordinaten x, y, z, welche den nachstehenden Bedingungen genügen:

1. Diese sechs Funktionen sind in jedem Punkt des von dem Dielektrikum eingenommenen Raumes analytische Funktionen.

2. Würde dieser Raum sich in's Unendliche erstrecken, so müssten die sechs Funktionen daselbst verschwinden.

3. An allen Punkten des Dielektrikum müssen sie den folgenden Gleichungen genügen:

$$
\begin{aligned}
&X = \frac{\partial N}{\partial y} - \frac{\partial M}{\partial z}, \qquad && K\mu^2 L = \frac{\partial Z}{\partial y} - \frac{\partial Y}{\partial z},\\
(1)\qquad &Y = \frac{\partial L}{\partial z} - \frac{\partial N}{\partial x}, && K\mu^2 M = \frac{\partial X}{\partial z} - \frac{\partial Z}{\partial x},\\
&Z = \frac{\partial M}{\partial x} - \frac{\partial L}{\partial y}, && K\mu^2 N = \frac{\partial Y}{\partial x} - \frac{\partial X}{\partial y},
\end{aligned}
$$

woraus folgt

$$
(2)\qquad \frac{\partial X}{\partial x} + \frac{\partial Y}{\partial y} + \frac{\partial Z}{\partial z} = \frac{\partial L}{\partial x} + \frac{\partial M}{\partial y} + \frac{\partial N}{\partial z} = 0.
$$

4. Auf der Oberfläche der Leiter und im Besonderen auf der des Erregers steht der Vektor, dessen Komponenten X, Y, Z sind, senkrecht.

Die Zahl μ und unsere sechs Funktionen können übrigens reell oder complex sein. Setzen wir

$4\pi f =$ dem reellen Theil von $e^{i\mu t} X$, $\alpha =$ dem reellen Theil von $ie^{i\mu t} L$,
$4\pi g =$ - - - - $e^{i\mu t} Y$, $\beta =$ - - - - $ie^{i\mu t} M$,
$4\pi h =$ - - - - $e^{i\mu t} Z$, $\gamma =$ - - - - $ie^{i\mu t} N$,

so wird die elektrische Verschiebung (f, g, h) und die magnetische Kraft (α, β, γ) den Maxwell'schen Gleichungen genügen. Auf diese Weise ist also eine elektromagnetische Störung definirt, welche mit diesen Gleichungen im Einklang steht.

Die Periode wird gleich 2π sein, dividirt durch den reellen Theil von μ.

Wenn die Zahl μ reell ist, so haben die Schwingungen eine konstante Amplitude.

Ist μ complex, so nimmt diese Amplitude in geometrischer Reihe ab; es besteht dann ein logarithmisches Dekrement, das von dem imaginären Theil von μ abhängt.

Hiernach sind zwei Fälle zu unterscheiden:

1. Entweder befindet sich der Erreger in einem vollständig von Leitern umgebenen endlichen Raum, der mit einem Dielektrikum erfüllt ist.

2. Oder der Erreger ist in einem unendlich grossen Raum aufgestellt, der durch das Dielektrikum eingenommen wird.

Der erste Fall lässt sich viel einfacher verfolgen. Unglücklicher Weise ist es aber gerade der zweite Fall, der in den Versuchen verwirklicht wurde; die Säle, in denen Hertz die Versuche anstellte, waren gross genug im Verhältniss zu den Dimensionen des Erregers, um mit einem unendlichen Raum verglichen zu werden. Ich will auf diesen Punkt sogleich zurückkommen.

Die Unterschiede zwischen beiden Fällen sind sehr bedeutend.

Im ersten Fall kann sich die Energie nicht durch Strahlung nach aussen hin zerstreuen; die Amplitude der Schwingungen ist also konstant und μ ist reell.

Im zweiten Fall hingegen ist Strahlung vorhanden und es besteht folglich ein logarithmisches Dekrement, μ ist complex.

Im ersten Fall, wo μ reell ist, kann man immer voraussetzen, dass die sechs Funktionen ebenfalls reell sind; denn wenn sechs complexe Funktionen den Gleichungen (1) genügten, so würde für ihre reellen Theile dasselbe gelten.

Sind die sechs Funktionen reell, so bedeutet dies, dass die Phase in allen Punkten des Dielektrikum dieselbe ist.

Im zweiten Falle dagegen ist die Phase für verschiedene Punkte des Dielektrikum verschieden und die sechs Funktionen sind complex.

Uebrigens gestattet ein einfaches Beispiel, sich von dieser Thatsache Rechenschaft zu geben. Wenn eine Stimmgabel in einer unbegrenzten Atmosphäre schwingt, so wird sich der Ton nach allen Richtungen mit einer bestimmten Geschwindigkeit fortpflanzen und die Phase wird an verschiedenen Punkten dieser Atmosphäre nicht dieselbe sein, sondern von der Entfernung von der Stimmgabel abhängen.

Wenn dagegen diese Stimmgabel in einem geschlossenen Raum schwingt, z. B. in einem zwischen zwei parallelen Wänden befindlichen Raum, so wird der Ton an diesen beiden Wänden reflektirt werden und die reflektirten Wellen werden unter Bildung von Knoten und Bäuchen interferiren, d. h. es wird ein System stehender Wellen zu Stande kommen; die Phase wird dann an allen Punkten dieselbe sein.

Dieser endgültige Zustand, bei dem die Wellen stationär sind, kann sich erst nach Verlauf einer gewissen Zeit herstellen, denn der von der Stimmgabel ausgehende Ton (oder in unserem Fall die von dem Erreger ausgehende Störung) muss Zeit gehabt haben, um sich bis zu der reflektirenden Wand fortzupflanzen. Damit die stationären Wellen in Erscheinung treten, darf die Störung vor ihrer Reflexion an der Wand nicht durch Strahlung so abgeschwächt sein, dass sie unmerklich wird. Aus diesem Grund geht beim Experimentiren in einem sehr grossen Saal alles so vor sich, als befände man sich in einem unendlich grossen Raum. Demnach ist der zweite Fall derjenige, der bei den Versuchen verwirklicht worden ist und der deshalb das meiste Interesse bieten würde; leider musste ich mich aber auf den ersten Fall beschränken.

Betrachten wir also ein Zimmer, das im Innern durch die Oberfläche des Erregers begrenzt ist, im Aeussern durch die leitenden Wände, die hinsichtlich der analytischen Behandlung dieselbe Rolle wie diese Oberfläche spielen, und denken wir uns den ganzen Zwischenraum von einem Dielektrikum erfüllt.

Es seien nun L, M, N drei beliebige Funktionen, die nur den folgenden Bedingungen unterworfen sein sollen, welche ich die Bedingungen (2) nennen will:

1. Sie sind analytisch und homogen im ganzen Dielektrikum;
2. Man hat im Dielektrikum

$$\frac{\partial L}{\partial x}+\frac{\partial M}{\partial y}+\frac{\partial N}{\partial z}=0;$$

3. Der Vektor (L, M, N) steht an allen Punkten der Oberfläche tangential zu derselben;
4. Das Integral

$$T=\int (L^2+M^2+N^2)\,d\tau,$$

über das ganze Dielektrikum erstreckt, ist gleich 1.

Nach diesen Voraussetzungen untersuchen wir das Integral

$$U=\int\left[\left(\frac{\partial N}{\partial y}-\frac{\partial M}{\partial z}\right)^2+\left(\frac{\partial L}{\partial z}-\frac{\partial N}{\partial x}\right)^2+\left(\frac{\partial M}{\partial x}-\frac{\partial L}{\partial y}\right)^2\right]d\tau.$$

Dies Integral kann nicht Null werden. Wenn es nämlich Null würde, hätte man:

$$\frac{\partial N}{\partial y}=\frac{\partial M}{\partial z},\quad \frac{\partial L}{\partial z}=\frac{\partial N}{\partial x},\quad \frac{\partial M}{\partial x}=\frac{\partial L}{\partial y},$$

und folglich

$$L\,dx+M\,dy+N\,dz=d\varphi,$$

wo $d\varphi$ das vollständige Differential einer Funktion φ darstellt, die homogen sein muss, da L, M, N homogen sind (dieser letztere Theil des Beweises setzt voraus, dass das Zimmer ein „einfach zusammenhängender Raum“ ist). Es wäre also

$$L=\frac{\partial\varphi}{\partial x},\quad M=\frac{\partial\varphi}{\partial y},\quad N=\frac{\partial\varphi}{\partial z}.$$

Die Bedingungen (2) besagten dann, dass $\Delta\varphi=0$ an allen Punkten des Dielektrikum und dass $\frac{\partial\varphi}{\partial n}=0$ an allen Punkten der dasselbe begrenzenden Oberfläche. Aber dies kann nur der Fall sein, wenn φ konstant ist, d. h. wenn

$$L = M = N = 0 .$$

Es ist indess leicht einzusehen, dass dies nicht stattfinden darf, da $T = 1$ sein soll.

Das Integral U, welches nicht verschwinden kann, weist jedoch ein Minimum auf.

Die Funktionen L, M, N, für welche dies Minimum erreicht wird, müssen derart sein, dass allemal, wenn $\delta T = 0$, auch $\delta U = 0$; also

$$\frac{\partial \delta L}{\partial x} + \frac{\partial \delta M}{\partial y} + \frac{\partial \delta N}{\partial z} = \sum \frac{\partial \delta L}{\partial x} = 0, \tag{3}$$

und dass der Vektor (δL, δM, δN) in allen Punkten der Oberfläche tangential zu derselben verläuft.

Diese letzte Bedingung wird durch die Gleichung ausgedrückt:

$$l\delta L + m\delta M + n\delta N = \sum l\delta L = 0 . \tag{4}$$

Setzen wir zur Abkürzung

$$X = \frac{\partial N}{\partial y} - \frac{\partial M}{\partial z}, \quad Y = \frac{\partial L}{\partial z} - \frac{\partial N}{\partial x}, \quad Z = \frac{\partial M}{\partial x} - \frac{\partial L}{\partial y},$$

so erhalten wir

$$\delta T = 2 \int (L\delta L + M\delta M + N\delta N)\, d\tau ,$$

$$\delta U = 2 \int (X\delta X + Y\delta Y + Z\delta Z)\, d\tau .$$

Der Werth von δU kann durch partielle Integration umgeformt werden; man findet

$$\int X\delta X\, d\tau = \int X (m\,\delta N - n\,\delta M)\, d\omega - \int \left(\delta N \frac{\partial X}{\partial y} - \delta M \frac{\partial X}{\partial z}\right) d\tau ,$$

so dass die Bedingung $\delta U = 0$ geschrieben werden kann

$$\frac{\delta U}{2} = \int \begin{vmatrix} X & Y & Z \\ l & m & n \\ \delta L & \delta M & \delta N \end{vmatrix} d\omega - \int \sum \left[\delta L \left(\frac{\partial Y}{\partial z} - \frac{\partial Z}{\partial y} \right) \right] d\tau = 0 .$$

Diese Bedingung muss für alle beliebigen Werthe der Variationen δL, δM, δN erfüllt sein, vorausgesetzt, dass die letzteren den Gleichungen (3) und (4) und $\delta T = 0$ genügen.

Die Variationsrechnung lässt danach folgenden Schluss zu:

Man kann eine Zahl $K\mu^2$ und zwei Funktionen φ und ψ finden, derart, dass die Bedingung

$$\frac{\delta U}{2} - \frac{K\mu^2}{2}\delta T + \int \varphi \sum \left(\frac{\partial\, \delta L}{\partial x}\right) d\tau + \int \psi \sum (l\, \delta L)\, d\omega = 0 \tag{5}$$

erfüllt ist, wenn die Variationen δL, δM und δN vollständig beliebig sind. Wir wollen noch das eine dieser Integrale durch partielle Integration umformen; es ist

$$\int \varphi \sum \left(\frac{\partial\, \delta L}{\partial x}\right) d\tau = \int \varphi \sum (l\, \delta L)\, d\omega - \int \sum \left(\delta L \frac{\partial \varphi}{\partial x}\right) d\tau .$$

Gleichung (5) kann man dann schreiben

$$\int d\tau \sum \left[\delta L \left(\frac{\partial Z}{\partial y} - \frac{\partial Y}{\partial z} - K\mu^2 L - \frac{\partial \varphi}{\partial x}\right)\right]$$

$$+ \int \sum d\omega [\delta L (Yn - Zm + [\varphi + \psi]\, l)] = 0 .$$

In allen Punkten des Dielektrikum muss also gelten

$$\begin{aligned} K\mu^2 L &= \frac{\partial Z}{\partial y} - \frac{\partial Y}{\partial z} - \frac{\partial \varphi}{\partial x}, \\ K\mu^2 M &= \frac{\partial X}{\partial z} - \frac{\partial Z}{\partial x} - \frac{\partial \varphi}{\partial y}, \\ K\mu^2 N &= \frac{\partial Y}{\partial x} - \frac{\partial X}{\partial y} - \frac{\partial \varphi}{\partial z}, \end{aligned} \tag{6}$$

und an allen Punkten der Oberfläche der Leiter:

$$\begin{aligned} Zm - Yn &= l(\varphi + \psi), \\ Xn - Zl &= m(\varphi + \psi), \\ Yl - Xm &= n(\varphi + \psi). \end{aligned} \tag{7}$$

Wenn man die drei Gleichungen nach Multiplikation mit l, m, n addirt, so kommt

$$(l^2 + m^2 + n^2)(\varphi + \psi) = 0 .$$

Also ist $\varphi + \psi$ an allen Punkten der Oberfläche der Leiter Null und man hat

$$\frac{X}{l} = \frac{Y}{m} = \frac{Z}{n}. \tag{8}$$

Dies ist eine der Bedingungen, von denen wir ausgegangen waren.

Man kann daraus noch eine weitere Folgerung ziehen.

Wir betrachten das Integral

$$\int (X\,dx + Y\,dy + Z\,dz) = \int \sum X\,dx\,,$$

ausgedehnt über eine beliebige geschlossene Kurve, die auf der Oberfläche der Leiter gezogen ist. Dies Integral ist Null, da der Vektor X, Y, Z nach (8) senkrecht auf dem Leiter steht. Formen wir dies einfache Integral auf die bekannte Weise in ein zweifaches um, so folgt

$$\int \sum l \left(\frac{\partial Z}{\partial y} - \frac{\partial Y}{\partial z} \right) d\omega = 0\,,$$

und da dies für eine beliebige Begrenzung gültig ist:

$$\sum l \left(\frac{\partial Z}{\partial y} - \frac{\partial Y}{\partial z} \right) = 0\,. \tag{9}$$

Addiren wir die Gleichungen (6), nachdem dieselben resp. nach x, y, z differentiirt worden sind, so ergibt sich:

$$K \mu^2 \sum \frac{\partial L}{\partial x} = - \Delta \varphi\,.$$

Wir haben aber nach Voraussetzung

$$\frac{\partial L}{\partial x} + \frac{\partial M}{\partial y} + \frac{\partial N}{\partial z} = 0\,,$$

so dass wir finden

$$\Delta \varphi = 0\,.$$

In einem Punkt der Leiteroberfläche erhält man ferner durch Addition der Gleichungen (6) nach vorausgegangener Multiplikation derselben mit resp. l, m, n und unter Beachtung der Beziehung (9):

$$K \mu^2 \sum l L = - \frac{\partial \varphi}{\partial n}\,;$$

nach der Voraussetzung gilt aber an allen Punkten der Oberfläche

$$l\mathrm{L} + m\mathrm{M} + n\mathrm{N} = 0,$$

woraus folgt

$$\frac{\partial \varphi}{\partial n} = 0.$$

Hieraus schliessen wir, dass φ konstant ist; demnach findet man:

$$\mathrm{K}\mu^2 \mathrm{L} = \frac{\partial \mathrm{Z}}{\partial y} - \frac{\partial \mathrm{Y}}{\partial z},$$

und zwei andere analoge Gleichungen. Unsere sechs Funktionen X, Y, Z, L, M, N genügen also vollkommen den aufgestellten Bedingungen.

Nun war ferner:

$$\mathrm{U} = \int (\mathrm{X}^2 + \mathrm{Y}^2 + \mathrm{Z}^2)\, d\tau = \int \sum \mathrm{X} \left(\frac{\partial \mathrm{N}}{\partial y} - \frac{\partial \mathrm{M}}{\partial z} \right) d\tau,$$

oder durch partielle Integration nach den oben angegebenen Regeln:

$$\mathrm{U} = \int \begin{vmatrix} \mathrm{X} & \mathrm{Y} & \mathrm{Z} \\ l & m & n \\ \mathrm{L} & \mathrm{M} & \mathrm{N} \end{vmatrix} d\omega - \int \sum \mathrm{L} \left(\frac{\partial \mathrm{Y}}{\partial z} - \frac{\partial \mathrm{Z}}{\partial y} \right) d\tau.$$

Das erste Integral ist Null, das zweite gleich $-\mathrm{K}\mu^2 \mathrm{T}$.

Man findet also

$$\frac{\mathrm{U}}{\mathrm{T}} = \mathrm{K}\mu^2.$$

Somit gelangen wir zu folgender Regel: die Zahl $\mathrm{K}\mu^2$, von der die Hauptperiode abhängt, ist das Minimum des Ausdrucks $\frac{\mathrm{U}}{\mathrm{T}}$, der mit Hülfe dreier Funktionen L, M, N gebildet ist, welche den Bedingungen (2) genügen.

Es liesse sich auf eine analoge Weise zeigen, dass eine unendliche Anzahl von möglichen Perioden besteht, welche man die harmonischen Obertöne nennen könnte. Da aber der Versuch nichts ähnliches darbietet, so muss man annehmen, dass diese Obertöne zu schwach sind oder zu schnell abnehmen, um mit den uns zur Verfügung stehenden Mitteln nachgewiesen werden zu können. Ich will deshalb auf diesen Punkt nicht weiter eingehen.

Zusatz IV.

Ueber einige neue Versuche.

Sarasin und de la Rive stellten im Mai 1890 (Archives de Genève, Juni 1890, XXIII, p. 557) Versuche von grosser Wichtigkeit an. Sie liessen, ebenso wie Hertz, die von einem Erreger ausgehende Welle mit derselben, an einer Mauer reflektirten Welle interferiren, verwendeten jedoch verschiedene Erreger und Resonatoren und fanden so, dass die beobachtete Wellenlänge von den Dimensionen des Resonators abhängt, dagegen von denjenigen des Erregers fast unabhängig ist. Dies nennen sie die Erscheinung der multiplen Resonanz, auf die ich in dem nächsten Zusatz zurückkommen werde.

Ich möchte nun auf folgenden Punkt noch die Aufmerksamkeit lenken. Mit dem Erreger von Hertz und einem Resonator von 75 cm Durchmesser, der also fast gleich demjenigen von Hertz war, fanden die Genfer Gelehrten eine Wellenlänge von 3 m; Hertz hatte dagegen 4,80 m gefunden. Das erste dieser Resultate stimmt hinreichend mit der Theorie, nicht dagegen das zweite. Aber abgesehen von jeder theoretischen Betrachtung, muss man sich wundern, dass Versuche, die unter offenbar gleichen Bedingungen ausgeführt wurden, so verschiedene Resultate ergeben. Daher ist es geboten, mit seinen Folgerungen zu warten, bis dieser Punkt aufgehellt ist.

In einem Briefe, mit dem mich Herr Hertz beehrte, und den er mir an dieser Stelle mitzutheilen gestattete, spricht sich der berühmte Gelehrte folgendermassen über diesen Gegenstand aus:

„Es fällt mir schwer zu glauben, dass ich mich bei der zweiten Methode geirrt habe, bei der ich 4,80 m statt 3 m fand; da aber die ganze theoretische Wahrscheinlichkeit auf Seiten der Herren de la Rive und Sarasin ist, so habe ich eingehend darüber nachgedacht, welche Ursache dies haben könnte, und theile hier zwei Arten mit, auf welche man sich den Unterschied erklären kann. Die Wellen entstehen zwischen zwei parallelen Wänden eines Saales; ich habe nur eine Fläche als reflektirende berücksichtigt. Nehmen wir nun zuerst an, dass die Länge des Saals gleich einem genauen Multiplum der Wellenlänge sei, sagen wir gleich drei Wellenlängen, dann werden wir zwei sehr ausgesprochene Knoten erhalten, welche den genau richtigen

Abstand besitzen. Ist die Länge des Saals gleich vier Wellenlängen, so finden wir drei sehr scharf bestimmte Knoten. Nehmen wir aber an, dass die Länge des Saals einen mittleren Werth besitzt, der näher an dem ersten liegt, so werden zwei weniger ausgesprochene Knoten entstehen, deren Abstand von einander grösser sein wird, als die wirkliche Wellenlänge. Diese Erklärung würde mir ausreichend erscheinen, wenn der Unterschied nicht so gross wäre.“

„Die andere Erklärung ist folgende: Meine reflektirende Zinktafel war in einer Mauernische aufgestellt; es wäre möglich, dass die vorstehenden Punkte der Mauer die Wirkung gehabt haben, die Knoten von der Mauer zu entfernen und die gemessenen Wellenlängen zu gross zu machen. Da jedoch die Nische 5—6 m breit war, schien es mir und scheint mir auch jetzt nicht sehr wahrscheinlich, dass dieser Umstand einen grossen Einfluss gehabt hat.“

„Ich kenne also nicht genau die Ursache meines Irrthums, aber ich glaube, dass ein solcher vorliegt. Ich habe lange vergeblich gesucht, eine vernünftige Ursache für den Unterschied der Geschwindigkeit in Luft und in Drähten zu finden. Dass für kurze Wellen von 30 cm Länge kein Unterschied besteht, fand ich selbst bereits vor den Herren Sarasin und de la Rive; die Versuche dieser Herren ergeben endlich auch für Wellen von grosser Länge dieselbe Geschwindigkeit und widersprechen meinen Versuchen.“

Müssen wir demnach glauben, dass aus dem Grunde, weil die Dimensionen der Nische von derselben Ordnung, wie die Wellenlänge war, Diffraktionserscheinungen zu Stande kommen konnten und dass Hertz Beugungsfranzen und keine eigentlichen Interferenzfranzen beobachtet hat? Es wäre verfrüht, sich über diesen Punkt auszusprechen; vielmehr ist es gerathen, sich der Zurückhaltung von Hertz anzuschliessen und sich jedes Schlusses zu enthalten, bis neue Versuche die Frage aufgeklärt haben.

Ich sprach auch oben von einer Bekanntmachung von Lecher (Sitzungsberichte der Wiener Akademie, April 1890) und theilte mit, dass dieser Gelehrte mit einer neuen Methode die Fortpflanzungsgeschwindigkeit einer Störung in einem Leiter gemessen hat und diese Geschwindigkeit gleich der des Lichtes fand. Sehr erstaunt, sich mit Hertz im Widerspruch zu befinden, suchte er vergebens nach der Ursache dieser Abweichung. Dieselbe erklärt sich jetzt sehr leicht. Lecher hatte die richtige Formel von Thomson für die Schwingungsperiode angewandt, worin Hertz den Faktor $\sqrt{2}$ vergass und sein Resultat stimmt genügend mit dem korrigirten Resultat von Hertz überein.

Zusatz V.

Ueber die multiple Resonanz.

Sarasin und de la Rive fanden bei den Interferenzerscheinungen, dass die beobachtete Wellenlänge von den Dimensionen des Resonators und nur sehr wenig von denen des Erregers abhängt. Dies ist das Phänomen, welches sie multiple Resonanz nannten, und für das sie folgende Erklärung gaben:

Der Erreger bringe weder eine einzige Schwingung von vollkommen genau bestimmter Periode hervor, noch eine bestimmte Reihe verschiedener harmonischer Obertöne; sein Spektrum, wie man sich hier etwa ausdrücken könnte, würde weder von einer einzigen, noch von mehreren feinen, getrennten Linien gebildet, vielmehr entstünde ein kontinuirliches Spektrum oder besser ein breites Band, dessen Ränder sehr verwischt seien.

Es ist noch hinzuzufügen, dass dieses Band in den Versuchen, bei denen man in einem metallischen Draht Interferenzen entstehen lässt, viel breiter erscheinen würde, als bei den Versuchen in Luft. Der Resonator würde dann von allen durch den Erreger ausgesandten Schwingungen diejenige verstärken, welche mit seiner Eigenschwingung übereinstimmt.

Diese Auslegung befindet sich offenbar im Widerspruch mit der Theorie; aber es ist kein Beweis gegen dieselbe zu bringen; denn die Theorie ist noch sehr mangelhaft, und selbst, wenn dies nicht der Fall wäre, würde sie nur eine erste Annäherung darstellen.

Nichtsdestoweniger stellte ich eine andere Erklärung auf, die ich brieflich mehreren Gelehrten mittheilte. Obgleich ich dieselbe nur zögernd ausgesprochen habe, glaube ich, sie doch hier anführen zu sollen.

Bei einer von einem Erreger ausgesandten Schwingung sind zwei Dinge zu unterscheiden, die Periode und das logarithmische Dekrement. Verschiedene Gründe veranlassen mich zu der Annahme, dass dieses Dekrement für den Erreger grösser ist, als für den Resonator. Die Intensität der von dem Erreger ausgehenden Schwingungen würde also sehr schnell abnehmen, so dass dieselben von sehr kurzer Dauer und wenig zum Interferiren geeignet wären.

Nicht so würde es sich mit den Schwingungen des Resonators verhalten. Was wird also geschehen? In dem Resonator werden durch den Erreger Schwingungen hervorgebracht werden, sofern die Perioden nicht sehr verschieden sind; dann wird derselbe fortfahren zu schwingen, nachdem der Erreger schon zur Ruhe gekommen ist; aber er wird dann mit seiner eigenen Periode schwingen, und gerade diese letzteren Schwingungen, die von einer viel längeren Dauer sind und die Fähigkeit besitzen, zu interferiren, würde man beobachten.

Hertz, dem ich diesen Standpunkt mittheilte, antwortete mir Folgendes:

„Die Versuche von Sarasin und de la Rive über die Benutzung verschiedener Resonatoren gefallen mir ausgezeichnet und scheinen sehr schön zu sein, aber ihre Erklärung durch ein kontinuirliches Spektrum, das von dem primären Erreger ausgeht, missfällt mir ganz und gar. Mein Standpunkt ist dem Ihren sicher sehr nahe; vielleicht ist es sogar vollständig derselbe. Wenn die primäre Schwingung eine regelmässige und kontinuirliche Schwingung hervorrufen würde, die durch die Sinuskurve A dargestellt wird, so müssten die harmonischen Resonatoren tausendmal mehr als die anderen erregt werden. Würde sie dagegen nur einen einzigen Stoss hervorbringen, so müssten alle Resonatoren gleich gut schwingen. Die Wahrheit liegt zwischen diesen beiden Extremen; die primäre Schwingung wird die Form B haben (eine Kurve, welche eine Reihe Schwingungen mit abnehmender Amplitude darstellt). Sie würde alle Resonatoren erregen, aber die harmonischen mehr, als die anderen.

Dieselbe Sache mathematisch ausgedrückt lautet: Wollen wir die Form A durch eine Summe von Sinus ausdrücken, so werden wir nur ein einziges Glied haben; wollen wir dagegen die Form B in dieser Weise darstellen, so müssen wir ein Fourier'sches Integral anwenden, das eine unendliche Zahl von Sinus von allen Längen enthält. Aber man könnte deshalb doch nicht sagen, dass die Form B keine bestimmte Periode hätte und dass sie einem kontinuirlichen Spektrum gleich sei.“

Obgleich ganz anders ausgedrückt, ist die Ansicht von Hertz doch vollständig mit derjenigen in Uebereinstimmung, die ich oben aufgestellt habe.

Wenn auch die Verwicklung der Erscheinungen eine Rechnung schlecht zulässt, halte ich es dennoch nicht für unnütz, hier eine kleine analytische Auseinandersetzung zu geben, die sich auf einen einfacheren, aber der Wirklichkeit doch analogen Fall bezieht.

Die Gleichung, welche eine beliebige abnehmende Schwingungsbewegung ausdrückt, kann immer in die Form gebracht werden

$$y'' + 2\alpha y' + \beta y = 0,$$

wo y eine passend gewählte Variable bezeichnet, welche die Amplitude der Schwingung definirt; y' und y'' sind ihre Differentialquotienten nach der Zeit, α und β Konstanten. Das Integral dieser Gleichung ist

$$y = e^{-\alpha t} (\mathrm{A} \cos mt + \mathrm{B} \sin mt); \qquad m = \sqrt{\beta - \alpha^2};$$

m definirt also die Periode und α das Dekrement. Ist dasselbe zu vernachlässigen (und wir setzen durch eine grobe Annäherung voraus, dass dies für die Resonatoren der Fall sei), so ist $\alpha = 0$, $\beta = m^2$ und es bleibt

$$y'' + m^2 y = 0.$$

Wenn nun die Bewegung durch eine vom Erreger ausgehende Störung beeinflusst wird und a und n resp. zwei Zahlen bezeichnen, von denen das Dekrement und die Periode des Erregers selbst abhängt, so erhält man

$$y'' + m^2 y = \mathrm{A} e^{-at} \cos nt + \mathrm{B} e^{-at} \sin nt.$$

Das Integral dieser Gleichung ist

$$y = \mathrm{A}_1 e^{-at} \cos nt + \mathrm{B}_1 e^{-at} \sin nt + \mathrm{C} \cos mt + \mathrm{D} \sin mt,$$

mit den Bedingungen

$$\mathrm{A}_1 (m^2 + a^2 - n^2) - 2an\mathrm{B}_1 = \mathrm{A},$$

$$\mathrm{B}_1 (m^2 + a^2 - n^2) + 2an\mathrm{A}_1 = \mathrm{B}.$$

Setzt man für den Zeitanfang voraus

$$y = y' = 0,$$

so folgt

$$\mathrm{A}_1 + \mathrm{C} = 0, \qquad - \mathrm{A}_1 a + \mathrm{B}_1 n + \mathrm{D} m = 0.$$

Nach einer sehr langen Zeit verschwinden die Glieder mit e^{-at}, so dass bleibt

$$y = \mathrm{C} \cos mt + \mathrm{D} \sin mt,$$

und die Amplitude der Schwingung wird proportional sein

$$\sqrt{\mathrm{C}^2 + \mathrm{D}^2}.$$

Wenn a sehr klein und m sehr nahe n ist, so wird sich diese Grösse sehr wenig unterscheiden von

$$\sqrt{A_1^2 + B_1^2} = \frac{\sqrt{A^2 + B^2}}{\sqrt{(m^2 + a^2 - n^2)^2 + 4\,a^2\,n^2}}\,.$$

Bleibt die Amplitude der erregenden Schwingung konstant, so steht die der resultirenden Schwingung im umgekehrten Verhältniss zu der Wurzel

$$\sqrt{(m^2 + a^2 - n^2) + 4\,a^2\,n^2}\,.$$

Verändert sich m, so erreicht die Wurzel ein Minimum für $m^2 = n^2 - a^2$. Dies Minimum entspricht einem harmonischen Resonator.

Für $a = $ Null, ist dieses Minimum Null und die entsprechende Amplitude unendlich; der harmonische Resonator schwingt dann, wie Hertz sagt, tausendmal stärker, als alle anderen.

Ist a nicht Null, so ist auch das Minimum von Null verschieden und die Amplitude der Schwingung des harmonischen Resonators ist grösser, als die der anderen, aber von derselben Grössenordnung.

Muss man nun annehmen, dass dem Erreger ein grösseres Dekrement zukommt, wenn man ihn mit zwei sehr langen Leitungsdrähten verbindet, um die Fortpflanzung in demselben zu messen, als wenn er unbelastet ist? Dies würde erklären, warum das entstehende „spektrale Band" im ersten Fall grösser ist, als im zweiten.

Soll man ferner annehmen, dass ein geradliniger und offener Resonator ein grösseres Dekrement besitzt, als ein runder? Dies würde vielleicht erklären, warum man bei Drähten mit geradlinigen Resonatoren keine Interferenzen hat erhalten können.

Aber alle diese Fragen sind noch sehr verfrüht und erst in einer Reihe von Jahren wird man sie mit Erfolg aufwerfen können. Uebrigens sind auch noch andere Erklärungen möglich.

Zusatz VI.

Ueber die Fortpflanzung der Wellen in krummlinigen Drähten.

Die Fortpflanzungsgeschwindigkeit einer Welle in einem Drahte, der kleine Krümmungen zeigt, kann auf zwei verschiedene Weisen berechnet werden. Der von dieser Welle durchlaufene Weg kann nämlich längs aller Krümmungen des Drahtes gerechnet werden, oder längs der Projektion des Wegs auf eine zur mittleren Richtung des Drahtes parallele Gerade. Die auf die zweite Art berechnete Geschwindigkeit wird offenbar viel kleiner sein.

Die Versuche von Hertz haben gezeigt, dass die auf die erste Weise berechnete Geschwindigkeit grösser ist, als die in einem ausgespannten Draht gemessene, während die auf die zweite Art gemessene Geschwindigkeit im Gegentheil kleiner ausfällt, als die bei einem gespannten Draht und oft sogar viel kleiner.

Nennen wir ds das Bogenelement des Drahtes und i die Stromintensität desselben, so wird man durch Wiederholung der bei Gelegenheit des Resonators angestellten Ueberlegung zu der Gleichung kommen

$$\frac{\partial^2 i}{\partial s^2} = K^2 \frac{\partial^2 i}{\partial t^2}.$$

Diese Gleichung beweist, dass die nach der ersten Art berechnete Geschwindigkeit gleich $\frac{1}{K}$, d. h. gleich der Lichtgeschwindigkeit ist oder auch gleich der Geschwindigkeit in einem gespannten Draht.

Die Ueberlegung, die uns zu dieser Gleichung führte, setzt indess voraus, dass der Drahtdurchmesser sehr klein sei; aber dies ist hier nicht eigentlich der Fall, denn wenn der Draht, wie bei den Hertz'schen Versuchen, in einer Schraubenwindung gewickelt ist, so wird der Gang dieser Schraube zu klein sein, als dass man die Drahtdicke gegen denselben vernachlässigen dürfte.

Wenn der Drahtdurchmesser nahe gleich dem Schraubengang ist, derart, dass sich die Windungen fast berühren, so scheint es, dass der Draht sich der Bedingung eines gespannten Drahtes nähert und dass folglich die nach der zweiten Art berechnete Geschwindigkeit der Grösse $\frac{1}{K}$ nahe kommt. Man könnte sich so die von Hertz erhaltenen Resultate erklären. Aber dies ist nur eine Ansicht und man müsste die Frage mit Sorgfalt studiren.

Zusatz VII.

Ueber die Reflexion der Wellen.

Die Mehrzahl der Beobachter hat gefunden, dass die Wellen an einer noch so dünnen leitenden Oberfläche total reflektirt werden, und dass auf der anderen Seite einer solchen Fläche keinerlei Funken wahrzunehmen sind. Dies gilt selbst für die Elektrolyte, und wenn auch Bichat und Blondlot das Resultat erhielten, dass Flusswasser durchlässig ist, so hört doch diese Durchlässigkeit auf, sobald man eine Spur Säure zufügt.

Dagegen entdeckte Joubert, dass eine Zinkwand von $^1/_2$ mm Dicke, 4 m Höhe und 8 m Länge die Funken schwächt, ohne sie vollständig zu zerstören und dass man dieselben noch jenseits der Wand beobachten kann; diese Abweichung kommt offenbar von der Anwendung eines geradlinigen Resonators her, der empfindlicher ist, als die gekrümmten. Die erwähnte Erscheinung steht im Widerspruch mit der Maxwell'schen Theorie, wofern man sie nicht etwa durch Diffraktion erklären kann, da die Wand nur eine halbe Wellenlänge hoch ist; aber wir sind noch nicht im Stande, diese Frage zu entscheiden.

Schluss.

Die Theorie ist unvollständig, die Versuche sind noch wenig zahlreich und widersprechen sich theilweise, es ist also unmöglich, zu entscheiden, ob Theorie und Experiment übereinstimmen oder nicht; ich schliesse somit ab, ohne diese Frage erledigen zu wollen. Wenn es mir aber auch nicht möglich ist, eine Entscheidung zu treffen, so darf ich doch von dem Eindruck reden, den mir die neusten Fortschritte der Wissenschaft machen und den der Leser ohne Zweifel theilen wird. Ich meine, dass die Gesammtheit der Resultate heute der Maxwell'schen Theorie noch günstiger ist, als vor einigen Monaten, zu der Zeit, wo ich meine Vorlesungen schloss.

Neuere Versuche.

(Zusatz der Herausgeber.)

Obgleich zwischen der Veröffentlichung des französischen Originalwerkes von Poincaré und der deutschen Ausgabe nur eine kurze Spanne Zeit liegt, ist doch in Folge des allgemeinen Interesses, das die gesammte wissenschaftliche Welt diesem in der Umwandlung begriffenen Gebiete der Physik entgegenbringt, eine solche Fülle von interessanten Untersuchungen durchgeführt worden, dass es wünschenswerth erscheinen dürfte, wenigstens einige der bedeutendsten hier noch kurz anzuführen.

Die Theorie von Poynting und Heaviside. Zu den wichtigsten Arbeiten sind jedenfalls diejenigen von Hertz[1]) zu zählen, durch welche die Theorie von Poynting[2]) und Heaviside[3]) über die Ausbreitung der elektrischen Energie für den Fall sehr schneller Schwingungen eine unzweifelhafte Bestätigung zu erfahren scheint. Da diese Theorie, welche auf den Maxwell'schen Gleichungen basirt, im Vorhergehenden noch nicht direkt berücksichtigt wurde, so soll hier der wesentlichste Inhalt derselben wiedergegeben werden.

Poynting stellt in der erwähnten Abhandlung für die Uebertragung der elektrischen Energie folgendes allgemeine Gesetz auf: *Die Energie bewegt sich in einem beliebigen Punkte des Raumes senkrecht zu derjenigen Fläche, welche die durch diesen Punkt gehenden elektrischen und magnetischen Kraftlinien enthält, und der Betrag der in einer Sekunde durch die Einheit dieser Fläche hindurchgehenden Energie ist gleich dem durch 4π dividirten Produkte aus den Intensitäten beider (elektrischen und magnetischen) Kräfte und dem Sinus des von ihnen eingeschlossenen Winkels.* Hierbei ist die Richtung des Energiestromes diejenige, in welcher sich eine rechtsdrehende Schraube vorwärts bewegen würde, wenn man sie von der

---

1) Hertz, Wied. Ann. XXXVII S. 395 (1889).

2) Poynting, Phil. Transactions II S. 343 (1884) und Physikal. Revue (Graetz) I S. 48 (1892).

3) Heaviside, Phil. Mag. XXV S. 153 und Electrician 1885.

positiven Richtung der elektromotorischen Kraft zur positiven Richtung der magnetischen Kraft herumdreht.

Nach Zusatz II S. 186 lässt sich die totale Energie des Feldes in die Form bringen:

$$(1) \qquad \mathrm{T}+\mathrm{U}=\int\left(\frac{\mu}{8\pi}\sum\alpha^2+\frac{2\pi}{\mathrm{K}}\sum f^2\right)d\tau,$$

oder, da nach Bd. I § 169: $f=\frac{\mathrm{K}}{4\pi}\mathrm{P}$

$$(2) \qquad \mathrm{T}+\mathrm{U}=\frac{1}{8\pi}\int\left(\mu\sum\alpha^2+\mathrm{K}\sum\mathrm{P}^2\right)d\tau;$$

wobei P, Q, R die Komponenten der elektromotorischen Kräfte bezeichnen. In dieser Gleichung stellt das erste Glied die elektromagnetische, das zweite die elektrostatische Energie dar. Findet nun irgend eine Veränderung in dem Vorrathe oder der Vertheilung der Energie statt, so wird die Veränderung dieser Grösse pro Sekunde gegeben sein durch:

$$(3) \qquad \frac{d(\mathrm{T}+\mathrm{U})}{dt}=\frac{1}{4\pi}\int\left(\mu\sum\alpha\frac{d\alpha}{dt}+\mathrm{K}\sum\mathrm{P}\frac{d\mathrm{P}}{dt}\right)d\tau.$$

Das zweite Glied auf der rechten Seite formen wir um. Nach Bd. I § 170 (IX) folgt:

$$\frac{\mathrm{K}}{4\pi}\cdot\frac{d\mathrm{P}}{dt}=(u-\mathrm{C\,P})=(u-p),$$

wenn wir CP mit p bezeichnen; ausserdem bedeutet hierbei u die auf die Flächeneinheit bezogene Strömungsgeschwindigkeit in Richtung der X-Axe, C das Leitungsvermögen.

Setzen wir ferner (Bd. I § 167, V):

$$(4) \qquad \mathrm{P}=\left(cy'-bz'-\frac{d\mathrm{F}}{dt}-\frac{\partial\psi}{\partial x}\right)=(cy'-bz'+\mathrm{P}'),$$

wobei x', y', z' die Differentialquotienten von x, y, z nach t, ferner a, b, c die Kraftkomponenten der magnetischen Induktion, F, G, H die Komponenten des Vektorpotentials und ψ das elektrostatische Potential bezeichnen, so dass die Grössen P′ etc. keine Geschwindigkeit mehr enthalten; es folgt dann:

$$(5) \qquad \frac{\mathrm{K}}{4\pi}\int\sum\mathrm{P}\frac{d\mathrm{P}}{dt}=\int\left[\sum(cy'-bz')\,u+\sum\mathrm{P}'\,u-\sum\mathrm{P}\,p\right]d\tau.$$

Durch Umformung des ersten Terms auf der rechten Seite unter Berücksichtigung der Relation $X = (cv - bw)$, cf. Bd. I § 160 (2), wobei X, Y, Z die Komponenten der elektrodynamischen Kraft bezeichnen, erhält man

$$-\int \sum X x' \, d\tau .$$

Setzt man ferner

$$u = \frac{1}{4\pi}\left(\frac{\partial \gamma}{\partial y} - \frac{\partial \beta}{\partial z}\right)$$

(cf. Bd. I § 167), so ergibt sich nach einigen Umformungen:

$$\text{(6)} \qquad \frac{K}{4\pi}\int \sum P \frac{dP}{dt} d\tau + \int \sum X x' \, d\tau + \int \sum P p \, d\tau$$

$$= \frac{1}{4\pi}\int \sum \left(R' \frac{\partial \beta}{\partial x} - Q' \frac{\partial \gamma}{\partial x}\right) d\tau .$$

Durch partielle Integration findet man für die rechte Seite

$$\text{(7)} \qquad \frac{1}{4\pi}\int \sum l (R' \beta - Q' \gamma) \, d\omega - \frac{1}{4\pi}\int \sum \alpha \left(\frac{\partial Q'}{\partial z} - \frac{\partial R'}{\partial y}\right) d\tau ,$$

wobei l, m, n die Richtungskosinus der Normalen auf dem Oberflächenelemente bedeuten.

Nun ist nach (4)

$$\frac{\partial Q'}{\partial z} - \frac{\partial R'}{\partial y} = -\frac{\partial^2 G}{\partial t \, \partial z} - \frac{\partial^2 \psi}{\partial x \, \partial z} + \frac{\partial^2 H}{\partial t \, \partial y} + \frac{\partial^2 \psi}{\partial z \, \partial x}$$

$$= \frac{d}{dt}\left(\frac{\partial H}{\partial y} - \frac{\partial G}{\partial z}\right) = \mu \frac{d\alpha}{dt} \cdot \quad \text{(Bd. I § 167.)}$$

Führt man dies ein, so folgt aus (6)

$$\text{(8)} \quad \frac{K}{4\pi}\int \sum P \frac{dP}{dt} d\tau + \frac{\mu}{4\pi}\int \sum \alpha \frac{d\alpha}{dt} + \int \sum X x' \, d\tau + \int \sum P p \, d\tau$$

$$= \frac{1}{4\pi}\int \sum l (R' \beta - Q' \gamma) \, d\omega .$$

In dieser Gleichung bedeutet:

das 1. Glied der linken Seite den Zuwachs an elektrostatischer Energie pro Sekunde;

- 2. - - - - den Zuwachs an elektromagnetischer Energie pro Sekunde;

- 3. - - - - die Arbeit der elektrodynamischen Kräfte pro Sekunde (d. h. die in Bewegung verwandelte Energie der Ströme);

- 4. - - - - den Zuwachs der Joule'schen Wärme, der chemischen Energie etc.

Die linke Seite von (8) repräsentirt also den totalen Energiezuwachs pro Sekunde innerhalb einer geschlossenen Fläche. Diese Energie dringt durch die Oberfläche ein, wobei jedes Element einen Beitrag liefert, dessen Gesammtheit durch die rechte Seite ausgedrückt wird; der letzteren geben wir schliesslich noch eine etwas andere Gestalt.

Nennen wir $\mathfrak{E}'$ die Resultante von P', Q', R' und $\mathfrak{H}$ die Resultante von α, β, γ, sowie ϑ den Winkel zwischen $\mathfrak{E}'$ und $\mathfrak{H}$, so ist die Lage der Ebene, welche $\mathfrak{E}'$ und $\mathfrak{H}$ enthält, definirt durch Gleichungen von der Form:

$$\mathrm{L} = \frac{\mathrm{R}'\beta - \mathrm{Q}'\gamma}{\mathfrak{E}'\,\mathfrak{H}\sin\vartheta},$$

wobei L, M, N die Richtungskosinus der Normale auf der Ebene bezeichnen. Es wird dann die rechte Seite von (8)

$$\frac{1}{4\pi}\int \mathfrak{E}'\,\mathfrak{H}\sin\vartheta\,(\mathrm{L}\,l + \mathrm{M}\,m + \mathrm{N}\,n)\,d\omega\,.$$

Diese Grösse wird ein Maximum, wenn der Klammerausdruck Eins ist, d. h. die Energie fliesst senkrecht zur Ebene $\mathfrak{E}'\mathfrak{H}$ und besitzt für das Element $d\omega$ die Grösse $\frac{1}{4\pi}\mathfrak{E}'\mathfrak{H}\sin\vartheta$.

Ueberall also, wo gleichzeitig magnetische und elektromotorische Kräfte auftreten, fliesst ein Strom von Energie in den Schnittkurven der elektromagnetischen und elektromotorischen Niveauflächen.

Nach der Poynting'schen Auffassung dienen somit nicht die Leiter zur Fortführung der elektrischen Energie, wie dies der bisherigen Anschauung entspricht, sondern gerade das umgebende Dielektrikum, die sogenannten Nichtleiter. Die Energie tritt in allen Fällen von Aussen durch die Oberfläche in die Leiter ein, und zwar mehr oder weniger tief, je nachdem man es mit konstanten oder mit mehr oder weniger rasch alternirenden Strömen zu thun hat, und wird hier in Wärme verwandelt. Bei sehr rasch verlaufenden Wechselströmen (Hertz'schen Schwingungen) bleibt dagegen die Energie ganz auf der Oberfläche, so dass im Innern der Leiter vollständige Ruhe herrscht[1]).

Bestätigung der Poynting'schen Theorie durch Versuche von Hertz. Dass diese Anschauung in der That mit dem Experimente in Uebereinstimmung ist, zeigte Hertz[2]) auf folgende Weise:

Bei der in § 63 beschriebenen Anordnung für die Messung der Fortpflanzung in metallischen Leitern war in dem mehrere Meter langen Fortleitungsdrahte eine Funkenstrecke A eingeschaltet, welche bis zu 6 mm lange Funken lieferte. Wurde dieselbe, statt mit einem vollkommen geschlossenen, metallischen Cylinder, welcher die Beobachtung der Funken nicht gestattet haben würde, mit einem Drahtkäfig nach Art des elektrischen Vogelbauers umgeben, der aus zwei mit dem Drahte verbundenen Metallscheiben und 24 an der Peripherie der Scheiben vertheilten, dem Leitungsdrahte parallel laufenden dünnen Drähten bestand, so traten keine Funken mehr auf, trotzdem der Widerstand der sämmtlichen Schutzdrähte zusammengenommen noch wesentlich grösser war, als derjenige des Leitungsdrahtes. Nahm man statt der 24 Drähte deren nur 8, so hatten die Funken nur eine Länge von 0,1 mm, bei einem einzigen Schutzdrahte eine solche von 3 mm.

Um zu prüfen, welche Dicke eine leitende Schutzhülle besitzen muss, um das Eindringen der Elektricität in das Innere bereits völlig zu verhindern, wurde die vom Erreger entferntere Scheibe des Käfigs durch einen kreisförmigen Ausschnitt vom Drahte isolirt und mit einer 1,5 m langen Glasröhre verbunden, in deren Axe der Leitungsdraht verlief. Diese Röhre wurde mit Metallüberzügen verschiedener Dicke versehen und an ihrem einen Ende mit der durchbrochenen Scheibe, an dem anderen Ende mit dem Drahte in leitende Verbindung gesetzt. Auch dann konnte in der Funkenstrecke kein Funken nachgewiesen werden; hob man dagegen an dem entfernten Ende die Verbindung zwischen dem Drahte und dem Metallbelage auf, so erschienen die Funken sofort, ein Beweis dafür, dass die Energie über das entfernte, offene Ende der Röhre in das Innere des Käfigs eintrat. Erst bei Verminderung der Dicke des Metallbelages bis auf weniger als 0,01 mm

[1]) Vergl. auch die für die Technik so wichtigen Versuche von N. Tesla, „Ueber Wechselströme von grosser Schwingungszahl“. La Nat. XIX, S. 162, 1891 und Beibl. XVI S. 234.

[2]) Hertz, loc. cit.

(für Licht noch durchlässiger Silberniederschlag) traten auch bei geschlossener Röhre Funken auf. Es wird also bei sehr rasch verlaufenden Schwingungen schon bei einer Tiefe von 0,01 mm unter der Oberfläche des Leitungsdrahtes keine Bewegung mehr stattfinden.

Ein weiterer Beweis dafür, dass die Welle durch die entfernte Oeffnung der angesetzten Röhre in das Innere des Käfigs eintrat, war der Umstand, dass die Funken wieder verschwanden, wenn man den Leitungsdraht noch innerhalb dieser Röhre endigen liess, dagegen wieder auftraten, wenn er auch nur 20—30 cm aus derselben herausragte. „Welchen Einfluss", sagt Hertz, „könnte diese unbedeutende Verlängerung des Drahtes auf den Funken haben, wenn nicht das hervorragende Ende des Drahtes eben das Mittel wäre, durch welches ein Theil der Welle aufgefangen und durch die Oeffnung in das Innere eingeführt wird?"

Wurde noch jenseits der Funkenstrecke A, also nach dem offenen Ende der Röhre zu, eine zweite Funkenstrecke B eingeschaltet, so zeigte es sich, dass in A keine Funken übersprangen, wenn bei B durch Entfernung der Pole die Funkenbildung verhindert wurde, nicht aber umgekehrt. Dies beweist, dass entgegengesetzt der gewöhnlichen Ansicht die elektrische Welle nicht direkt vom Erreger über A nach B fortgepflanzt wurde, sondern auf dem weiten Umwege um den Käfig herum über B nach A gelangte.

Vergrössert man bei der ursprünglichen Anordnung die Funkenstrecke A derart, dass keine Funken mehr überspringen, so muss an dieser Stelle eine Reflexion der Wellen stattfinden, die zu stehenden Wellen Veranlassung gibt. Auch diese konnte Hertz vermittelst eines geeigneten Resonators, den er zwischen den Drähten des Käfigs einführte, nachweisen und sogar ihre Länge bestimmen.

Quantitative Bestimmung der elektrischen Schwingungen. Nachdem die ersten, ihrer Natur nach mehr qualitativen Versuche von Hertz und anderen Physikern bereits ein anschauliches Bild von der Natur der elektrischen Wellen geliefert und deren Aehnlichkeit mit den Lichtwellen dargethan hatten, musste das fernere Bestreben darauf gerichtet sein, quantitative Messungen zu ermöglichen. Dazu war es vor Allem nothwendig, die bisher bei den Versuchen allgemein angewandte Funkenstrecke resp. Geissler'sche Röhren durch wirkliche Messapparate zu ersetzen.

Hertz[1]) versuchte zunächst, die mechanischen Wirkungen der elektrostatischen und magnetischen Kräfte im freien

[1]) Hertz, Wied. Ann. XLII S. 407 (1891).

Raume zu messen, doch gelang ihm dies nur bei den an Drähten fortgeleiteten Wellen. Die Anordnung des Versuchs war im Allgemeinen die von Lecher[1]) gewählte: Den Platten des Erregers gegenüber standen zwei andere Platten, von denen zwei parallele Drähte von 6—8 m Länge in 30 cm Abstand ausliefen, die sich am Ende vereinigten. Beide Drähte konnten durch eine verschiebbare Brücke verbunden und dadurch das ganze System in zwei Abschnitte zerlegt werden, in dessen einem, vom Erreger entfernteren, bei passender Stellung der Brücke eine sehr lebhafte Schwingung entstand; dieselbe stellte die halbe Wellenlänge einer stehenden Welle dar und wurde durch Resonanz zwischen dieser Schwingung selbst und der primären Schwingung, die sich in dem Luftraume zwischen beiden Drähten ausbildete, erregt. Zur Bestimmung der mechanischen Wirkung der elektrischen Kraft diente die durch Spiegelablesung gemessene Ablenkung eines kleinen Röhrchens aus Goldpapier, welches an einem Kokonfaden aufgehängt und durch einen kleinen Magnet in einer bestimmten Ruhelage erhalten wurde. Das Ganze war von einem Glaskasten umgeben, der sich zwischen den Drähten verschieben liess. Wurden nun Schwingungen erregt, so suchte sich das Röhrchen in die kürzeste Verbindungslinie der Drähte einzustellen, und zwar waren die Ausschläge am stärksten an der Stelle des Schwingungsbauches und nahmen nach den Knoten zu ab; hierbei ergab sich für die stehenden Wellen eine beträchtliche Abweichung von der Form der einfachen Sinusschwingung.

Zum Nachweise der magnetischen Kraft diente ein kreisförmiger Reif von Aluminiumdraht, der um einen seiner Durchmesser drehbar aufgehängt und wie beim vorhergehenden Versuche mit kleinem Magnet und Spiegel versehen war. Hierbei traten allerdings Komplikationen zwischen der elektrischen und der magnetischen Wirkung auf; wurde die erstere jedoch durch eine passende Anordnung ausgeschieden, dann zeigte sich, dass die magnetische Kraft ihren grössten Werth im Knoten der elektrischen Schwingung hat und dort senkrecht auf der Ebene der Drahtschleife steht, und dass sie nach dem Bauche der elektrischen Schwingung zu abnimmt. Die mechanischen Wirkungen der elektrischen und magnetischen Kraft erwiesen sich, der Theorie entsprechend, im Allgemeinen von gleicher Grössenordnung.

Schon früher hatten Rubens und Ritter[2]) die Energie der Schwingungen auf bolometrischem Wege gemessen und dazu das

[1]) Lecher, loc. cit.
[2]) Rubens und Ritter, Wied. Ann. XL S. 55 (1890).

von Paalzow und Rubens[1]) konstruirte Dynamo-Bolometer benutzt Das letztere beruht auf folgendem Princip:

Der eine Zweig einer Wheatstone'schen Brücke enthält einen sehr dünnen Draht mit möglichst grossem Temperatur-Koefficienten, dem man die Form eines Rhombus gegeben hat, damit er gleichzeitig von dem zu messenden und dem Hülfsstrom durchflossen werden kann, ohne dass die beiden Ströme einander beeinflussen. Stehen nämlich je zwei einander gegenüberliegende Ecken des Rhombus mit den Zuleitungsdrähten eines Stromes in Verbindung, so können an den beiden anderen Ecken keine Potentialunterschiede auftreten, wohl aber wird eine durch den zu messenden Strom hervorgebrachte Erwärmung des Bolometerdrahtes eine Ablenkung der Galvanometernadel hervorrufen. Auf diese Weise ist es möglich, die Energie von Wechselströmen zu messen, also auch von Hertz'schen Schwingungen, wie sie in einem sekundären Leiter entstehen. Die Enden der Verbindungsdrähte zwischen diesem Leiter und dem Bolometer wurden auf zwei Glasröhren aufgewickelt, die sich auf dem sekundären Leiter verschieben liessen. Diese Glasröhren bildeten also zwei kleine Leydener Flaschen, deren äussere Belegung aus den Verbindungsdrähten, die innere dagegen aus dem Draht des sekundären Leiters bestand.

Mit diesem Apparate gelang es, die polarisirende Wirkung eines Drahtgitters auf eine elektrische Welle quantitativ zu bestimmen (cf. § 66 Polarisation); hiernach lässt sich auch in quantitativer Beziehung der Vergleich zwischen einem solchen Drahtgitter und einem Nicol'schen Prisma bei Anwendung polarisirten Lichtes aufrecht erhalten. Auch der Umstand, dass eng gespannte, dem Erreger parallele Drähte die elektrischen Schwingungen ebenso reflektiren, wie eine feste Metallwand, liess sich hiermit nachweisen. Bildete die Richtung der Drähte mit derjenigen des Erregers einen bestimmten Winkel, so ergab sich die Beziehung, dass die Summe der reflektirten und durchgelassenen Energie konstant blieb.

In einer zweiten Arbeit zeigte Rubens[2]) mittels derselben Methode, dass, wenn man bei der Lecher'schen Anordnung (cf. oben) die Brücke auf einen Knoten legt, die Form der Welle jenseits der Brücke einer reinen Sinusschwingung entspricht.

Von anderen Methoden, welche quantitative Messungen zulassen, sind noch zu erwähnen diejenige von Klemencic[3]), welcher

---

[1]) Paalzow und Rubens, Wied. Ann. XXXVII S. 769 (1890).

[2]) Rubens, Wied. Ann. XLII S. 154 (1891).

[3]) Klemencic, Wied. Ann. XLII S. 416 (1891).

Thermoelemente aus Platin und Platinnickel verwendete, und diejenige von Franke[1]), der mit Hülfe eines Quadranten-Elektrometers für die Form der Schwingung eine ähnliche Kurve erhielt, wie Rubens. Die letztere Methode benutzte auch Bjerknes[2]) bei seinen Untersuchungen über den Verlauf der Hertz'schen Schwingungen; seine theoretischen Betrachtungen führen im Wesentlichen zu demselben Resultat, wie die in Zusatz V dieses Bandes wiedergegebenen Ansichten von Poincaré, die er auch experimentell geprüft hat.

Aus allen diesen Untersuchungen über Form und Verlauf der Hertz'schen Schwingungen in primären und sekundären Leitern geht ziemlich zweifellos hervor, dass die Schwingungen des primären Leiters (Erregers) ein starkes logarithmisches Dekrement besitzen und in Folge dessen ungemein rasch verklingen, während diejenigen des sekundären Leiters (Resonators) verhältnissmässig lange bestehen bleiben, vorausgesetzt, dass die Periode des Resonators von der des Erregers nicht zu stark abweicht. Die in diesem Fall mit dem Resonator gefundene Wellenlänge wird dann stets durch die Periode des Resonators und nicht durch die des Erregers bedingt. In Uebereinstimmung mit der von Hertz und Poincaré (cf. Zusatz V) ausgesprochenen Ansicht stehen auch die Experimente von Cohn und Heerwagen (l. c. S. 390), über die sich jene folgendermassen äussern: „Gleicht nach Hertz die primäre Schwingung dem Klang eines mit dem Hammer angeschlagenen Holzstabes, so verhält sich der Hertz'sche Drahtkreis wie die schwach gedämpfte, in der Tonhöhe unnachgiebige Stimmgabel".

Fortpflanzungsgeschwindigkeit der elektromagnetischen Wellen in der Luft. Gestützt auf diese Anschauung unternahm Blondlot[3]) nochmals die Bestimmung der Fortpflanzungsgeschwindigkeit der elektromagnetischen Wellen in der Luft, wobei er Resonatoren von möglichst verschiedener Periode verwandte. Er wählte für dieselben eine solche Gestalt, dass sich sowohl ihre Kapacität, als auch ihre Selbstinduktion bestimmen lässt. Hieraus berechnet sich dann die Schwingungsperiode mittels der Formel

$$T = 2\pi\sqrt{CL},$$

worin C die nach der Maxwell'schen Stimmgabelmethode gemessene Kapacität, L die durch Rechnung gefundene Selbstinduktion bedeutet. Wurde nun mit einem solchen Resonator die für ihn

[1]) Franke, Wied. Ann. XLIV S. 713 (1891).

[2]) Bjerknes, Wied. Ann. XLIV S. 74, 92, 513 (1891).

[3]) Blondlot, Journ. de phys. (2) X S. 549 (1891); Graetz, Phys. Revue I S. 171 (1892).

charakteristische Wellenlänge bestimmt, so folgt dann aus $V = \lambda/T$ die Fortpflanzungsgeschwindigkeit. Der zur Verwendung kommende Resonator bestand aus einem rechteckig gebogenen Draht, der in der Mitte der einen Seite geöffnet und mit zwei Kondensatorplatten versehen war, zwischen denen sich ein Funkenmikrometer befand.

Der Erreger war dem von Hertz und von Sarasin und de la Rive benutzten sehr ähnlich und stand mit zwei parallelen, 25 m langen Drähten in Verbindung, deren Abstand so gewählt wurde, dass der Resonator zwischen ihnen eben noch Platz fand. Legte man nun eine Brücke von Kupferdraht über die beiden parallelen Leitungsdrähte, so sprang im Allgemeinen beim Resonator ein Funken über, der nur bei gewissen Stellungen der Brücke verschwand, welche um eine halbe Wellenlänge von einander entfernt waren. Mit Hülfe von vier Resonatoren verschiedener Gestalt, sowie durch gleichzeitige Aenderung des Plattenabstandes des mit dem Resonator verbundenen Kondensators wurden die Versuchsbedingungen möglichst variirt und auf diese Weise elf Messungsreihen durchgeführt, die für die Fortpflanzungsgeschwindigkeit Werthe zwischen den engen Grenzen 288000 und 304000 Km ergaben, obschon die gemessenen Wellenlängen zwischen 9 und 35 m variirten. Der Mittelwerth der gefundenen Zahlen ist:

297600 Km,

also nahezu derselbe Werth, der aus den neuesten Messungen für das Verhältniss zwischen den elektrostatischen und elektromagnetischen Einheiten folgt[1]), und ebenso nahezu gleich dem Werth für die Fortpflanzungsgeschwindigkeit des Lichts. Uebrigens fand Blondlot, dass auch die Beschaffenheit des Erregers auf die Resonanz nicht ohne Einfluss ist; dieser Einfluss besteht in der grösseren oder geringeren Schärfe der Maxima und Minima des sekundären Funkens, je nachdem Erreger und Resonator mehr oder weniger gut auf einander abgestimmt sind.

Auch die Versuche von Lecher[2]) hatten für die Fortpflanzungsgeschwindigkeit ein übereinstimmendes Resultat gegeben; allerdings wiesen Cohn und Heerwagen[3]) nach, dass bei diesen Experimenten das Resultat nicht unabhängig von den Versuchsbedingungen war, und dass man durch Veränderung derselben auf dem eingeschlagenen

---

[1]) Pellat, Journ. de Phys. (2) X S. 389 (1891). Pellat fand 300900 Km; vergl. auch die Zusammenstellung Bd. I § 183.

[2]) Lecher, Wien. Ber. (2) IC S. 340 (1890) und Wied. Ann. XLI S. 850 (1890) und Wied. Ann. XLII S. 142 (1891).

[3]) Cohn und Heerwagen, loc. cit.

Wege zu sehr verschiedenen Werthen für die Fortpflanzungsgeschwindigkeit gelangen kann.

Bestätigung der Maxwell'schen Theorie von der Beziehung zwischen Dielektricitätskonstante und Brechungsexponent ($K=n^2$). Im ersten Bande § 187 wurde darauf hingewiesen, dass die Beziehung $K=n^2$ zwar für alle Gase und einige Flüssigkeiten erfüllt sei, dass sie dagegen nicht gilt für die meisten Flüssigkeiten und festen Körper, insbesondere nicht für das Wasser. Es wurden auch die Gründe besprochen, welche möglicher Weise diese schlechte Uebereinstimmung verursachen könnten, so dass es noch keineswegs nothwendig sei, die Maxwell'sche Theorie deshalb für ungültig zu erklären. Besonders wurde betont, dass der Werth des Brechungsexponenten für die ungemein kleinen Lichtwellen nicht ohne Weiteres auf die etwa zehn Millionen mal grösseren elektromagnetischen Wellen bei den Hertz'schen Schwingungen übertragen werden dürfe, und dass auch eine Extrapolation der empirischen Formeln für die Abhängigkeit des Brechungsexponenten von der Wellenlänge (Cauchy'sche etc. Dispersionsformeln), die ja nur für Lichtwellen aufgestellt und gültig sind, zu unmöglichen Resultaten führen würde (Bd. I § 184).

Es ist nun aber auf Grund der Poynting'schen Auffassung, dass die Ausbreitung der Energie nicht in dem Drahte, sondern im umgebenden Dielektrikum vor sich geht, die Möglichkeit gegeben, durch Einbetten der Drähte in verschiedene Dielektrika das Verhältniss der Fortpflanzungsgeschwindigkeiten in diesen Substanzen, d. h. die relativen Brechungsexponenten der letzteren für die betreffende Wellenlänge zu ermitteln. Wird andrerseits auch der Werth der Dielektricitätskonstanten für dieselben Perioden bestimmt, so sind diese beiden Grössen nunmehr einwurfsfrei vergleichbar. Diesen Zweck verfolgte eine grosse Anzahl von neueren Untersuchungen, und durch sie ist nunmehr auch für die meisten der oben erwähnten Substanzen, welche dem Maxwell'schen Gesetze nicht zu folgen schienen, die Uebereinstimmung bereits nachgewiesen worden.

Neuere Bestimmung der Dielektricitätskonstanten. Wohl die erste Bestimmung der Dielektricitätskonstante mittels sehr rascher Schwingungen wurde von J. J. Thomson[1]) ausgeführt, und zwar bezog sich dieselbe auf Glas, da diese Substanz unter den festen Körpern die grösste Abweichung gezeigt hatte. Sein primärer Leiter unterschied sich von dem von Hertz verwendeten hauptsächlich

[1]) J. J. Thomson, Proc. Royal. Soc. XLVI S. 292 (1889); Graetz, Phys. Revue I S. 117 (1892).

dadurch, dass die grossen Zinkplatten in geringerer Entfernung einander gegenübergestellt waren, so dass sie mit der dazwischen liegenden Luftschicht einen Kondensator bildeten. Der sekundäre Leiter bestand aus zwei etwa 20 m langen parallelen Drähten, auf welchen ein in der Mitte mit einer Funkenstrecke versehener Brückendraht verschoben werden konnte. Befanden sich die beiden Enden dieses Brückendrahtes auf Punkten gleichen Potentials, so sprangen keine Funken über. Wurde nun das eine Ende aus dieser ersten Stellung fortbewegt, bis der auftretende Funke wiederum verschwand, so entsprach die Verschiebung einer halben Wellenlänge. Auf diese Weise liess sich durch successive Verschiebung der beiden Enden des Brückendrahtes ein genauer Mittelwerth für die Wellenlänge finden. Nunmehr wurde zwischen die beiden Kondensatorplatten ein anderes Dielektrikum, z. B. Glas, gebracht; dann änderte sich die Periode des primären Leiters und damit im Zusammenhang auch die Wellenlänge im sekundären Leiter. Es verhalten sich nämlich die gefundenen Wellenlängen direkt wie die Quadratwurzeln aus den Dielektricitätskonstanten und die letzteren lassen sich demnach aus dem Verhältniss der ermittelten Wellenlängen bestimmen, wobei allerdings bei der Berechnung die Gegenwart anderer Kondensatoren im Feld zu berücksichtigen ist. Es ergab sich $K = 2{,}7 = (1{,}65)^2$, ein Werth, der mit dem optisch gemessenen Brechungskoefficienten nahezu übereinstimmt, während bei langsamen Schwingungen nach der Stimmgabelmethode $K = 9$ bis 11 gefunden war.

Eine ganz andere Methode wandte Winkelmann[1]) an, der einen aus drei Platten gebildeten Doppelkondensator benutzte, dessen beide äusseren Platten mit den Zuleitungsdrähten eines Telephons in Verbindung stehen, während die mittlere Platte durch die sekundäre Spule eines Induktionsapparates alternirend geladen werden konnte. Befand sich diese mittlere Platte in gleicher Entfernung von den beiden äusseren, so wurde die Tonstärke im Telephon ein Minimum; brachte man sodann in den einen Zwischenraum das zu untersuchende Dielektrikum, so musste der andere Zwischenraum durch Verschieben der dazu gehörigen äusseren Platte verändert werden, damit wieder ein Minimum eintrat. Die messbare Grösse dieser Verschiebung gestattete, das Verhältniss der Dielektricitätskonstanten zu berechnen. Mit einem etwas modificirten Verfahren ganz ähnlicher Art bestimmte später Elsas[2]) ebenfalls die Dielektricitätskon-

---

[1]) Winkelmann, Wied. Ann. XXXVIII S. 161 (1889).

[2]) Elsas, Wied. Ann. XLIV S. 654 (1891).

stante einiger Körper. Die betreffenden Resultate sind in folgender kleinen Tabelle vereinigt.

Dielektrikum	K Winkelmann	K Elsas
Glas	6,5—7,4	6,4—7,5
Ebonit	2,7	2,86
Paraffin	2,2	—
Schellack	3,1	—
Benzol	2,4	—
Petroleum	2,1	—
Terpentinöl . . .	2,2	2,23
Aethylalkohol . .	27,4	—
Glimmer	—	5,7—6,0

Hiernach wird der von Cohn und Arons[1]) gefundene sehr grosse Werth für Aethylalkohol (26,5) bestätigt; allerdings nur für langsame Schwingungen, d. h. für sehr bedeutende Wellenlängen.

Im Widerspruch zu dem von Thomson erhaltenen Resultate, dass die Dielektricitätskonstante bei sehr rasch erfolgenden Schwingungen kleiner ist, als bei langsamen Schwingungen, stehen die Versuche von Lecher[2]), der bei Hertz'schen Schwingungen das Aufleuchten von Geissler'schen Röhren zur Messung benützte, bei langsamen dagegen die Ausschläge eines Quadrantenelektrometers beobachtete. Die Resultate seiner Arbeit sind folgende:

Ladungszeit in Sekunden	K Glas	K Hartgummi	K Petroleum
5.10^{-1}	4,64—4,67	2,64	—
5.10^{-4}	5,09—5,34	2,81	2,35
3.10^{-8}	6,50—7,31	3,01	2,42

(Für die Dielektricitätskonstante des Wassers gibt Lecher einen unendlichen Werth bei raschen Schwingungen an.)

Dagegen bestätigten die Untersuchungen von Blondlot[3]) das Resultat von Thomson. Blondlot verglich die Dielektricitätskonstante des Glases bei sehr raschen Schwingungen mit der des Schwefels, welch letztere nach der Methode von Curie ermittelt wurde. Die

[1]) Cohn und Arons, Wied. Ann. XXXIII S. 21 (1888).

[2]) Lecher, Wien. Ber. IC S. 480 (1890) und Wied. Ann. XLII S. 142 (1891).

[3]) Blondlot, Journ. de Phys. (2) X S. 197 (1891) und Graetz, Phys. Revue I S. 121 (1892).

Anordnung seines Apparats war etwa folgende: Der einen Platte des primären Leiters gegenüber standen in symmetrischer Anordnung zwei zum sekundären Leiter gehörige kleinere Platten, welche also mit der erwähnten Platte des Erregers zwei Kondensatoren bildeten, zwischen die verschiedene Dielektrika eingeschoben werden konnten. An den Enden der beiden gleichlangen Drähte des sekundären Leiters standen sich zwei Kohlenspitzen gegenüber, zwischen welchen unter gewöhnlichen Verhältnissen wegen der Symmetrie des Apparates keine Funken übersprangen. Befand sich dagegen zwischen dem einen Kondensator eine Glasplatte, zwischen dem anderen eine Schwefelplatte, so musste die letztere eine bestimmte Dicke erhalten, damit die entstandenen Funken wieder verschwanden. Aus dem Dickenverhältniss der Platten ergab sich die Dielektricitätskonstante des Glases zu $2,7 = (1,65)^2$.

Donle[1]) benutzte die Schwingungen eines Induktionsapparates von ca. 180 Stromwechseln pro Sekunde zur Ladung eines Kondensators, in welchen verschiedene Dielektrika eingeführt werden konnten. Die Energie der Schwingungen, deren Periode von der Natur des Dielektrikum abhängt, wurde mit einem Bellati-Giltay'schen Elektrodynamometer gemessen. Donle fand folgende Werthe:

	K
Spiegelglas	6,88—7,76
Paraffin	2,31
Schellack	3,67
Aethyläther . . .	4,37
Benzol	1,95
Alkohol	24,29

Bestimmung des Brechungsexponenten für lange Wellen. Zur Bestimmung des Verhältnisses der Fortpflanzungsgeschwindigkeit der Wellen in verschiedenen Dielektricis benutzte Waitz[2]) die von Hertz[3]) angegebene Methode der Abzweigung. Diese beruht darauf, dass in einem Resonator keine Funken auftreten, wenn der sogenannte Indifferenzpunkt desselben mit dem einen Pol des Erregers in Verbindung gesetzt wird. Dieser Indifferenzpunkt befindet sich bei einem rechteckigen Resonator in der Mitte der der Funkenstrecke gegenüberliegenden Seite, vorausgesetzt, dass beide Zweige von einem und demselben Dielektrikum umgeben sind. Führt man dagegen den einen Zweig durch ein anderes Dielektrikum, so verschiebt sich

[1]) Donle, Wied. Ann. XL S. 307 (1890).
[2]) Waitz, Wied. Ann. XLI S. 435 (1890).
[3]) Hertz, Wied. Ann. XXXI S. 441 (1887).

der Indifferenzpunkt, resp. es muss die andere Seite verlängert oder verkürzt werden.

Aus dieser Längenänderung lässt sich das Verhältniss der Fortpflanzungsgeschwindigkeiten einfach berechnen. Waitz bestimmte auf diese Weise den Brechungskoefficient des Petroleums für lange Wellen zu 1,3—1,45.

Eine analoge Methode befolgten Arons und Rubens[1]), welche statt der einen Abzweigung zwei ganz gleiche, vertikal übereinander gelagerte Abzweigungen benutzten, die mit den beiden Polen des Erregers in Verbindung standen. Diese Anordnung bot den Vortheil, dass fremde Einflüsse weniger störend wirken konnten. An Stelle des Funkenmikrometers benutzten sie das schon mehrfach erwähnte Dynamo-Bolometer. Sie fanden bei einer Wellenlänge von 6 m folgende Werthe von n und $\sqrt{K}$.

Dielektrikum	n	$\sqrt{K}$
Ricinusöl	2,05	2,16
Olivenöl	1,77	1,75
Xylol	1,50	1,53
Petroleum	1,40	1,44
Paraffin*)	1,43—1,48	1,40—1,44
Glas I	2,33	2,32
Glas II	2,49	2,43

*) Je nachdem es fest oder flüssig ist.

Die Bestimmung des Brechungsexponenten von Alkohol und Wasser gelang ihnen auf diesem Wege nicht. Dagegen hat Cohn[2]) die letztere mit einer etwas abgeänderten Methode durchgeführt und fand bei einer Wellenlänge von 3 m für destillirtes Wasser

$$n = 8{,}57.$$

Dieser Werth stimmt mit dem früher für die Dielektricitätskonstante des Wassers von Cohn und Arons gefundenen $K = 76 = (8{,}72)^2$ sehr befriedigend überein.

Ausserdem war es möglich, auf diesem Wege auch die Brechungsexponenten von schwachen Salzlösungen zu ermitteln, was als Beweis dafür aufgefasst werden darf, dass Dielektricitätskonstante und Leitungsvermögen bei jedem Körper unabhängig von einander existiren. Die Abhängigkeit des Brechungsexponenten vom Leitungsvermögen zeigt folgende Zusammenstellung:

[1]) Arons und Rubens, Wied. Ann. XLII S. 580 und XLIV S. 206 (1891).

[2]) Cohn, Berl. Sitzungsber. Dec. 1891 und Wied. Ann. XLV S. 370 (1892).

	Leitungs-vermögen	n
Destillirtes Wasser . .	$7{,}4.10^{-10}$	8,57
Salzlösungen	132.10^{-10}	8,65
	455.10^{-10}	8,86

An dieser Stelle möge auch noch eine Arbeit von Lebedew[1]) Erwähnung finden, welcher die Mosotti-Clausius'sche Anschauung über die Konstitution der Dielektrika durch Messung der Dielektricitätskonstante an Gasen und Dämpfen mittels Kondensatoren unter Anwendung rascher Schwingungen einer experimentellen Prüfung unterwarf. Bezeichnet wie früher (Bd. I § 57) h das Verhältniss des von den leitenden Kugeln im Dielektrikum eingenommenen Raumes zum ganzen Raum, so gilt die Beziehung

$$h = \frac{K-1}{K+2} \quad \text{resp.} \quad K = \frac{1+2h}{1-h};$$

die Dielektricitätskonstante eines Körpers ist somit durch seine relative Raumerfüllung bedingt. Ist die Mosotti'sche Anschauung richtig, so muss das Verhältniss zwischen der Dichte d des Dampfes und der Grösse h eine Konstante sein. Diese Konstante bedeutet die Maximaldichte des Körpers oder die Dichte seiner Moleküle. Lebedew kommt zu dem Schlusse: „Die Annahme Faraday's, dass die Moleküle elektrisch leitende Körper sind, oder diejenige von Mascart und Joubert, dass dieselben eine ausserordentlich hohe Dielektricitätskonstante besitzen, steht in keinem Widerspruch mit den beobachteten Thatsachen und erklärt diese in einfacher ungezwungener Weise. Die von Lorentz angegebene Beziehung

$$\frac{d}{h} = \text{Const.}$$

kann mit Vortheil als empirische Formel angewendet werden, welche die Dichte eines Körpers und seine Dielektricitätskonstante verbindet.“ (Vgl. auch Adler, Ueber die Konsequenz der Poisson-Mosotti'schen Theorie, Wien. Sitzungsber. Dec. 1890 u. Wied. Ann. XLIV. S. 173; 1891.)

[1]) Lebedew, Wied. Ann. XLIV S. 288 (1891).